Bolin, Stephani, Wyrwa, Grefe
Kompakt-Training
Bilanzen

Zusätzliche digitale Inhalte für Sie!

Zu diesem Buch stehen Ihnen kostenlos folgende digitale Inhalte zur Verfügung:

- Online-Buch ✓
- Buch als PDF
- Online-Training
- Zusatz-Downloads
- App
- Digitale Lernkarten

Schalten Sie sich das Buch inklusive Mehrwert direkt frei.

Scannen Sie den QR-Code **oder** rufen Sie die Seite **www.kiehl.de** auf. Geben Sie den Freischaltcode ein und folgen Sie dem Anmeldedialog. Fertig!

Ihr Freischaltcode

BFOK-BEBF-PLOB-XLTX-CLSM-PB

Kompakt-Training
Praktische Betriebswirtschaft
Begründet von Professor Klaus Olfert

www.kiehl.de

Bilanzen

Von
Prof. Dr. Manfred Bolin
Prof. Dr. Michael Stephani
Sven Wyrwa

Begründet von
Prof. Dr. Cord Grefe

11., aktualisierte Auflage

kiehl

ISBN 978-3-470-**11111**-7 · 11. aktualisierte Auflage 2024, 1. unveränderter Nachdruck 2024

NWB Verlag GmbH & Co. KG
Eschstr. 22
44629 Herne
service@nwb.de

Kiehl ist eine Marke des NWB Verlags

Die bestimmungsgemäße Handhabung dieses Produkts stellt kein Risiko für die Gesundheit oder Sicherheit im Sinne der Verordnung über die allgemeine Produktsicherheit (EU) 2023/988 (GPSR) dar.

Druck: mediaprint solutions, Paderborn

Um eine gute Lesbarkeit zu gewährleisten, verwenden wir in Fachtexten in der Regel geschlechtsspezifische Personenbezeichnungen. Selbstverständlich sind damit alle Menschen gleichermaßen gemeint.

Kompakt-Training Praktische Betriebswirtschaft

Das Kompakt-Training Praktische Betriebswirtschaft ist aus der Notwendigkeit entstanden, dass Wissen immer häufiger unter erheblichem Zeit- und Erfolgsdruck erworben oder reaktiviert werden muss. Den vielfältigen betriebswirtschaftlichen Fakten und Zusammenhängen, die aufzunehmen sind, stehen eng begrenzte Zeitbudgets gegenüber.

Die vorliegende Fachbuchreihe ist darauf ausgerichtet, die Leser darin zu unterstützen, rasch und fundiert in die verschiedenen betriebswirtschaftlichen Themenbereiche einzudringen sowie diese aufzufrischen. Sie eignet sich in besonderer Weise für:

- Studierende an Fachhochschulen, Akademien und Universitäten
- Fortzubildende an öffentlichen und privaten Bildungsinstitutionen
- Fach- und Führungskräfte in Unternehmen und sonstigen Organisationen.

Das Kompakt-Training Praktische Betriebswirtschaft ist auch zum Selbststudium sehr gut geeignet, nicht zuletzt wegen seiner herausragenden Gestaltungsmerkmale. Jeder einzelne Band der Fachbuchreihe zeichnet sich u. a. aus durch:

- kompakte und praxisbezogene Darstellung
- systematischen und lernfreundlichen Aufbau
- viele einprägsame Beispiele, Tabellen, Abbildungen
- 50 praxisbezogene Übungen mit Lösungen
- MiniLex mit 150 - 200 Stichworten.

Für Anregungen, die der weiteren Verbesserung dieses Lernkonzeptes dienen, bin ich dankbar.

Prof. Klaus Olfert
Herausgeber

Feedbackhinweis

Kein Produkt ist so gut, dass es nicht noch verbessert werden könnte. Ihre Meinung ist uns wichtig. Was gefällt Ihnen gut? Was können wir in Ihren Augen verbessern? Bitte schreiben Sie einfach eine E-Mail an: **feedback@kiehl.de**

Als kleines Dankeschön verlosen wir unter allen Teilnehmern einmal pro Monat ein Buchgeschenk!

Vorwort zur 11. Auflage

Jeder Kaufmann hat generell zu Beginn seines Handelsgewerbes und für den Schluss eines jeden Geschäftsjahrs einen Abschluss aufzustellen. Kenntnisse über Bilanzen sind damit in der Praxis unverzichtbar und stellen folglich einen festen Bestand im Rahmen der Ausbildung dar. Mit dem vorliegenden Titel soll ein komprimierter Überblick zu diesem Thema vermittelt werden. Bezug genommen wird dabei auf den nach nationalen Vorschriften zu erstellenden Einzelabschluss.

Dieser wird – selbst angesichts weiter zunehmender Internationalisierung der Rechnungslegung – für die überwiegende Zahl der Bilanzierenden auf absehbare Zeit seine zentrale Bedeutung behalten.

Mit dem Kompakt-Training Bilanzen hat Prof. Dr. Grefe ein exzellentes Werk zur Einführung in diese Materie veröffentlicht. In gewissen Zeitabständen ist eine Aktualisierung erforderlich, die nunmehr mit der 11. Auflage erfolgt ist.

Die betreffenden Rechtsänderungen sind eingearbeitet. Damit entsprechen die Ausführungen dem ab 2023 geltenden Rechtsstand.

Verfasser und Verlag sind weiterhin offen für Hinweise sowie Anregungen und Vorschläge aus der Leserschaft, gern auch auf elektronischem Wege (feedback@kiehl.de).

Prof. Dr. Manfred Bolin
Prof. Dr. Michael Stephani
Prof. Dr. Sven Wyrwa
Herne, im Oktober 2023

Benutzerhinweise

Aufgaben/Fälle

Die Aufgaben/Fälle im Übungsteil dienen der Wissens- und Verständniskontrolle. Auf sie wird jeweils im Textteil hingewiesen:

Aufgabe 1 > Seite 171

Aufgabe 2 > Seite 171

Der Übungsteil befindet sich im Anschluss an >> Kapitel E. Es wird empfohlen, die Aufgaben/Fälle unmittelbar nach Bearbeitung der entsprechenden Textstellen zu lösen.

Aus Gründen der Praktikabilität und besseren Lesbarkeit wird darauf verzichtet, jeweils männliche, weibliche und diverse Personenbezeichnungen zu verwenden. So können Mitarbeiter, Vorgesetzte etc. grundsätzlich sowohl männliche als *auch* weibliche Personen sein.

a. F.	alte Fassung
AfA	Absetzung für Abnutzung
AktG	Aktiengesetz
AO	Abgabenordnung
BB	Betriebs-Berater
bearb.	bearbeitet
BFH	Bundesfinanzhof
BGBl	Bundesgesetzblatt
BilMoG	Bilanzrechtsmodernisierungsgesetz
BilRUG	Bilanzrichtlinie-Umsetzungsgesetz
BMF	Bundesminister(ium) der Finanzen
BStBl	Bundessteuerblatt
Buchst.	Buchstabe
DB	Der Betrieb
DRS	Deutscher Rechnungslegungs Standard
DRSC	Deutsches Rechnungslegungs Standards Committee e. V.
DStR	Deutsches Steuerrecht
EGAktG	Einführungsgesetz zum Aktiengesetz
EGHGB	Einführungsgesetz zum Handelsgesetzbuch
EStG	Einkommensteuergesetz
EStH	Einkommensteuer-Hinweise 2014
EStR	Einkommensteuer-Richtlinien 2012
EU	Europäische Union
EWR	Europäischer Wirtschaftsraum
FASB	Financial Accounting Standards Board
Fifo	First in – first out
GmbHG	Gesetz betreffend die Gesellschaften mit beschränkter Haftung
GmbHR	GmbH-Rundschau
GoB	Grundsätze ordnungsmäßiger Buchführung
GuV	Gewinn- und Verlustrechnung
H	Hinweis
HFA	Hauptfachausschuss des IDW
IASB	International Accounting Standards Board
IDW	Institut der Wirtschaftsprüfer in Deutschland e. V.
IDW PS	IDW Prüfungsstandard
IDW RH	IDW Rechnungslegungshinweis
IDW RS	IDW Stellungnahme zur Rechnungslegung
IDW S	IDW Standard
IFA	Immobilienwirtschaftlicher Fachausschuss des IDW
IFRS	International Financial Reporting Standards
InvZulG	Investitionszulagengesetz 2010
i. V.	in Verbindung
KStG	Körperschaftsteuergesetz
Lifo	Last in – first out
PublG	Gesetz über die Rechnungslegung von bestimmten Unternehmen und Konzernen (Publizitätsgesetz)
R	Richtlinie
SE	Societas Europaea
SEC	Securities and Exchange Commission
StB	Der Steuerberater
StBp	Die steuerliche Betriebsprüfung
SteuerStud	Steuer und Studium

* Nicht berücksichtigt sind allgemeine, im Duden aufgeführte Abkürzungen.

StuB	Unternehmensteuern und Bilanzen
Ubg	Die Unternehmensbesteuerung
u. M.	unter Mitarbeit bzw. unter Mitwirkung
US-GAAP	United States Generally Accepted Accounting Principles
WiSt	Wirtschaftswissenschaftliches Studium
WISU	Das Wirtschaftsstudium
WPg	Die Wirtschaftsprüfung
WpHG	Gesetz über den Wertpapierhandel (Wertpapierhandelsgesetz)
ZHR	Zeitschrift für das gesamte Handels- und Wirtschaftsrecht

A. Grundlagen

1. Begriff und Arten von Bilanzen

Bilanzen können ganz allgemein als summenmäßig ausgeglichene Gegenüberstellungen zweier Größen gekennzeichnet werden. Diese Definition geht zurück auf den ursprünglichen Wortsinn der Bilanz als einer im Gleichgewicht befindlichen zweischaligen Waage.

Im kaufmännischen Bereich sind Bilanzen – zusammen mit der (Finanz-)Buchführung – dem Rechnungswesen zuzuordnen. Dessen einzelne Instrumente dienen der Abbildung des betrieblichen Leistungsprozesses im Hinblick auf Dokumentations-, Kontroll- und Planungsaufgaben.

Der Bilanzbegriff wird dabei unterschiedlich weit gefasst:

- **Bilanz im weiteren Sinn**
  steht synonym für den Begriff Jahresabschluss, der neben der Bilanz auch die Gewinn- und Verlustrechnung sowie – bei Kapitalgesellschaften und bestimmten Personenhandelsgesellschaften – den Anhang umfasst.

  Auf diese Begriffsinterpretation beziehen sich Buchtitel sowie Grundlagenteil.
- **Bilanz im engeren Sinn**
  bezeichnet die Gegenüberstellung von Vermögen und Schulden eines Kaufmanns.

  Von dieser Begriffsbestimmung wird bei der Darstellung der einzelnen Bestandteile des Jahresabschlusses ausgegangen.

In der Praxis werden Bilanzen aus diversen Gründen bzw. Anlässen mit ganz unterschiedlichen Zielsetzungen erstellt. Einzelne wichtige Arten lassen sich mithilfe der auf der übernächsten Seite aufgeführten Kriterien systematisieren.

Besondere Beachtung und breites allgemeines Interesse, nicht zuletzt im Rahmen der Wirtschaftsberichterstattung, finden vor allem die von – zumeist international tätigen bzw. börsennotierten – Unternehmen aufgestellten Konzernbilanzen. Hierin werden durch finanzielle Beteiligungen und dadurch begründete Einflussmöglichkeiten miteinander verbundene Unternehmen einbezogen. Diese sind zwar rechtlich selbstständig, wirtschaftlich jedoch als unselbstständige Betriebsteile des Mutterunternehmens (als Konzernobergesellschaft) anzusehen. Der Konzernabschluss dient hauptsächlich der Vermittlung von Informationen über die ökonomische Situation der zusammengeschlossenen Unternehmen als wirtschaftliche Einheit.

Im Zuge der Globalisierung sowie der verstärkten Internationalisierung wirtschaftlicher Aktivitäten wachsen nicht nur die Produkt- und Absatzmärkte, sondern auch die Finanzmärkte immer enger zusammen. Hieraus erklärt sich die hauptsächlich aus Sicht von Finanzinvestoren erhobene Forderung, vergleichbare Abschlüsse nach Maßgabe einheitlicher, international anerkannter Regeln aufzustellen.

Als derartige Rechnungslegungsstandards sind anzuführen:

- **IFRS**
  Diese für alle Unternehmen weltweit einheitlichen Regelungen werden von dem in London ansässigen IASB herausgegeben und durch das Endorsementverfahren von der Europäischen Union in Europäisches Recht übernommen. Die IFRS dienen primär der Vermittlung entscheidungsrelevanter Informationen für Investoren und anderen Kapitalgebern. Besondere Bedeutung erlangten die IFRS im Jahre 2002 als die Europäische Union per Verordnung die IFRS als verpflichtende Rechnungslegungsstandards für die Erstellung der Konzernbilanzen kapitalmarktorientierter Unternehmen innerhalb der EU vorschrieb. Seither haben weltweit mehr als 160 Länder die IFRS vorgeschrieben oder akzeptieren diese als Rechnungslegungsstandard (vgl. *https://www.ifrs.org/use-around-the-world/* für weitere Informationen).

- **US-GAAP**
  Die US-GAAP umfassen eine Vielzahl von Vorschriften mit unterschiedlichem Verpflichtungsgrad. Sie sind grundsätzlich zwingend für die Rechnungslegung von an der New Yorker Börse notierten amerikanischen Gesellschaften. Mit Anerkennung der IFRS als zulässige Rechnungslegungsnormen für die Berichterstattung von nichtamerikanischer Emmitenten an amerikanischen Wertpapiermärkten, haben die US-GAAP international an Bedeutung verloren. Trotz ihres rechtlich auf den nationalen Bereich der USA begrenzten Geltungsbereichs, kam und kommt den US-GAAP dennoch wegen der besonderen Stellung des amerikanischen Wirtschaftsraumes faktisch weltweite Bedeutung zu.

  Die SEC als amerikanische Wertpapier- und Börsenaufsichtsbehörde hat ihr Recht, verbindliche Rechnungslegungsvorschriften für börsennotierte Unternehmen zu erlassen, seit 1973 grundsätzlich auf das FASB übertragen. Dessen Verlautbarungen zu allgemeinen Grundsätzen sind fundamental für die US-amerikanische Rechnungslegung.

Die beiden vorstehend aufgeführten Rechnungslegungssysteme können im Kern als gleichwertig angesehen werden. So brauchen seit Ende 2007, in den USA gelistete ausländische Emittenten generell keine Überleitungsrechnung von den IFRS zu den US-GAAP mehr zu erstellen. Die von IASB und FASB vereinbarte Zusammenarbeit mit dem Ziel, einheitliche Standards zu entwickeln, wird mittel- bis langfristig zu einer weiteren Annäherung beider Systeme und damit letztendlich zu einem gemeinsamen Regelwerk führen.

Aus europäischer Perspektive sind die Konzernabschlüsse **kapitalmarktorientierter Unternehmen** zwingend auf Basis der IFRS aufzustellen (§ 315e Abs. 1 und Abs. 2 HGB). Als kapitalmarktorientiert gelten nach der zentralen Vorschrift des § 264d HGB Gesellschaften, die

- **einen organisierten Kapitalmarkt i. S. des § 2 Abs. 5 WpHG durch von ihnen ausgegebene Wertpapiere i. S. des § 2 Abs. 1 WpHG in Anspruch nehmen**

  oder

- **die Zulassung solcher Wertpapiere zum Handel an einem organisierten Markt beantragt haben.**

<table>
<tr><th>Abgrenzungs-merkmal</th><th colspan="9">Bilanzarten</th></tr>
<tr><td>Adressatenkreis</td><td colspan="4">Externe Bilanzen</td><td colspan="5">Interne Bilanzen</td></tr>
<tr><td>(Haupt-) Informationszweck</td><td colspan="2">Erfolgsbilanzen</td><td colspan="2">Vermögensbilanzen</td><td colspan="3">Liquiditätsbilanzen</td><td colspan="2">Bewegungsbilanzen</td></tr>
<tr><td>Zahl der einbezogenen Unternehmen</td><td colspan="2">Einzelbilanzen</td><td colspan="4">Gemeinschaftsbilanzen</td><td colspan="3">Konzernbilanzen</td></tr>
<tr><td rowspan="2">Häufigkeit</td><td colspan="4">Regelmäßige (laufende) Bilanzen</td><td colspan="5">Sonderbilanzen</td></tr>
<tr><td>Wochenbilanzen</td><td>Monatsbilanzen</td><td>Quartalsbilanzen</td><td>Jahresbilanzen</td><td>Gründungsbilanzen</td><td>Umwandlungs-/Fusionsbilanzen</td><td>Auseinandersetzungsbilanzen</td><td>Sanierungsbilanzen</td><td>Liquidationsbilanzen</td></tr>
<tr><td rowspan="3">Verpflichtungsgrund</td><td colspan="5">Gesetzlich vorgeschriebene Bilanzen</td><td colspan="2" rowspan="3">Vertraglich vereinbarte Bilanzen</td><td colspan="2" rowspan="3">Freiwillig erstellte Bilanzen</td></tr>
<tr><td colspan="4">Handelsbilanzen</td><td rowspan="2">Steuerbilanzen</td></tr>
<tr><td colspan="2">nach nationalen Regelungen</td><td colspan="2">nach internationalen Regelungen</td></tr>
</table>

Hinsichtlich der maßgebenden Abgrenzungsmerkmale ist festzuhalten:

Bei den Wertpapieren i. S. des § 2 Abs. 1 Satz 1 WpHG handelt es sich um standardisierte, übertragbare und auf Finanzmärkten handelbare Instrumente. Beispielhaft anzuführen sind Aktien, Schuldverschreibungen, Genussscheine, Optionsscheine sowie Zertifikate, die Aktien vertreten. Für die Klassifizierung nicht entscheidend ist eine Verbriefung in Urkunden.

Ein organisierter Markt nach § 2 Abs. 5 WpHG ist dadurch gekennzeichnet, dass er durch staatliche Stellen genehmigt, geregelt und überwacht wird. Erforderlich ist darüber hinaus der Betrieb eines multilateralen Handelssystems. Dieses bringt die Interessen einer Vielzahl von Personen am Kauf und Verkauf von Finanzinstrumenten innerhalb des Systems und nach festgelegten Bestimmungen in einer Weise zusammen, die zu einem Vertrag über den Kauf der betreffenden Finanzinstrumente führt. In räumlicher Hinsicht erfolgt eine Beschränkung auf Märkte im Inland, in einem anderen EU-Mitgliedstaat oder einem EWR-Vertragsstaat.

Für nicht kapitalmarktorientierte Unternehmen besteht im Konzernabschluss ein Wahlrecht auf Anwendung der nach EU-Recht übernommenen (siehe dazu auch *Bolin/Hamacher/Lietz/Verhofen*, 2019).

Für den Einzelabschluss sind diese Bestimmungen in allen vorstehenden Fällen grundsätzlich nicht verbindlich. Lediglich für Zwecke der Offenlegung wird bei Gesellschaften ein nach internationalen Standards erstellter Jahresabschluss zugelassen (§ 325 Abs. 2a und 2b HGB, § 9 Abs. 1 Satz 1 PublG).

Für die unterschiedlichen Rechnungslegungsvorschriften gelten damit folgende Anwendungsbereiche:

Rechnungslegungsvorschriften / Unternehmenstyp	Konzernabschluss	Einzelabschluss
kapitalmarktorientierte Unternehmen	IFRS	HGB *oder für Offenlegung* IFRS
nicht kapitalmarktorientierte Unternehmen	HGB *oder* IFRS	HGB *oder für Offenlegung*[1] IFRS

[1] Begrenzt auf große Gesellschaften nach § 267 Abs. 3 HGB bzw. § 1 PublG.

Unabhängig von der Anwendung internationaler Bilanzierungsregeln hat jeder Kaufmann für sein Unternehmen einen Abschluss nach HGB zu erstellen. Dessen zentrale Bedeutung für die Rechnungslegung bleibt damit in gesellschafts-, aufsichts- und steuerrechtlicher Hinsicht erhalten. So haben deutsche Unternehmen zur Ausschüttungsbemessung, beispielsweise nach § 58 AktG i. V. m. §§ 150 ff. AktG und § 174 AktG, auf den Einzelabschluss der Muttergesellschaft nach handelsrechtlichen Vorgaben abzustellen.

Dementsprechend bezieht sich die weitere Betrachtung ausschließlich auf für unternehmensexterne Zwecke jährlich erstellte Bilanzen, die nach nationalen handelsrechtlichen Regelungen für ein einzelnes, nicht konzernabhängiges gewerbliches Unternehmen zwingend vorgeschrieben sind.

Durch das Bilanzrechtsmodernisierungsgesetz (BilMoG) vom 25.5.2009 (BGBl 2009 I, S. 1102) wurde das nationale Bilanzrecht im Hinblick auf internationale Rechnungslegungsgrundsätze neu ausgerichtet. Weitere umfangreiche Rechtsänderungen durch das Bilanzrichtlinie-Umsetzungsgesetz (BilRUG) vom 17.7.2015 (BGBl 2015 I, S. 1245) zielen vorrangig darauf, die Rechnungslegung im Einzel- und Konzernabschluss weiter zu harmonisieren sowie die bürokratische Belastung kleiner und mittlerer Unternehmen zu verringern.

Hinsichtlich des Kreises der Bilanzierenden wird auf die in der Praxis besonders bedeutsamen Unternehmensformen Bezug genommen:

Einzelunternehmen	Unternehmen ohne Haftungsbeschränkung
Personengesellschaften - mit natürlicher Person als Vollhafter	
- ohne natürliche Person als Vollhafter	Unternehmen mit Haftungsbeschränkung
Kapitalgesellschaften	

Neben dem bereits angesprochenen Aspekt der Kapitalmarktorientierung, ist für die Anwendung von Rechnungslegungsnormen zudem maßgebend, ob es sich um ein haftungsbeschränktes Unternehmen handelt.

Rechtsformbedingte Besonderheiten (z. B. für Genossenschaften) oder branchenabhängige Spezifika (insbesondere für Versicherungen und Banken) bleiben in diesem Zusammenhang ausgeklammert.

Die Bilanzerstellung erfolgt nicht am, sondern zum jeweiligen Stichtag – also erst nach Ablauf der betreffenden Rechnungslegungsperiode. Je nach Rechtsform können dabei verschiedene Stadien und Bilanzversionen unterschieden werden (vgl. *Federmann*, S. 48):

Phase	Vorgang	Maßnahme	Bilanzversion
1	Erstellung einer vorläufigen Bilanz	Abschluss der Konten	Vorläufige Bilanz
2	Aufstellung der Bilanz	Vornahme von Abschlussbuchungen	Aufgestellte Bilanz
3	(Freiwillige/gesetzlich vorgeschriebene) Prüfung der Bilanz	Vorlage der aufgestellten Bilanz zur Prüfung durch Aufsichtsorgan/Abschlussprüfer	Geprüfte Bilanz
4	Feststellung der Bilanz durch das gesellschafts- vertraglich/gesetzlich vorgesehene Organ	Beschlussfassung über die geprüfte Bilanz	Festgestellte Bilanz
5	Offenlegung der Bilanz	Veröffentlichung der Bilanz, gegebenenfalls unter Publizitäts- erleichterungen	Offengelegte Bilanz

Bei allen Unternehmen sind die Phasen 1, 2 und 4 relevant. Besteht Prüfungs- bzw. Publizitätspflicht, kommen die Phasen 3 und 5 hinzu.

Die aufgestellte Bilanz ist vom Kaufmann unter Angabe des Datums zu unterzeichnen (§ 245 HGB). Je nach Rechtsform trifft diese Verpflichtung folgende Person(en):

Rechtsform	Unterzeichnungspflichtige(r)
Einzelunternehmen	Einzelunternehmer
Personengesellschaft	persönlich haftende(r) Gesellschafter
Kapitalgesellschaft	gesetzliche(r) Vertreter

Dabei haben die gesetzlichen Vertreter einer Kapitalgesellschaft, die als Inlandsemittent i. S. des § 2 Abs. 7 WpHG zu qualifizieren ist, aber nicht ausschließlich zum Handel an einem organisierten Kapitalmarkt zugelassene Schuldtitel nach § 2 Abs. 1 Satz 1 Nr. 3 WpHG mit einer Mindeststückelung von 50.000,00 € begeben hat, „bei der Unterzeichnung schriftlich zu versichern, dass nach bestem Wissen der Jahresabschluss ein den tatsächlichen Verhältnissen entsprechendes Bild [...] vermittelt" (§ 264 Abs. 2 Satz 3 HGB; der sog. Bilanzeid).

Anpassungen beziehungsweise Korrekturen von Buchungen sowie Abschlussposten sind während der Aufstellungsphase und auch bis zur Bilanzfeststellung grundsätzlich ohne Weiteres möglich. Nach der Feststellung kommt dem Abschluss regelmäßig Bindungswirkung zu und eine Änderung von Form und Inhalt ist nur unter bestimmten Voraussetzungen möglich. Diesbezüglich sind folgende Fälle zu unterscheiden (vgl. *IDW RS HFA* 6, S. 1085 f.):

- **Änderung fehlerfreier Abschlüsse**
  Den gesetzlichen Anforderungen entsprechende Bilanzen dürfen nur aus gewichtigen rechtlichen, wirtschaftlichen oder steuerlichen Gründen geändert werden. Ob diese Kriterien gegeben sind, ist von dem(n) für die Aufstellung bzw. Feststellung des Jahresabschlusses verantwortlichen Organ(en) zu entscheiden.

  Eine Änderung ist ausgeschlossen, wenn hierdurch Rechte Dritter beeinträchtigt werden. Diese Einschränkung, die sich auf gesellschaftsrechtlich begründete Gewinnansprüche bezieht, wird allerdings gegenstandslos, wenn die Betroffenen einer Änderung zustimmen.

- **Änderung fehlerhafter Abschlüsse**
  Als fehlerhaft gelten Jahresabschlüsse, die gegen gesetzliche Bilanzierungsvorschriften verstoßen und damit objektiv unrichtig sind, ohne jedoch nichtig zu sein. Zudem wird vorausgesetzt, dass der Bilanzierende den Gesetzesverstoß spätestens im Feststellungszeitpunkt bei pflichtgemäßer und gewissenhafter Prüfung hätte erkennen können.

  Änderungen kommen in Betracht, wenn in der Finanzbuchhaltung Grundsätze ordnungsmäßiger Buchführung verletzt werden bzw. gegen maßgebende gesetzliche Ansatz-, Bewertungs- oder Gliederungsvorschriften verstoßen wird. Die hierdurch bedingten Fehler müssen betrags- oder ausweismäßig von einigem Gewicht sein.

  Keine Bilanzänderung liegt vor, wenn ein nichtiger Jahresabschluss durch eine ordnungsgemäße Bilanz ersetzt wird. Hierdurch wird dem gesetzlichen Postulat zur Aufstellung bzw. Feststellung wirksamer Abschlüsse entsprochen.

2. Bilanzadressaten

Bilanzen werden nicht um ihrer selbst willen, sondern stets zur Erreichung bestimmter Zwecke erstellt. Hauptaufgabe ist die Vermittlung von Informationen über die Entwicklung und Lage eines Unternehmens.

Als Teil des externen Rechnungswesens richten sich Jahresabschlüsse vornehmlich an außerhalb des Unternehmens stehende Gruppen bzw. Institutionen. Deren im Einzelnen unterschiedlichen Informationsansprüche bzw. -interessen beruhen auf bestehenden oder möglichen künftigen Beziehungen zum Unternehmen.

Folgende Personenkreise sind insbesondere als Empfänger von Bilanzinformationen anzuführen:

- **Eigenkapitalgeber (gegenwärtige und potenzielle)**
  Aus der Stellung als (Mit-)Eigentümer ergeben sich bestimmte Mitwirkungsrechte bzw. -pflichten. Zu deren Wahrnehmung bedarf es zweckentsprechender Informationen. Den nicht an der Geschäftsführung beteiligten Gesellschaftern bzw. Anteilseignern wird mit dem Jahresabschluss gleichsam ein Rechenschaftsbericht durch die Unternehmensleitung gegeben. Eigenkapitalgeber tragen durch die Kapitalbereitstellung ein erhebliches Risiko, ohne dass ihnen ein Verzinsungsanspruch zusteht. Ihr Informationsinteresse lässt sich damit sowohl aus der Wahrnehmung ihr Mitwirkungsrechte und -pflichten, als auch aus der Risiko- und Renditeperspektive begründen.

- **Fremdkapitalgeber**
  Für Gläubiger steht die Erfüllung ihrer finanziellen Ansprüche durch die Schuldner im Vordergrund. Diesbezüglich hat der handelsrechtliche Jahresabschluss Informationen über das Schuldendeckungspotenzial sowie die Zinszahlungsfähigkeit zu vermitteln.
- **Mitarbeiter**
  Mitarbeiter sind an der Unternehmensentwicklung vor allem im Hinblick auf die Sicherung bzw. Erhaltung ihrer Arbeitsplätze als Einkunftsquelle interessiert. Weitergehender Informationsbedarf besteht im Fall einer Beteiligung der Mitarbeiter am Unternehmen.
- **Fiskus**
  Handelsrechtliche Vorschriften haben grundsätzliche Bedeutung für die steuerliche Gewinnermittlung. Damit ergeben sich Auswirkungen auf steuerliche Bemessungsgrundlagen und die hieraus abgeleiteten Steueransprüche.
- **Öffentlichkeit**
  Im Hinblick auf gesamtwirtschaftliche Aspekte besteht ein allgemeines Interesse der Öffentlichkeit an Informationen über die Entwicklung von Unternehmen.

Auch wenn die handelsbilanziellen Vorschriften wesentlich vom Grundsatz des Gläubigerschutzes geprägt sind, lässt sich keine eindeutige Präferenz bzw. Dominanz der Informationsansprüche einer der vorgenannten Gruppen ableiten. Vielmehr versucht der Gesetzgeber im Wege eines Interessenausgleichs, den berechtigten Anliegen der einzelnen Beteiligten zu entsprechen.

3. Bilanzzwecke

Die mit der Bilanz für unterschiedliche Interessengruppen verfolgten Ziele können wie folgt eingeteilt werden:

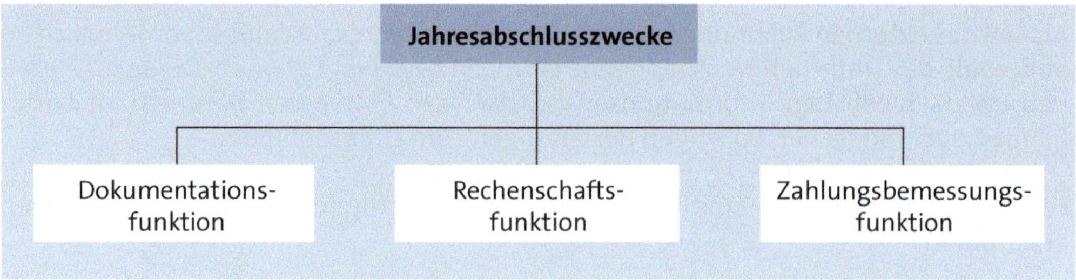

3.1 Dokumentationsfunktion

Dokumentation bezieht sich auf die „übersichtliche, vollständige und für Dritte nachvollziehbare Aufzeichnung aller Geschäftsvorfälle" (*Baetge/Kirsch/Thiele*, S. 100). Diese Erfordernisse schlagen sich insbesondere in den Regelungen des § 238 HGB zur Buchführungspflicht nieder.

Die Erfassung sämtlicher güter- und finanzwirtschaftlicher Vorgänge bildet die notwendige Basis für die Erstellung des Jahresabschlusses. Durch entsprechende Aufzeichnungen werden zudem Beweisurkunden für mögliche rechtliche Auseinandersetzungen geschaffen (u. a. § 258 und § 260 HGB), wie z. B. bei

- Bankrotthandlungen
- Unterschlagungen (sogenannte dolose Handlungen)
- Abwehr unberechtigter Ansprüche Dritter.

Hiermit im Zusammenhang stehen die gesetzlichen Aufbewahrungspflichten (§ 257 HGB).

3.2 Rechenschaftsfunktion

Rechenschaft beinhaltet den Nachweis über den Einsatz fremden Vermögens und die daraus erzielten Ergebnisse (vgl. *Leffson*, S. 63 f.). Im Vordergrund steht dabei die Drittinformation zu Kontroll- und Planungszwecken.

Hieraus erklärt sich die gesetzliche Verpflichtung jedes Kaufmanns, mittels der Buchführung „seine Handelsgeschäfte und die Lage seines Vermögens" ersichtlich zu machen (§ 238 Abs. 1 Satz 1 HGB).

In bestimmten Zeitabständen müssen darüber hinaus das Vermögen und die Schulden (§ 242 Abs. 1 Satz 1 HGB) sowie die Aufwendungen und Erträge (§ 242 Abs. 2 HGB) gegenübergestellt werden.

Bei Kapitalgesellschaften und bestimmten Personenhandelsgesellschaften hat der Jahresabschluss „ein den tatsächlichen Verhältnissen entsprechendes Bild der Vermögens-, Finanz- und Ertragslage" zu vermitteln (§ 264 Abs. 2 Satz 1 HGB).

Die Determinanten der wirtschaftlichen Lage beziehen sich im Einzelnen auf:

- **Vermögenslage**
  Darstellung der Struktur des (Rein-)Vermögens hinsichtlich
  - Höhe, Art, Zusammensetzung
  - Dauer der Vermögensbindung.
- **Finanzlage**
  Darstellung der Finanzierung und Liquidität durch Bezugnahme auf
  - Kapitalstruktur
  - Finanzierungsinstrumente
  - Finanzierungskonditionen
  - Fristigkeiten
  - Sicherheiten.

► **Ertragslage**
Darstellung des Periodenergebnisses sowie dessen Komponenten bezüglich
- Struktur der Ergebnisgrößen
- Nachhaltigkeit der Erfolgsquellen.

3.3 Zahlungsbemessungsfunktion

An bestimmte bilanzielle Größen sind regelmäßig Zahlungsverpflichtungen geknüpft. Folglich stellen Bilanzen immer auch ein Instrument zur Regelung finanzieller Ansprüche dar.

Ergebnisabhängig beteiligte Adressaten (z. B. Anteilseigner, Mitarbeiter) haben dabei tendenziell ein Interesse an einem möglichst hohen Gewinnausweis. Für Adressaten mit ergebnisunabhängigen Ansprüchen (z. B. Banken, Lieferanten) steht hingegen die Erhaltung des betrieblichen Vermögens und damit die Vermeidung unangemessener Liquiditätsabflüsse im Vordergrund.

Durch Vorschriften zur Ergebnisermittlung und Ergebnisverwendung soll wie folgt ein Interessenausgleich erreicht werden:

► **Ergebnisermittlung**
Nach Maßgabe der Regelungen bezüglich
- **Bilanzansatz**
  also über die in die Bilanz im Einzelnen aufzunehmenden Positionen

sowie
- **Bilanzbewertung**
  also über die Bewertung der Posten durch Festlegung von Wertobergrenzen bzw. Wertuntergrenzen

ergibt sich ein für verteilbar gehaltener Gewinn. Dieser kann dem Unternehmen entzogen werden, ohne dass hierdurch die Erfüllung anderweitiger Verpflichtungen beeinträchtigt würde.

► **Ergebnisverwendung**
Das in der Handelsbilanz ausgewiesene Ergebnis determiniert regelmäßig den zuzurechnenden bzw. ausschüttungsfähigen Gewinnanteil wie auch den Entnahmeanspruch. Zu beachten sind in diesem Zusammenhang ferner etwaige
- **Ausschüttungssperren**
  (insbesondere § 268 Abs. 8 HGB)
- **Mindestgewinnansprüche bzw. Mindestausschüttungen**
  zur Gewährung einer zwingend vorgeschriebenen Kapitalverzinsung
  (z. B. § 121 Abs. 1 HGB [für OHG] oder § 168 Abs. 1 HGB [für KG]).

Die handelsrechtliche Ergebnisermittlung hat darüber hinaus grundlegende Bedeutung für steuerliche Zwecke. Aufgrund der bestehenden allgemeinen Verknüpfung von Handels- und Steuerbilanz durch das Maßgeblichkeitsprinzip nach § 5 Abs. 1 Satz 1

EStG wirken sich Entscheidungen über die Ergebnisermittlung grundsätzlich auch auf steuerliche Bemessungsgrundlagen aus. Die Art der Ergebnisverwendung – Gewinneinbehalt (Thesaurierung) und/oder Ausschüttung – ist dabei für die Höhe der in der Bilanz abzubildenden Steuern unbeachtlich.

4. Rechtliche Grundlagen des Jahresabschlusses

Für den handelsrechtlichen Jahresabschluss sind die Bestimmungen im Dritten Buch des HGB sowie Regelungen in Spezialgesetzen maßgebend. Die Geltungsbereiche dieser Rechtsnormen sind wie folgt abzugrenzen:

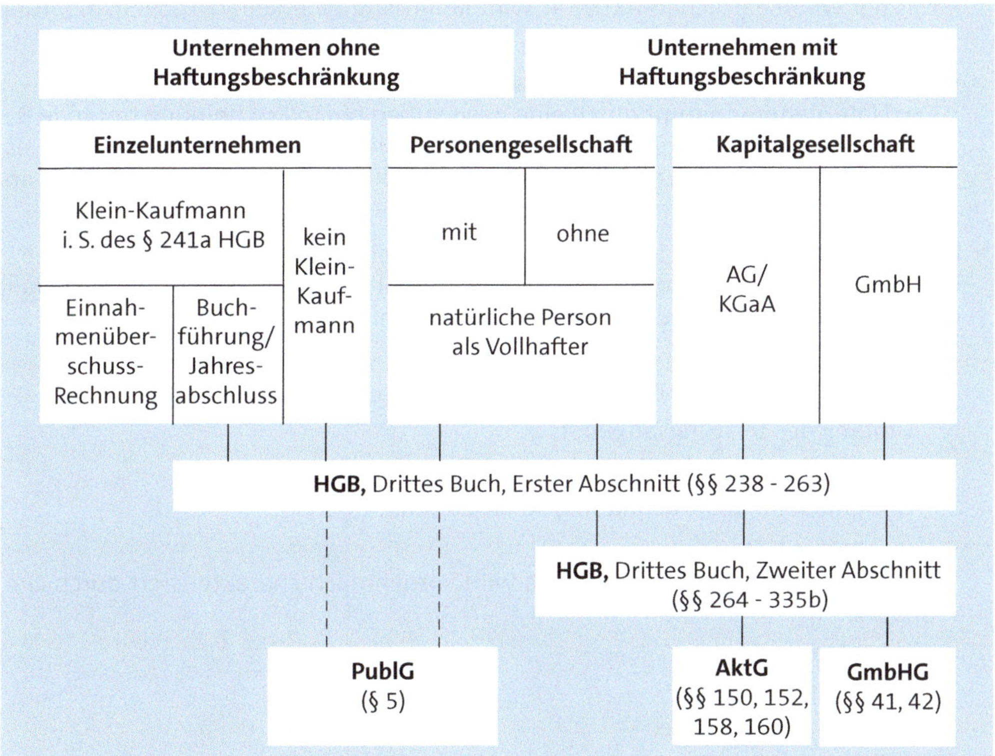

4.1 Allgemeine Regelungen

Die Bestimmungen im 1. Abschnitt des Dritten Buchs des HGB beziehen sich auf alle Kaufleute. Der Kaufmannsbegriff ist für die hier betrachteten Rechtsformen wie folgt abzugrenzen:

Einzelunternehmen und Personengesellschaften gelten als Kaufleute, wenn sie ein Handelsgewerbe betreiben (§ 1 Abs. 1 HGB). Handelsgewerbe ist jeder Gewerbebetrieb, der einen nach Art oder Umfang in kaufmännischer Weise eingerichteten Geschäftsbetrieb erfordert (§ 1 Abs. 2 HGB).

Maßgebende Voraussetzungen sind diesbezüglich:

- **Gewerbebetrieb**
  Ein Gewerbebetrieb ist in Analogie zum Steuerrecht (§ 15 Abs. 2 Satz 1 EStG) durch folgende Merkmale charakterisiert:
  - **Selbstständigkeit**
    Die wirtschaftliche Tätigkeit wird auf eigene Rechnung und Gefahr ausgeübt.
  - **Nachhaltigkeit**
    Die Betätigung ist grundsätzlich auf Dauer angelegt, d. h. es wird mit Wiederholungsabsicht gehandelt.
  - **Gewinnerzielungsabsicht**
    Mit der wirtschaftlichen Aktivität wird langfristig eine Reinvermögensmehrung angestrebt.
  - **Teilnahme am allgemeinen wirtschaftlichen Verkehr**
    Der Unternehmer nimmt durch eine nach außen hin in Erscheinung tretende Betätigung am allgemeinen Leistungs- oder Güterverkehr teil. Die betrieblichen Leistungen werden folglich einer unbestimmten Zahl von Personen gegen Entgelt angeboten.
- **Nach Art oder Umfang in kaufmännischer Weise eingerichteter Geschäftsbetrieb**
  Unter Berücksichtigung der tatsächlichen Verhältnisse des jeweiligen Einzelfalls orientiert sich die inhaltliche Abgrenzung an folgenden Kriterien:
  - **qualitative Kriterien**
    Prägend für die Art des Geschäftsbetriebs sind u. a.
    - Umfang des Leistungsangebots
    - Umfang der Geschäftsbeziehungen
    - Umfang der Inanspruchnahme von Krediten.
  - **quantitative Kriterien**
    Der Umfang des Geschäftsbetriebs wird vornehmlich charakterisiert durch Größen wie
    - Umsatzerlöse
    - Bilanzsumme
    - Zahl der Arbeitnehmer
    - Zahl der Betriebstätten.

  Diesbezüglich kommt den in § 241a HGB aufgeführten Größenmerkmalen besondere Bedeutung zu.

Sind die beiden vorstehenden Voraussetzungen erfüllt, besteht unabhängig von der Eintragung im Handelsregister Kaufmannseigenschaft (**Ist-Kaufmann**). Der Handelsregistereintragung kommt in diesen Fällen nur deklaratorische Bedeutung zu.

Sofern das gewerbliche Unternehmen keinen nach Art oder Umfang in kaufmännischer Weise eingerichteten Geschäftsbetrieb erfordert, sogenannte **Kleingewerbetreibende**, kann durch Eintragung in das Handelsregister Kaufmannseigenschaft erlangt werden (§ 2 Satz 1 HGB). Die Eintragung ist vom Unternehmer zu beantragen. Erst durch die Handelsregistereintragung wird in diesem Falle die Kaufmannseigenschaft erlangt (**Kann-Kaufmann**). Ebenso wie die Eintragung kann auch die Löschung der Firma beantragt werden (§ 2 Satz 2 und Satz 3 HGB).

Kapitalgesellschaften gelten aufgrund ihrer Rechtsform stets als Handelsgesellschaften, auch wenn sie kein Handelsgewerbe betreiben, sogenannte **Form-Kaufleute** (§ 6 Abs. 1 HGB i. V. mit § 3 Abs. 1 AktG bzw. § 13 Abs. 3 GmbHG).

Die rechtsformspezifisch bedeutsamen Arten des Kaufmanns sind nachfolgend im Überblick dargestellt:

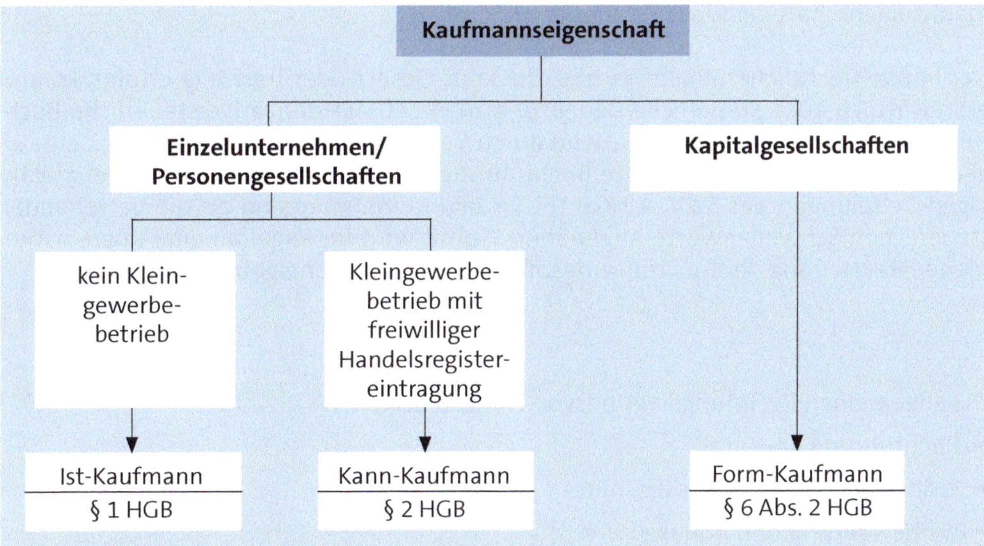

Aus der Kaufmannseigenschaft folgt die generelle Pflicht zur Führung von Büchern und zur Erstellung von Jahresabschlüssen. Hiervon besteht nach § 241a HGB eine größenabhängige Befreiung für **Einzelunternehmer**. Die Anwendung dieser Ausnahmeregelung bei einem sogenannten **Klein-Kaufmann** setzt für nach dem 31.12.2015 beginnende Geschäftsjahre voraus, dass an den Abschlussstichtagen von zwei aufeinander folgenden Geschäftsjahren jeweils beide der nachstehenden Größenkriterien eingehalten werden (§ 241a Satz 1 HGB i. V. mit Art. 76 EGHGB):

Umsatzerlöse	≤ 600.000 €
Jahresüberschuss	≤ 60.000 €

Bei neu gegründeten Unternehmen ist in zeitlicher Hinsicht allein auf die Verhältnisse am ersten Abschlussstichtag nach der Neugründung abzustellen (§ 241a Satz 2 HGB).

Für die Überprüfung der Schwellenwerte braucht keine Handelsbilanz aufgestellt zu werden; vielmehr reicht eine überschlägige Ermittlung nach Maßgabe der handelsrechtlichen Bilanzierungsvorschriften.

Bei Vorliegen der gesetzlichen Voraussetzungen kann auf die Buchführung und Inventarerstellung nach §§ 238 - 241 HGB verzichtet werden; Gleiches gilt hinsichtlich der Aufstellung eines Jahresabschlusses (§ 242 Abs. 4 i. V. mit § 241a HGB). Die Rechnungslegung hat dann mittels einer Einnahmenüberschuss-Rechnung zu erfolgen. Diese in § 4 Abs. 3 EStG geregelte steuerliche Gewinnermittlungsmethode erlangt damit auch für das Handelsrecht Bedeutung.

Von der Ausübung des Wahlrechts für Einzelkaufleute in § 241a HGB bleibt die Kaufmannseigenschaft der Klein-Kaufleute unberührt.

Der handelsrechtlichen Buchführung, die kraft Gesetz oder freiwillig erfolgt, kommt grundsätzlich auch steuerliche Bedeutung zu (§ 140 AO, derivative steuerliche Buchführungspflicht). Darüber hinaus wird durch § 141 Abs. 1 AO größenspezifisch eine eigenständige, orginäre steuerliche Buchführungspflicht begründet. Die größenabhängigen Befreiungen des § 241a HGB für Einzelunternehmer sind an die betreffenden steuerlichen Schwellenwerte angenähert. Somit wird im Regelfall eine übereinstimmende Beurteilung der Buchführungspflicht in beiden Rechtsgebieten erzielt.

Aufgabe 1 > Seite 171

Die allgemeinen Rechnungslegungsvorschriften beziehen sich auf:

- Buchführung, Inventar
- Eröffnungsbilanz, Jahresabschluss
- Aufbewahrung und Vorlage
- Landesrecht.

Die Bilanz basiert auf der (Finanz-)Buchführung und dem Inventar. In der **(Finanz-) Buchführung** (§ 238 HGB) werden alle Geschäftsvorfälle einer Abrechnungsperiode erfasst, und zwar

- **chronologisch geordnet**
  im Grundbuch oder Journal
- **sachlich bzw. kontenmäßig geordnet**
  im Hauptbuch.

Im **Inventar** (§ 240 HGB) als zweitem Basiselement des Jahresabschlusses sind alle Vermögensgegenstände und Schulden mengen- und wertmäßig zu verzeichnen. Grundlage für die Erstellung des Inventars ist eine regelmäßig durchzuführende körperliche Bestandsaufnahme (**Inventur**). Mithilfe des Inventars werden die buchmäßigen mit den tatsächlichen Beständen abgestimmt.

Das Inventar ist zu Beginn des Handelsgewerbes und nachfolgend zum Schluss eines jeden Geschäftsjahrs aufzustellen (§ 240 Abs. 1 und Abs. 2 HGB). Das Inventar bildet mit der Eröffnungsbilanz (§ 242 Abs. 1 HGB) den Ausgangspunkt für die laufende Buchführung.

Aufgabe 2 > Seite 171

Die Zusammenhänge zwischen Buchführung, Inventar und Jahresabschluss sind in dem Schaubild auf nachfolgender Seite dargestellt (vgl. hierzu *Meyer*, S. 27).

Bei der Inventur sind hinsichtlich Zeitpunkt und Verfahren allgemein zu unterscheiden:

► **Inventurzeitpunkte**

- **Stichtagsinventur** (§ 240 Abs. 2 HGB)
  Die Erfassung des Vermögens und der Schulden erfolgt idealtypisch am Abschlussstichtag selbst. Von größerer praktischer Bedeutung ist für den Bereich der Vorräte die sogenannte **ausgeweitete Stichtagsinventur**, bei der die Bestandsaufnahme in zeitlicher Nähe zum Bilanzstichtag erfolgt. Als zeitnah gilt regelmäßig eine Frist von 10 Tagen vor oder nach dem Bilanzstichtag (R 5.3 Abs. 1 EStR). Bestandsveränderungen in diesem Zeitraum müssen anhand von Belegen oder Aufzeichnungen ordnungsgemäß berücksichtigt werden.
- **vor-/nachgelagerte Stichtagsinventur** (§ 241 Abs. 3 HGB)
  Die Inventur kann zulässigerweise auch in den letzten drei Monaten vor bzw. in den ersten beiden Monaten nach Schluss des Geschäftsjahrs durchgeführt werden. Art, Menge und Wert der erfassten Gegenstände werden in einem besonderen Inventar festgehalten. Der Wert der Bestände ist auf den Bilanzstichtag fortzuschreiben bzw. zurückzurechnen.

Die alternativ für eine Stichtagsinventur relevanten Zeiträume sind nachfolgend im Überblick dargestellt:

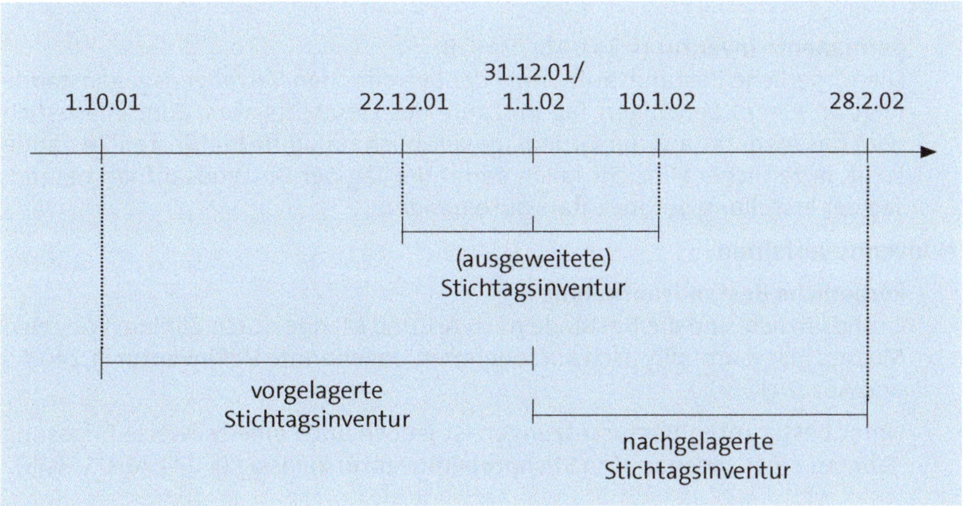

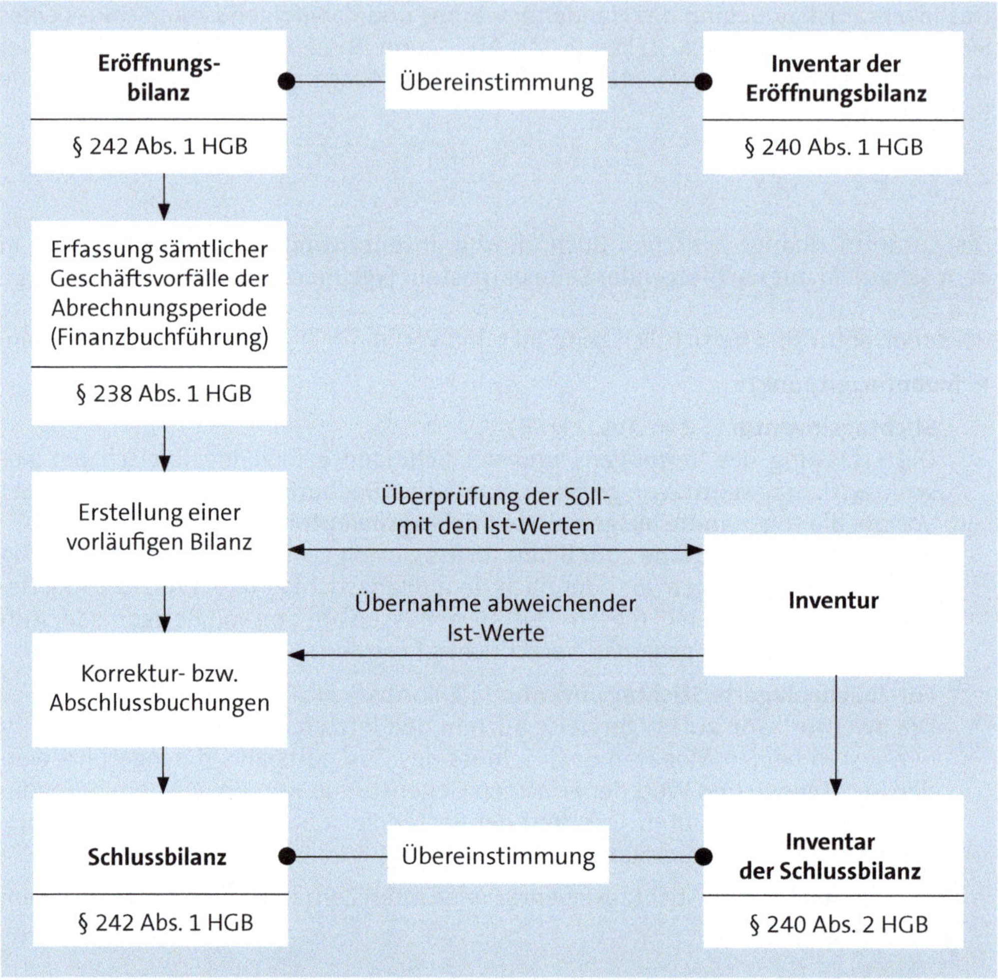

- **permanente Inventur** (§ 241 Abs. 2 HGB)
  Die körperliche Bestandsaufnahme der betreffenden Vermögensgegenstände erfolgt an einem beliebigen Tag im Laufe des Geschäftsjahrs. Zum Bilanzstichtag wird das Inventar auf der Grundlage der buchmäßig fortgeführten Bestände erstellt. In zeitlicher Hinsicht fallen damit der Tag der Bestandsaufnahme und der Tag der Erstellung des Inventars auseinander.

► **Inventurverfahren**

- **körperliche Bestandsaufnahme**
  Grundsätzlich sind die Bestände nach Art und Menge durch Zählen, Wiegen oder Messen insgesamt physisch aufzunehmen, sogenannte **Vollinventur** (§ 240 Abs. 1 und Abs. 2 HGB).

  Unter bestimmten Voraussetzungen ist jedoch auch eine teilweise Erfassung im Rahmen einer sogenannten **Stichprobeninventur** zulässig (§ 241 Abs. 1 HGB).

Dabei erfolgt nur für einen repräsentativen Teil der jeweiligen Gegenstände eine körperliche Bestandsaufnahme. Ausgehend von dem Wert der Stichprobe wird dann auf den Wert des Gesamtbestands hochgerechnet.

- **beleg- bzw. buchmäßige Inventur** (§ 241 Abs. 2 HGB)
  Die Bestandsermittlung anhand von Belegen bzw. buchmäßigen Aufzeichnungen erfolgt bei Posten, die nicht körperlich erfasst werden können. Hierbei handelt es sich um immaterielle Vermögensgegenstände, Forderungen und Schulden.

Alle Kaufleute haben aus der Buchführung und dem Inventar für eine bestimmte Abrechnungsperiode eine Bilanz abzuleiten sowie eine Gewinn- und Verlustrechnung aufzustellen. Beide Rechenwerke bilden zusammen den Jahresabschluss (§ 242 Abs. 3 HGB).

Die Rechnungsperiode erstreckt sich regelmäßig auf einen Zeitraum von 12 Monaten (§ 240 Abs. 2 Satz 2 HGB). In bestimmten Situationen, insbesondere bei Gründung, Übernahme oder Beendigung eines Handelsgewerbes, kann das Geschäftsjahr auch einen kürzeren Zeitraum umfassen, sogenanntes **Rumpfgeschäftsjahr**.

Bei der Wahl des Bilanzstichtags ist der Kaufmann frei. Dementsprechend kommt es alternativ zu einem

- **kalenderjahrgleichen Geschäftsjahr**
  Geschäftsjahr entspricht dem Kalenderjahr
- **kalenderjahrabweichenden Geschäftsjahr**
  Geschäftsjahr entspricht nicht dem Kalenderjahr.

Die gewählte Rechnungslegungsperiode kann grundsätzlich geändert werden, sogenannte **Umstellung des Geschäftsjahrs**. Eine wiederholte, sachlich nicht begründete Änderung des Bilanzstichtags innerhalb kurzer Zeit scheidet jedoch aus.

Aufgabe 3 > Seite 172

Die Bilanz ist in deutscher Sprache und in Euro aufzustellen (§ 244 HGB).

4.2 Besondere Regelungen

Die allgemeinen handelsrechtlichen Vorschriften werden durch die Bestimmungen im 2. Abschnitt des Dritten Buchs des HGB ergänzt. Diese besonderen Regelungen kommen bei folgenden Rechtsformen zur Anwendung:

- **Kapitalgesellschaften** (§ 264 Abs. 1 HGB)
- **Personengesellschaften mit Haftungsbeschränkung** (§ 264a HGB)
  Betroffen sind Gesellschaften, bei denen weder direkt noch indirekt wenigstens ein persönlich haftender Gesellschafter eine natürliche Person ist (§ 264a Abs. 1 HGB).

Hauptanwendungsfall ist die typische GmbH & Co. KG, bei der die GmbH als alleiniger Komplementär der KG auftritt. Wegen der mit dieser Rechtskonstruktion verbundenen Haftungsbeschränkung werden vom Gesetzgeber weitergehende Rechnungslegungspflichten gegenüber außenstehenden Dritten für erforderlich gehalten.

In bestimmten Fällen kommt eine Befreiung von der Anwendung der Bestimmungen des 2. Abschnitts im Dritten Buch des HGB in Betracht (§ 264b HGB). Hierfür müssen sämtliche der folgenden Voraussetzungen erfüllt sein:

- Die betreffende Personengesellschaft ist einbezogen in den Konzernabschluss eines persönlich haftenden Gesellschafters oder eines Mutterunternehmens mit Sitz in einem EU-Mitgliedstaat bzw. einem anderen Vertragsstaat des Abkommens über den Europäischen Wirtschaftsraum, sofern dieser Konzernabschluss „eine größere Gesamtheit von Unternehmen" umfasst. Letztere Voraussetzung ist erfüllt, wenn mindestens drei Unternehmen in den befreienden Konzernabschluss einbezogen werden.
- Der Konzernabschluss ist nach den maßgebenden EU-Richtlinien aufgestellt und geprüft.
- Die Befreiung der Personenhandelsgesellschaft ist im Anhang des Konzernabschlusses angegeben.
- Der Konzernabschluss, der Konzernlagebericht sowie der Bestätigungsvermerk sind für die Personenhandelsgesellschaft offen gelegt. Dabei kommen auch die Erleichterungsbestimmungen des § 264 Abs. 3 Satz 2 und Satz 3 HGB zur Anwendung.

Bei den aufgeführten Rechtsformen umfasst der Jahresabschluss neben der Bilanz und der Gewinn- und Verlustrechnung stets auch einen Anhang. Zudem ist ein von mittelgroßen und großen Gesellschaften Lagebericht aufzustellen (§ 264 Abs. 1 Satz 1 HGB).

Kleinstgesellschaften können auf einen Anhang verzichten, sofern unter der Bilanz folgende Angaben gemacht werden (§ 264 Abs. 1 Satz 5 HGB):

- **rechtsformunabhängig**
  - **Haftungsverhältnisse** (§ 251, § 268 Abs. 7 HGB)
  - **gewährte Vorschüsse und Kredite an Mitglieder der Organe der Gesellschaft sowie die zugunsten dieser Personen eingegangenen Haftungsverhältnisse** (§ 285 Nr. 9 Buchst. c HGB)
- **rechtsformspezifisch für Aktiengesellschaften oder Kommanditgesellschaften auf Aktien**
  - **Bestand eigener Aktien** (§ 160 Abs. 1 Nr. 2 AktG).

Kapitalmarktorientierte, nicht zur Konzernrechnungslegung verpflichtete Unternehmen haben ihren Jahresabschluss zwingend um eine Kapitalflussrechnung und einen Eigenkapitalspiegel zu erweitern; freiwillig kann der Abschluss auch um einen Segmentbericht ergänzt werden (§ 264 Abs. 1 Satz 2 HGB). Hierdurch wird eine Vereinheitlichung von Informationspflichten angestrebt. Im Kern entsprechende Regelungen bestehen diesbezüglich bereits für

- kapitalmarktorientierte, konzernrechnungslegungspflichtige Unternehmen nach IFRS
- nicht kapitalmarktorientierte, konzernrechnungslegungspflichtige Unternehmen nach § 297 Abs. 1 HGB.

Die Vorschrift des § 264 Abs. 1 Satz 2 HGB betrifft nur eine kleine Gruppe von Unternehmen (vgl. *Theile*, S. 120). Daher sind die zusätzlichen Rechnungslegungsinstrumente für den Bereich des Einzelabschlusses nur von vergleichsweise geringer Bedeutung. Demzufolge werden diese Bestandteile des Jahresabschlusses nicht gesondert in eigenständigen Kapiteln, sondern im jeweiligen thematischen Zusammenhang behandelt.

Zur Identifikation der Gesellschaft sind im Jahresabschluss anzugeben (§ 264 Abs. 1a Satz 1 HGB):

- **Firma**
- **Sitz**
- **Registergericht**
- **Handelsregisternummer**.

Befindet sich die Gesellschaft in Liquidation oder Abwicklung, besteht auch insoweit eine Berichtspflicht (§ 264 Abs. 1a Satz 2 HGB).

Die Angabe vorstehender Kerndaten kann – wie bisher bereits üblich – am Beginn des Anhangs oder auf einem Deckblatt bzw. in einer erweiterten Überschrift zum Jahresabschluss erfolgen.

Die Anwendung der betreffenden Einzelregelungen hängt zum Teil von der Größe der Gesellschaft ab. Generell für nach dem 31.12.2015 beginnende Geschäftsjahre sind folgende Größenklassen zu unterscheiden (§ 267 und § 267a HGB i. V. mit Art. 75 Abs. 2 Satz 2 EGHGB):

Merkmale / Größenklasse	Bilanzsumme [BS] (in Mio. €)	Umsatzerlöse [UE] (in Mio. €)	durchschnittliche Zahl der Arbeitnehmer [AN]
Kleinstgesellschaft	BS ≤ 0,350	UE ≤ 0,700	AN ≤ 10
kleine Gesellschaft	0,350 < BS ≤ 6,000	0,700 < UE ≤ 12,000	10 < AN ≤ 50
mittelgroße Gesellschaft	6,000 < BS ≤ 20,000	12,000 < UE ≤ 40,000	50 < AN ≤ 250
große Gesellschaft	BS > 20,000	UE > 40,000	AN > 250

Für die Klassifikation ist regelmäßig entscheidend, ob an zwei aufeinander folgenden Abschlussstichtagen mindestens zwei der vorstehenden drei Kriterien vorliegen (§ 267 Abs. 4 Satz 1 und § 267a Abs. 1 Satz 2 HGB).

Unabhängig von den konkreten Größenmerkmalen gilt ein kapitalmarktorientiertes Unternehmen stets als große Gesellschaft (§ 267 Abs. 3 Satz 2 HGB).

Aufgabe 4 > Seite 172

Neben den handelsrechtlichen Vorschriften gelten für einzelne Rechtsformen noch spezialgesetzliche Bestimmungen. So kommen bei **Kapitalgesellschaften** zusätzlich Regelungen des AktG bzw. des GmbHG zur Anwendung.

Einzelunternehmen und **Personengesellschaften mit einer natürlichen Person als Vollhafter** haben ebenfalls bestimmte Vorschriften aus dem 2. Abschnitt des Dritten Buchs des HGB zu beachten, sofern sie dem PublG unterliegen (§ 5 Abs. 1 i. V. mit § 3 Abs. 1 Nr. 1 PublG). Voraussetzung hierfür ist, dass an drei aufeinander folgenden Abschlussstichtagen jeweils mindestens zwei der drei nachstehenden Merkmale zutreffen. Folgende Schwellenwerte sind derzeit maßgebend (§ 1 Abs. 1 PublG):

Bilanzsumme	> 65 Mio. €
Umsatzerlöse	> 130 Mio. €
durchschnittliche Zahl der Arbeitnehmer	> 5.000

Aufgabe 5 > Seite 173

In Abhängigkeit vom Merkmal der Kapitalmarktorientierung sowie der rechtsform- und größenspezifischen Klassifizierung ergeben sich unterschiedliche Konsequenzen für Aufstellung, Prüfung und Publizität des Jahresabschlusses. Die einzelnen Auswirkungen sind in der Übersicht auf den beiden folgenden Seiten zusammengefasst.

	nicht kapitalmarktorientierte Unternehmen						kapitalmarktorientierte Unternehmen
	Einzelunternehmen/Personengesellschaft mit natürlicher Person als Vollhafter		Kapitalgesellschaft/Personengesellschaft ohne natürliche Person als Vollhafter				
	nicht PublG unterliegend	PublG unterliegend	kleinst	klein	mittelgroß	groß	
Aufstellung des Jahresabschlusses							
(1) Bestandteile							
▸ Bilanz/Gewinn- und Verlustrechnung	●	●	●	●	●	●	●
▸ Anhang			○	●	●	●	●
▸ Kapitalflussrechnung							●[1]
▸ Eigenkapitalspiegel							●[1]
▸ Lagebericht					●	●	●[2]
(2) Frist	ordnungsmäßiger Geschäftsgang [6 - 9 Monate] (§ 243 Abs. 3 HGB)	3 Monate (§ 5 Abs. 1 PublG)	6 Monate (§ 264 Abs. 1 Satz 4 HGB)		3 Monate (§ 264 Abs. 1 Satz 3 HGB)		
Prüfung des Jahresabschlusses		●			●	●	●

Symbole: ● uneingeschränkte Anwendung ○ eingeschränkte Anwendung

1 Uneingeschränkte Anwendung nur für kapitalmarktorientierte, nicht konzernrechnungslegungspflichtige Unternehmen.
2 Verpflichtend nur für nicht dem PublG unterliegende Unternehmen.

	nicht kapitalmarktorientierte Unternehmen						kapitalmarkt-orientierte Unternehmen
	Einzelunternehmen/Personen-gesellschaft mit natürlicher Person als Vollhafter		Kapitalgesellschaft/Personengesellschaft ohne natürliche Person als Vollhafter				
	nicht PublG unterliegend	PublG unterliegend	kleinst	klein	mittelgroß	groß	
Offenlegung des Jahresabschlusses							
(1) Unterlagen							
► Bilanz		○	●	●	●	●	●
► Gewinn- und Verlustrechnung		○			○	●	●
► Anhang				○	○	●	●
► Kapitalflussrechnung							●
► Eigenkapitalspiegel							●
► Lagebericht					●	●	●[1]
► Bericht des Aufsichtsrats		●			●	●	●
► Ergebnisverwendungs-beschluss[2]		○			●	●	●
(2) Form		Einreichung und Bekanntmachung im elektronischen Bundesanzeiger/Unternehmensregister[3] (§ 325 Abs. 1 und Abs. 2 HGB [ggf. i. V. mit § 9 Abs. 1 PublG])					
(3) Frist		12 Monate (§ 325 Abs. 1a HGB [ggf. i. V. mit § 9 Abs. 1 PublG])					4 Monate (§ 325 Abs. 4 HGB [ggf. i. V. mit § 9 Abs. 1 PublG])

Symbole: ● uneingeschränkte Anwendung ○ eingeschränkte Anwendung

1 Verpflichtend nur für nicht dem PublG unterliegende Unternehmen.
2 Soweit nicht im Anhang angegeben.
3 Bei Kleinstgesellschaften alternative Einreichung zur Hinterlegung beim Bundesanzeiger und Erteilung eines Hinterlegungsauftrags (§ 326 Abs. 2 HGB).

Die gesetzlichen Vertreter der Gesellschaft haben die publizitätspflichtigen Unterlagen generell beim Betreiber des elektronischen Bundesanzeigers/Unternehmensregisters elektronisch einzureichen und unverzüglich danach im elektronischen Bundesanzeiger/Unternehmensregister bekannt machen zu lassen (§ 325 Abs. 1 und Abs. 2 HGB). Die allgemein geforderte elektronische Einreichung erfolgt als elektronische Aufzeichnung nach § 12 Abs. 2 HGB. Dementsprechend braucht kein Notar eingeschaltet zu werden, sondern die Unterlagen können unmittelbar vom Unternehmen selbst oder einem Berater per E-Mail übermittelt werden.

Kleinstgesellschaften können alternativ die offenzulegende Bilanz in elektronischer Form zur dauerhaften Hinterlegung beim Bundesanzeiger einreichen und einen Hinterlegungsauftrag erteilen (§ 326 Abs. 2 Satz 1 HGB). Voraussetzung hierfür ist die Abgabe einer Erklärung gegenüber dem Betreiber des Unternehmensregisters, dass die Kriterien für die Zuordnung zu dieser Größenklasse vorliegen (§ 326 Abs. 2 Satz 3 HGB). Die eingereichte Bilanz wird Dritten auf Antrag als kostenpflichtige Kopie vom Unternehmensregister übermittelt (§ 9 Abs. 6 Satz 3 HGB).

Die Einreichung der betreffenden Unterlagen hat spätestens ein Jahr nach dem Abschlussstichtag des jeweiligen Geschäftsjahrs zu erfolgen (§ 325 Abs. 1a [ggf. i. V. mit § 326 Abs. 2 Satz 2] HGB). Für kapitalmarktorientierte Unternehmen verkürzt sich diese Frist generell auf vier Monate (§ 325 Abs. 4 Satz 1 HGB).

Von dem Betreiber des elektronischen Bundesanzeigers werden die eingereichten Unterlagen dem Betreiber des elektronischen Unternehmensregisters übermittelt (§ 8b Abs. 3 Satz 1 Nr. 1 HGB). Mit der Einstellung der betreffenden Jahresabschlussdokumente in das Unternehmensregister sind diese über dessen Internetseite (**www.unternehmensregister.de**) allgemein und jederzeit zugänglich.

Die fristgerechte und vollzählige Offenlegung der einzureichenden Unterlagen wird vom Betreiber des elektronischen Bundesanzeigers/Unternehmensregisters überprüft (§ 329 Abs. 1 HGB). Dieser erhält die hierzu erforderlichen Unternehmensdaten (u. a. Sitz, Handelsregisternummer, Rechtsform, Firma) von dem Betreiber des elektronischen Unternehmensregisters.

Über eine Verletzung der Offenlegungspflicht hat der Betreiber des elektronischen Unternehmensregisters das Bundesamt für Justiz mit Sitz in Bonn zu unterrichten (§ 329 Abs. 4 HGB). Diese Behörde ist zuständig für die Durchführung des für diese Fälle vorgesehenen Ordnungsgeldverfahrens, das sich gegen die Mitglieder des vertretungsberechtigten Organs oder auch gegen die Gesellschaft selbst richten kann (§ 335 Abs. 1 Satz 1 und Satz 2 HGB). Das Bundesamt für Justiz wird von Amts wegen tätig.

Das Ordnungsgeldverfahren läuft wie folgt ab:

Bei einer festgestellten Pflichtverletzung wird unter Androhung eines Ordnungsgelds den Beteiligten aufgegeben, innerhalb einer sechswöchigen Frist den Publizitätspflichten nachzukommen oder die Unterlassung mittels Einspruch gegen die Verfügung zu rechtfertigen (§ 335 Abs. 3 Satz 1 HGB). Unabhängig von dem weiteren Verfahrensverlauf werden mit der Androhung des Ordnungsgeldes zugleich auch die Verfahrenskosten von jeweils 50,00 € aufgegeben. Sofern mittels Einspruchs das Verfahren eingestellt wird, sind die festgesetzten Verfahrenskosten aufzuheben (§ 335 Abs. 3 Satz 5 HGB). Der Einspruch hat keine aufschiebende Wirkung (§ 335 Abs. 3 Satz 4 HGB).

Wird kein Einspruch eingelegt und auch die Offenlegungspflicht innerhalb der Frist von sechs Wochen nicht nachgeholt, wird ein Ordnungsgeld festgesetzt und zugleich ein erneutes Ordnungsgeld angedroht (§ 335 Abs. 4 Satz 1 HGB). Die Androhung eines Ordnungsgeldes kann also mehrfach wiederholt werden. Das Ordnungsgeld beträgt mindestens 2.500,00 € und höchstens 25.000,00 € (§ 335 Abs. 1 Satz 4 HGB).

Sofern die Offenlegung erst nach Ablauf der Sechswochenfrist, jedoch noch vor Einleitung weiterer Maßnahmen erfolgt, ist das Ordnungsgeld von Bundesamt wie folgt herabzusetzen (§ 335 Abs. 4 Satz 2 Nr. 1 - 3 HGB):

<table>
<tr><th>Größenformat</th><th>Mindestordnungsgeld</th></tr>
<tr><td>Kleinstgesellschaft
► Bilanz-Hinterlegung nach § 326 Abs. 2 HGB</td><td>500,00 €</td></tr>
<tr><td>► Bilanz-Einreichung nach § 325 HGB</td><td rowspan="2">1.000,00 €</td></tr>
<tr><td>kleine Gesellschaft</td></tr>
<tr><td>übrige Gesellschaften</td><td>2.500,00 €</td></tr>
</table>

Bei nur geringfügiger Fristüberschreitung (i. d. R. bis zwei Wochen) hat eine Herabsetzung jeweils auf einen geringeren Betrag zu erfolgen (§ 335 Abs. 4 Satz 2 Nr. 4 HGB).

Falls die sechswöchige Nachholungsfrist unverschuldet versäumt wird, ist auf Antrag Wiedereinsetzung in den vorigen Stand zu gewähren (§ 335 Abs. 5 HGB).

Gegen die Festsetzung eines Ordnungsgelds sowie gegen die Entscheidung über einen Einspruch oder einen Antrag auf Wiedereinsetzung ist die sofortige Beschwerde bei dem für den Sitz des Bundesamts zuständigen Landgericht (= Landgericht Bonn) möglich (§ 335a Abs. 1 HGB). Gegen die Beschwerdeentscheidung kann bei dem für den Sitz des Landgerichts zuständigen Oberlandesgericht (= Oberlandesgericht Köln) Rechtsbeschwerde erhoben werden, sofern das Landgericht dieses Rechtsmittel zulässt (§ 335a Abs. 3 HGB). Hiervon ist auszugehen bei grundsätzlichen Rechtsfragen oder Divergenzentscheidungen zur Sicherung einer einheitlichen Rechtsprechung.

5. Grundsätze ordnungsmäßiger Buchführung

5.1 Bedeutung und Bestimmung der GoB

Die handelsrechtliche Rechnungslegung hat nach Maßgabe der gesetzlichen Vorschriften sowie unter Beachtung der Grundsätze ordnungsmäßiger Buchführung (GoB) zu erfolgen. Hierauf wird u. a. verwiesen hinsichtlich

- Führung von (Handels-)Büchern (§ 238 Abs. 1 Satz 1, § 239 Abs. 4 Satz 1 HGB)
- Inventurvereinfachungsverfahren (§ 241 Abs. 1 Satz 2 und Abs. 2 HGB)
- Aufstellung des Jahresabschlusses (§ 243 Abs. 1 und § 264 Abs. 2 Satz 1 HGB)
- Bewertungsvereinfachungsverfahren (§ 256 HGB).

Auch im Rahmen der steuerlichen Gewinnermittlung wird ausdrücklich auf die handelsrechtlichen GoB Bezug genommen (sogenannte **materielle Maßgeblichkeit** [§ 5 Abs. 1 Satz 1, § 6 Abs. 1 Nr. 2a Satz 1 EStG]).

Auch wenn einige handelsrechtliche Bestimmungen nach herrschender Meinung als GoB zu beurteilen sind, handelt es sich mangels einer allgemeinen inhaltlichen Definition jedoch um einen unbestimmten Rechtsbegriff. Dessen Verwendung bezweckt insbesondere:

- Erfassung nicht unter explizite Detailvorschriften fallender Einzelsachverhalte
- Möglichkeit der Rechtsfortbildung im Hinblick auf neue Erkenntnisse sowie technisch-ökonomische Entwicklungen
- Schließung von Gesetzeslücken bzw. Auslegung spezifischer Gesetzesvorschriften.

Zur inhaltlichen Bestimmung der rechtsformunabhängigen GoB kommen grundsätzlich folgende Methoden in Betracht:

- **induktive Methode**
  Die Auslegung der GoB orientiert sich hierbei am Kaufmannsbrauch und am Gewohnheitsrecht. Für den Handelsbrauch sind die Anschauungen sowie das Verhalten ordentlicher und ehrenwerter Kaufleute maßgebend.

  Neben der personellen Abgrenzung bereitet die Ermittlung der Ansichten der Bilanzierenden kaum lösbare praktische Probleme. Zudem sind die Betroffenen nicht neutral, sodass die Auslegung der GoB interessenabhängig wäre. Aus diesen Gründen wird die Anwendung der induktiven Methode heute allgemein abgelehnt.
- **deduktive Methode**
  Nach dieser Methode sind die GoB aus den Zwecken der Buchführung und des Jahresabschlusses abzuleiten. Bei gegebenem Konsens über die Abschlussziele erfolgt die inhaltliche Ermittlung der GoB unter Beteiligung von Wissenschaft, Rechtsprechung, Bilanzierungspraxis und Gesetzgeber.

  Bezüglich der Konzernrechnungslegung veröffentlicht auf nationaler Ebene das nach § 342 HGB gegründete DRSC Auslegungen zu den gesetzlichen Anforderungen. Die von diesem Gremium herausgegebenen Standards (DRS) beziehen sich nach der Gesetzesformulierung unmittelbar allein auf den Bereich der Konzernrechnungslegung. Bei Beachtung der betreffenden Regelungen besteht die Vermutung, dass die für den Konzernabschluss geltenden GoB eingehalten sind (§ 342 Abs. 2 HGB). Vom DRSC wird jedoch die analoge Anwendung für den Einzelabschluss ausdrücklich empfohlen. Insoweit erlangen diese Rechnungslegungsstandards mittelbare Bedeutung.

  Neben dem gesetzlich beauftragten DRSC ist das IDW als faktischer Standard Setter anzusehen. Die von dieser berufsständischen Organisation herausgegebenen Stellungnahmen zur Rechnungslegung (IDW RS) und Prüfungsstandards (IDW PS) sind von den Abschlussprüfern aus berufsrechtlichen Gründen einzuhalten. Hieraus ergeben sich indirekt Folgewirkungen für prüfungs- bzw. rechnungslegungspflichtige Unternehmen selbst.

Die Ableitung und Kategorisierung der Grundsätze ordnungsmäßiger Buchführung wird in der Literatur differenziert betrachtet. Neben der hier dargestellten Herangehensweise finden sich in der Literatur auch andere Darstellungen (vgl. *Leffson 1987* und *Moxter 2003*).

5.2 Einzelelemente der GoB

Die aus den Jahresabschlusszwecken abgeleiteten GoB umfassen folgende Teilbereiche:

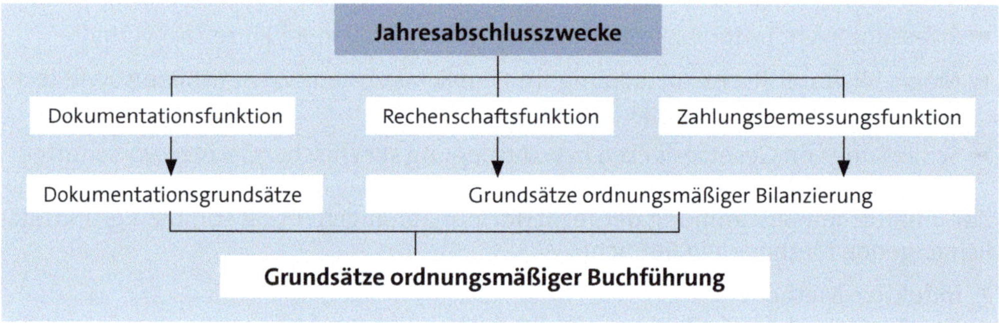

5.2.1 Dokumentationsgrundsätze

Die weitgehend kodifizierten Dokumentationsgrundsätze, auch als **GoB im engeren Sinne** bezeichnet, betreffen die sachgerechte buchmäßige Erfassung der Geschäftsvorfälle. Hierdurch soll eine zuverlässige Grundlage für die Erstellung des Jahresabschlusses geschaffen werden.

Zu unterscheiden ist zwischen materieller und formeller Ordnungsmäßigkeit.

5.2.1.1 Materielle Ordnungsmäßigkeit

Die materielle Ordnungsmäßigkeit wird insbesondere durch folgende Grundsätze bestimmt:

- **systematischer Aufbau der Buchführung**
  Die Buchführung muss – unabhängig von ihrer Art und Form – eine formal korrekte Erfassung und Dokumentation aller buchungspflichtigen Vorgänge gewährleisten. Grundlegende Bedeutung kommt dabei dem Kontenrahmen sowie dem daraus abgeleiteten Kontenplan zu.
- **Richtigkeit und Vollständigkeit** (§ 239 Abs. 2 HGB; § 146 Abs. 1 Satz 1 AO)
  Die Aufzeichnung der Geschäftsvorfälle hat mit dem jeweils abzubildenden Tat-

bestand dem Grunde nach (= qualitativ) wie auch der Höhe nach (= quantitativ) übereinzustimmen.

Qualitative Richtigkeit bezieht sich darauf, dass die einzelnen Vorgänge ihrem tatsächlichen Inhalt entsprechend verbucht werden, und zwar nach Maßgabe der Buchungs- und Kontierungsanweisungen auf sachlich zutreffenden Konten. Quantitative Richtigkeit betrifft die Erfassung mit dem tatsächlichen Betrag.

Vollständigkeit beinhaltet die lückenlose und uneingeschränkte Berücksichtigung aller buchungspflichtigen Sachverhalte in chronologischer Reihenfolge. Nicht stattgefundene Geschäftsvorfälle dürfen folglich nicht aufgezeichnet werden (**Verbot fiktiver Buchungen**).

- **zeitnahe und geordnete Eintragungen** (§ 239 Abs. 2 HGB; § 146 Abs. 1 Satz 1 AO)
  Eine zeitgerechte Erfassung liegt vor, wenn realisierte Geschäftsvorfälle unverzüglich, d. h. ohne schuldhafte Verzögerung, gebucht werden. Die Frage der zeitlichen Nähe der Erfassung ist dabei vom jeweiligen Sachverhalt abhängig. So sollen Kassenbewegungen täglich festgehalten werden (§ 146 Abs. 1 Satz 2 AO).
- **Belegprinzip** (§ 238 Abs. 1 Satz 3 HGB; § 145 Abs. 1 Satz 2 AO)
  Damit Entstehung und Abwicklung der Geschäftsvorfälle nachvollzogen werden können, darf keine Buchung ohne entsprechenden Beleg erfolgen. Zu jeder Buchung gehört ebenso ein Beleg wie zu jedem Beleg eine Buchung. Folglich fungiert der Beleg als Bindeglied zwischen Geschäftsvorfall und Buchung.

5.2.1.2 Formelle Ordnungsmäßigkeit

Nachstehende Grundsätze determinieren im Wesentlichen die formelle Ordnungsmäßigkeit:

- **Verständlichkeit**
  Die Buchführung muss durch einen sachverständigen Dritten innerhalb angemessener Zeit nachvollzogen werden können (§ 238 Abs. 1 Satz 2 HGB; § 145 Abs. 1 Satz 1 AO). Semantische Verständlichkeit wird erreicht durch Verwendung einer lebenden Sprache für die Buchungen und die sonst erforderlichen Aufzeichnungen (§ 239 Abs. 1 HGB; § 146 Abs. 3 AO).
- **Unveränderlichkeit der Aufzeichnungen** (§ 239 Abs. 3 HGB; § 146 Abs. 4 AO)
  Buchungen und Aufzeichnungen müssen vor nachträglichen Änderungen geschützt werden, damit der ursprüngliche Inhalt nicht mehr verändert werden kann. Fehlerhafte Buchungen sind durch Stornierungen oder Neubuchungen zu korrigieren.
- **Beachtung der Aufbewahrungsfristen**
  Maßgebend sind nach § 257 HGB bzw. § 147 AO folgende Aufbewahrungsfristen:

Bücher, Inventare, Eröffnungsbilanzen, Jahresabschlüsse, Einzelabschlüsse nach § 325 Abs. 2a HGB, Lageberichte sowie die zu ihrem Verständnis erforderlichen Arbeitsanweisungen und sonstigen Organisationsunterlagen	10 Jahre
Buchungsbelege	
Handels- oder Geschäftsbriefe	6 Jahre
sonstige für steuerliche Zwecke bedeutsame Unterlagen	

Die jeweilige Frist beginnt mit dem Schluss des Kalenderjahrs, in dem der Sachverhalt verwirklicht ist, der eine Aufbewahrungspflicht auslöst (§ 257 Abs. 5 HGB; § 147 Abs. 4 AO).

Zur Überprüfung der Beachtung der Dokumentationsgrundsätze bedarf es eines funktionierenden internen Kontrollsystems. Hierdurch soll die Zuverlässigkeit und Ordnungsmäßigkeit des Rechnungswesens gewährleistet und das Unternehmensvermögen gesichert werden.

5.2.2 Grundsätze ordnungsmäßiger Bilanzierung

Diese Grundsätze regeln Ansatz, Bewertung sowie Ausweis der Bilanzposten. Folgende Subsysteme sind zu unterscheiden:

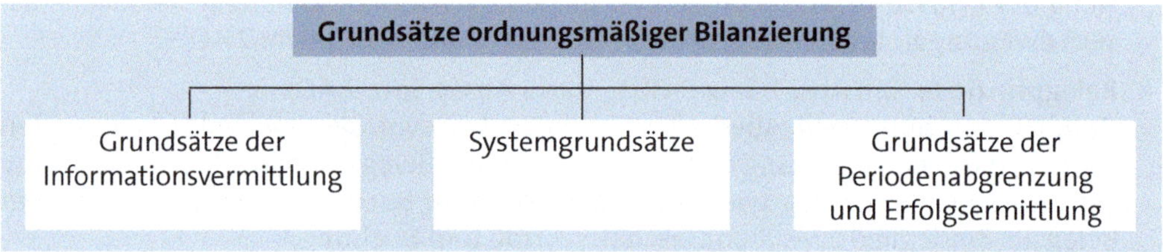

5.2.2.1 Grundsätze der Informationsvermittlung

Buchführung und Jahresabschluss haben als Instrumente zur Abbildung des betrieblichen Geschehens den generellen Anforderungen jeder Informationsvermittlung zu entsprechen. Die diesbezüglich maßgebenden sogenannten **Rahmengrundsätze** sind größtenteils gesetzlich geregelt und umfassen im Einzelnen:

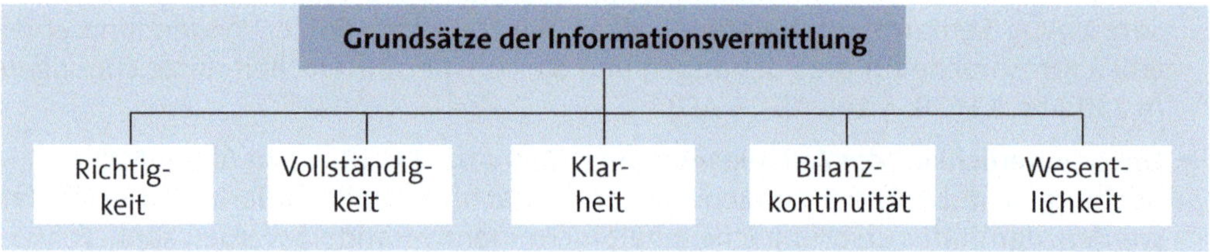

- **Richtigkeit**

  Dieser Grundsatz beinhaltet nicht die Forderung nach absoluter Richtigkeit. Erreicht werden soll vielmehr eine objektive, d. h. auf intersubjektiv nachprüfbaren Regelungen beruhende Darstellung des betrieblichen Geschehens.

  So ist der Jahresabschluss nach den GoB aufzustellen (§ 243 Abs. 1, § 264 Abs. 2 Satz 1 HGB). Dementsprechend müssen die kodifizierten sowie die nicht kodifizierten, aber allgemein anerkannten GoB und die übrigen Rechnungslegungsnormen beachtet werden.

Im Rahmen der Bewertung gegebenenfalls vorzunehmende Schätzungen haben innerhalb objektiv bestimmbarer Grenzen zu erfolgen. Zu diesem Zweck bedarf es einer Dokumentation der vom Bilanzierenden für sachlich zutreffend gehaltenen Annahmen.

- **Vollständigkeit** (§ 239 Abs. 2, § 246 Abs. 1 HGB)
Nach dem Vollständigkeitsgrundsatz müssen sämtliche Bilanzpositionen der Berichtsperiode erfasst werden. Dabei sind generell die zum Abschlussstichtag gegebenen Verhältnisse zu Grunde zu legen, sogenanntes **Stichtagsprinzip** (§ 252 Abs. 1 Nr. 3 und Nr. 4 HGB).

Fraglich ist die Berücksichtigung von Informationen, die in der Zeitspanne zwischen Bilanzstichtag und Aufstellungszeitpunkt erlangt werden. Folgende zwei Fälle sind zu unterscheiden:

- **wertaufhellende Informationen**
Diese beziehen sich auf objektiv gegebene Sachverhalte des abgelaufenen Geschäftsjahrs. In der nachfolgenden Periode erworbene bessere Kenntnisse sind bei der Bilanzerstellung für das Vorjahr zu berücksichtigen.

- **wertbegründende Informationen**
Diese betreffen Ereignisse nach dem Bilanzstichtag und sind dem neuen Geschäftsjahr zuzuordnen. In dem für den vorhergehenden Zeitraum zu erstellenden Abschluss finden derartige Informationen folglich keinen Niederschlag.

Die Abgrenzung zwischen wertaufhellenden und wertbegründenden Informationen wird nachfolgend veranschaulicht:

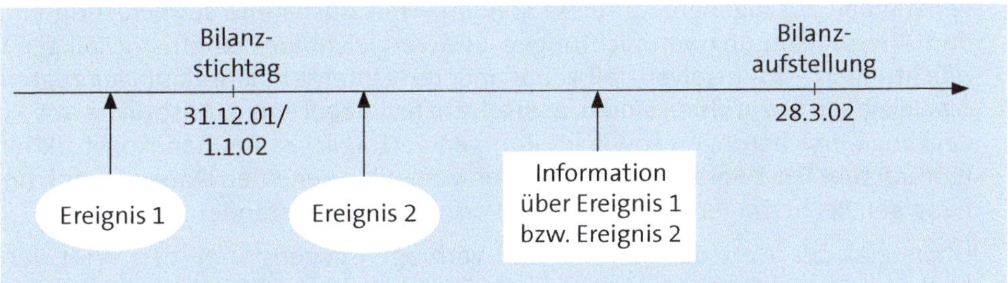

	Ereignis 1	**Ereignis 2**
Ereigniseintritt	vor Bilanzstichtag	nach Bilanzstichtag
Informations-zugang	nach Bilanzstichtag, vor Bilanzaufstellung	
bilanzielle Konsequenz	als wertaufhellendes Ereignis Berücksichtigung im Abschluss 01	als wertbegründendes Ereignis keine Berücksichtigung im Abschluss 01

Aufgabe 6 > Seite 173

- **Klarheit** (§ 243 Abs. 2 HGB)
  Die Informationsvermittlung muss verständlich erfolgen. Hierzu tragen eindeutige inhaltliche Postenbezeichnungen und eine übersichtliche Abschlussgliederung bei.

  Nach dem sogenannten **Bruttoprinzip** dürfen einzelne Positionen der Bilanz bzw. der Gewinn- und Verlustrechnung grundsätzlich nicht miteinander verrechnet werden (§ 246 Abs. 2 Satz 1 HGB).

Aufgabe 7 > Seite 174

Neben dem – an späterer Stelle behandelten – Fall der Bildung von Bewertungseinheiten wird das Bruttoprinzip auch durchbrochen bei Vermögensgegenständen, „die dem Zugriff aller übrigen Gläubiger entzogen sind und ausschließlich der Erfüllung von Schulden aus Altersversorgungsverpflichtungen oder vergleichbaren langfristig fälligen Verpflichtungen dienen" (§ 246 Abs. 2 Satz 2 HGB). Das diesbezügliche Saldierungsgebot betrifft folgende Posten:

- **auf der Passivseite**
  Schulden aus Pensionsverpflichtungen, Altersteilzeitverpflichtungen, Verpflichtungen aus Lebensarbeitszeitmodellen oder anderen vergleichbaren langfristig fälligen Verpflichtungen (vgl. *BilRUG*, S. 48).
- **auf der Aktivseite**
  Vermögensgegenstände zur Erfüllung dieser Verpflichtungen, die dem Zugriff aller übrigen Gläubiger entzogen sind; hiervon ist bei unbelasteten Vermögensgegenständen auszugehen. Auf diese können – mit Ausnahme der Berechtigten aus den Altersversorgungsverpflichtungen und vergleichbarer langfristig fälliger Verpflichtungen – im Insolvenzfall keine anderen Unternehmensgläubiger zugreifen. Als Belegfälle anzuführen sind u. a. insolvenzfest abgetretene Ansprüche aus Rückdeckungsversicherungen sowie im Rahmen vertraglicher Treuhandkonstruktionen (Contractual Trust Agreements) auf einen vom bilanzierenden Unternehmen unabhängigen Rechtsträger ausgegliederte Vermögensgegenstände.

  Übersteigt der Wert der betreffenden Vermögensgegenstände den Wert der Altersversorgungsverpflichtungen, ist der Saldobetrag zu aktivieren und gesondert als „Aktiver Unterschiedsbetrag aus der Vermögensverrechnung" auszuweisen (§ 246 Abs. 2 Satz 3 i. V. mit § 266 Abs. 2 HGB).

Die Sonderregelung des § 246 Abs. 2 Satz 2 HGB führt zu einer Bilanzverkürzung; nur der – die tatsächliche wirtschaftliche Belastung repräsentierende – Unterschiedsbetrag zwischen bestimmten künftigen Verpflichtungen und hierfür reservierten Vermögenswerten wird ausgewiesen. Insoweit werden die tatsächlichen Gegebenheiten abgebildet und damit der Informationsgehalt des Jahresabschlusses verbessert.

In entsprechenden Fällen sind nicht nur die bilanziellen Bestandsgrößen miteinander zu verrechnen, sondern auch die zugehörigen Aufwendungen und Erträge. Diese resultieren aus der Abzinsung bzw. aus der Bewertung des zu verrechnenden Vermögens mit dem beizulegenden Zeitwert.

► **Bilanzkontinuität** (§ 246 Abs. 3, § 252 Abs. 1 Nr. 1 und Nr. 6, § 265 Abs. 1 HGB)
Dieser Grundsatz umfasst folgende Teilelemente:

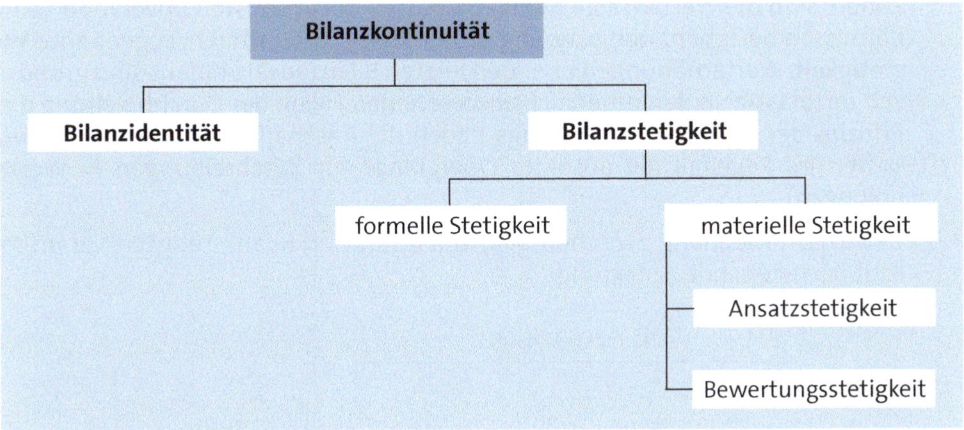

- **Bilanzidentität** (§ 252 Abs. 1 Nr. 1 HGB)
  Entsprechend dem System der doppelten Buchführung ist die Schlussbilanz einer Abrechnungsperiode mit der Eröffnungsbilanz der Folgeperiode identisch. Hierdurch wird gewährleistet, dass sämtliche während der Unternehmensdauer eintretenden Vermögensänderungen erfasst werden. Insofern besteht ein enger Zusammenhang mit dem Vollständigkeitsgrundsatz.

- **Bilanzstetigkeit**
  Bilanzen geben Informationen über eine bestimmte Abrechnungsperiode. Bei Annahme einer unbefristeten Unternehmensfortführung muss die formelle und materielle Vergleichbarkeit der im Zeitablauf erstellten Abschlüsse gewährleistet werden.

  Die **formelle Stetigkeit** betrifft vor allem die Beibehaltung der Darstellungsform – also Bezeichnung, Gliederung und Ausweis der Jahresabschlussposten. Für Kapitalgesellschaften und Personengesellschaften i. S. des § 264a HGB ergibt sich diese sogenannte **Ausweisstetigkeit** explizit aus § 265 Abs. 1 HGB.

  Ferner ist der Abschluss grundsätzlich für identische Zeiträume jeweils zum gleichen Stichtag aufzustellen. Für Unternehmen mit Haftungsbeschränkung ist die Angabe vergleichbarer Vorjahreswerte zwingend (§ 265 Abs. 2 HGB).

  Die **materielle Stetigkeit** bezieht sich auf den Bilanzansatz und die Bewertung.

  Nach § 246 Abs. 3 Satz 1 HGB sind die auf den vorhergehenden Jahresabschluss angewandten Ansatzmethoden beizubehalten, sogenannte **Ansatzstetigkeit.** Hierunter fällt die Ausübung gesetzlicher Ansatzwahlrechte (u. a. Aktivierungswahlrecht für ein Disagio gem. § 250 Abs. 3 HGB) sowie die stetige Ausübung von Ermessensspielräumen (z. B. bei der Schätzung von Rückstellungsbeträgen).

  Darüber hinaus betrifft die materielle Stetigkeit die sogenannte **Bewertungsstetigkeit**, d. h. die Beibehaltung angewandter Bewertungsmethoden. Aus Vergleichbarkeitsgründen sind art- und funktionsgleiche Gegenstände regelmäßig nach gleichen Methoden zu bewerten (§ 252 Abs. 1 Nr. 6 HGB).

Von dem materiellen Stetigkeitsgrundsatz darf nur ausnahmsweise abgewichen werden (§ 246 Abs. 3 Satz 2, § 252 Abs. 2 HGB).

Zudem sind die Wertansätze der Bilanzposten bei ansonsten unveränderten Verhältnissen beizubehalten bzw. in gleicher Weise fortzuführen, sogenannte **Wertstetigkeit**. Werterhöhungen über den letzten Bilanzansatz hinaus sind grundsätzlich unzulässig. In den gesetzlich vorgesehenen Fällen der Durchbrechung dieses Prinzips des Wertzusammenhangs bilden die Anschaffungs- oder Herstellungskosten im Regelfall die absolute Obergrenze für Zuschreibungen (= Wertaufholungen).

Den Zusammenhang zwischen Bilanzidentität und Bilanzstetigkeit veranschaulicht nachstehende Abbildung:

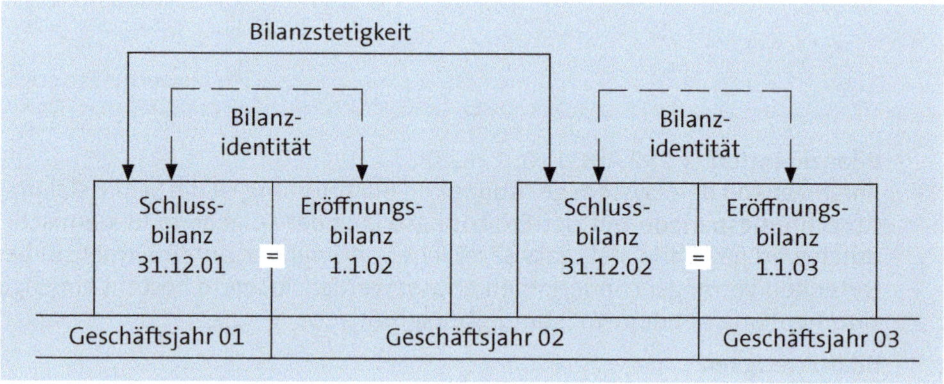

- **Wesentlichkeit (materiality)**

  Der handelsrechtliche Jahresabschluss dient hauptsächlich der Vermittlung von Informationen. Nach dem Wirtschaftlichkeitsprinzip muss mithin dem Informationsnutzen für den Empfänger der Informationsaufwand für den Bilanzierenden gegenübergestellt werden.

  Als Maßstab dient dabei der Grundsatz der Wesentlichkeit. Unwesentliche Informationen dürfen vernachlässigt, verkürzt oder verdichtet werden. Entscheidend ist stets die Bedeutung einer Information für die Erreichung des angestrebten Zwecks.

  In der Praxis erweist sich dieser Grundsatz als äußerst problematisch. So ist der individuelle Nutzen von Informationen für die einzelnen Bilanzadressaten höchst unterschiedlich zu bewerten und zudem schwer messbar.

  Zwischen dem Erfordernis der Wirtschaftlichkeit und dem Grundsatz der Klarheit besteht eine Wechselbeziehung. Zusätzliche Angaben erhöhen zwar den Aussagegehalt von Informationen, beeinträchtigen jedoch die Übersichtlichkeit.

5.2.2.2 Systemgrundsätze

Die nachfolgenden Systemgrundsätze sind generelle Regelungen mit übergreifender Geltung für die anderen GoB. Hierdurch soll ein in sich geschlossenes Zusammenwirken der Einzelelemente erreicht werden. Als Systemgrundsätze sind anzuführen:

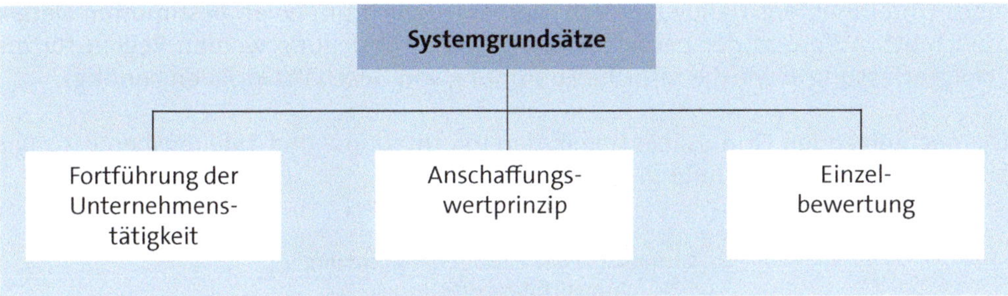

- **Fortführung der Unternehmenstätigkeit [going concern]** (§ 252 Abs. 1 Nr. 2 HGB)
  Bei der Bewertung ist grundsätzlich von der Fortführung der Unternehmenstätigkeit auszugehen. Sachverhalte sind damit nach Maßgabe ihrer Beziehung zum wirtschaftlich aktiven Unternehmen zu beurteilen. Solange keine gegenteiligen Erkenntnisse vorliegen, scheidet die Berücksichtigung von Liquidations- oder Veräußerungswerten aus.
- **Anschaffungswertprinzip (Pagatorik)**
  Aus Gründen der Objektivierung werden im Jahresabschluss nur mit Zahlungsvorgängen verbundene Geschäftstransaktionen berücksichtigt. Ein- bzw. Auszahlungen sind geeignete intersubjektiv nachvollziehbare Abbildungsmaßstäbe. Dementsprechend gehen kalkulatorische Elemente, denen keine Zahlungen zu Grunde liegen, nicht in die Handelsbilanz ein.

  Einzelne Bilanzpositionen sind höchstens mit den tatsächlich bereits geleisteten oder künftig zu leistenden Zahlungen anzusetzen. Eine darüber hinausgehende Bewertung, z. B. aufgrund gestiegener Wiederbeschaffungspreise, wäre mit dem Anschaffungswertprinzip nicht vereinbar und ist daher regelmäßig ausgeschlossen. Die handelsrechtliche Rechnungslegung basiert damit auf dem **Nominalwertprinzip**. Dabei wird Geldwertstabilität unterstellt (Grundsatz: 1 € = 1 €).
- **Einzelbewertung** (§ 252 Abs. 1 Nr. 3 HGB)
  In der Bilanz sind generell alle Vermögensgegenstände und Schulden einzeln zu bewerten, d. h. ohne Saldierung mit anderen gleichartigen oder korrespondierenden Positionen. Es erfolgt keine Gesamtbewertung des Unternehmens.

  Der Grundsatz der Einzelbewertung wird aus Wirtschaftlichkeitsgründen sowie im Hinblick auf eine zutreffende Informationsvermittlung durchbrochen, u. a. im Falle der
  - Fest- bzw. Gruppenbewertung (§ 240 Abs. 3 und Abs. 4 HGB)
  - Sammelbewertung von Vermögensgegenständen (§ 256 HGB)
  - Bildung von Bewertungseinheiten (§ 254 HGB).

5.2.2.3 Grundsätze der Periodenabgrenzung und Erfolgsermittlung

Der Jahresabschluss stellt die wirtschaftliche Entwicklung eines Unternehmens für einen festgelegten Zeitraum (= Geschäftsjahr) dar. Bezogen auf die Gesamtlebensdauer eines Unternehmens handelt es sich hierbei lediglich um einen bestimmten Detailausschnitt. Aufgrund der periodenweisen Rechnungslegung werden Regeln für die Erfolgserfassung sowie die zeitliche Zuordnung von Geschäftsvorfällen benötigt.

Die nachfolgenden Grundsätze tragen den Informations- und Zahlungsbemessungsaufgaben der Bilanz Rechnung:

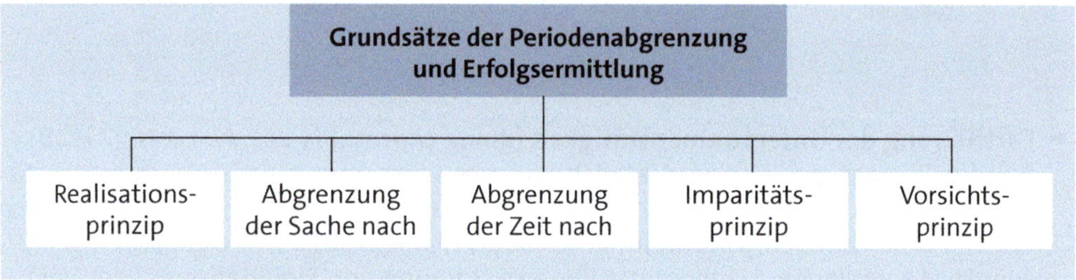

- **Realisationsprinzip** (§ 252 Abs. 1 Nr. 4 Halbsatz 2 HGB)
  Das Realisationsprinzip legt den Zeitpunkt fest, zu dem der aus einem Geschäft resultierende (positive oder negative) Ergebnisbeitrag als erzielt gilt. Dann tritt an die Stelle der bis dahin allgemein maßgebenden Anschaffungs- oder Herstellungskosten die Bewertung mit dem Verkaufs- bzw. Marktpreis.

  Bei Liefergeschäften sind diesbezüglich folgende Kriterien ausschlaggebend (vgl. im Einzelnen *Leffson*, S. 265 ff.):

  - Kaufvertrag ist geschlossen
  - geschuldete Lieferung ist erbracht
  - Gegenstand ist aus dem Verfügungsbereich des liefernden Unternehmens ausgeschieden
  - Abrechnungsfähigkeit ist gegeben.
    Der Zeitpunkt der Ergebnisrealisierung richtet sich also danach, wann eine Leistung wirtschaftlich als erbracht anzusehen ist. Auf die Erfüllung des schuldrechtlichen Anspruchs durch Zahlung kommt es hingegen nicht an.

- **Abgrenzung der Sache nach**
  Das Realisationsprinzip, das sich auf die Abgrenzung der durch Leistungserbringung am Markt erzielten Ergebnisse bezieht, wird durch den Grundsatz der Abgrenzung der Sache nach ergänzt. Hiernach sind den realisierten Erträgen die zu ihrer Erzielung erforderlichen Aufwendungen gegenüberzustellen. Maßgebend ist dabei ein finaler Zusammenhang.

  Ausgaben für noch nicht abgesetzte Leistungen sind durch Aktivierung ergebnismäßig zu neutralisieren.

- **Abgrenzung der Zeit nach**
  Erträge bzw. Aufwendungen, die weder nach dem Realisationsprinzip noch der Sache nach zugeordnet werden können, sind zeitlich in der Periode ihres Anfalls bzw. ihrer Entstehung zu erfassen. Dabei erfolgt die Abgrenzung unabhängig vom jeweiligen Zahlungszeitpunkt (§ 252 Abs. 1 Nr. 5 HGB).

Im Einzelnen gilt:

- **zeitraumbezogene Beträge** (z. B. Mieten oder Zinsen)
  sind zeitanteilig (pro rata temporis) den betreffenden Geschäftsjahren zuzuordnen
- **außergewöhnliche Beträge**
  sind als nicht aus der planmäßigen wirtschaftlichen Geschäftstätigkeit resultierende Größen in der Periode zu berücksichtigen, in der sie anfallen
- **aperiodische Beträge**
  sind als einer früheren Periode zuzuordnende Beträge in dem Jahr zu erfassen, in dem sie bekannt werden.

► **Imparitätsprinzip** (§ 252 Abs. 1 Nr. 4 Halbsatz 1 HGB)
Der Jahresabschluss ist stets auch ein Instrument zur Regelung finanzieller Ansprüche. Dabei wird der Forderung nach Erhaltung des unternehmerischen Vermögens aus Gründen des Gläubigerschutzes besondere Bedeutung beigemessen. Hieraus erklärt sich die aus dem Imparitätsprinzip folgende Berücksichtigung von in der Berichtsperiode verursachten, am Abschlussstichtag jedoch noch nicht eingetretenen negativen Ergebnisbeiträgen.

Während prinzipiell also positive Ergebnisse erst bei ihrer Realisierung am Markt bilanziell erfasst werden dürfen, sind erkennbare künftige Verluste aus eingeleiteten oder abgeschlossenen Geschäften zu antizipieren. Damit ist eine Verringerung des ausgewiesenen Ergebnisses sowie der hieran anknüpfenden Zahlungen verbunden.

Hinsichtlich des allgemeinen Unternehmerrisikos aufgrund (bedingt) vorhersehbarer Ereignisse (z. B. Konjunkturrückgänge, Marktveränderungen) bzw. unvorhersehbarer Ereignisse (= Fälle höherer Gewalt, wie z. B. Brandschäden, Flutkatastrophen) ist durch Bildung von Rücklagen Vorsorge zu treffen.

Die unterschiedliche bilanzielle Berücksichtigung von Risiken ist in nachfolgender Abbildung dargestellt (vgl. *Schulte*, S. 63):

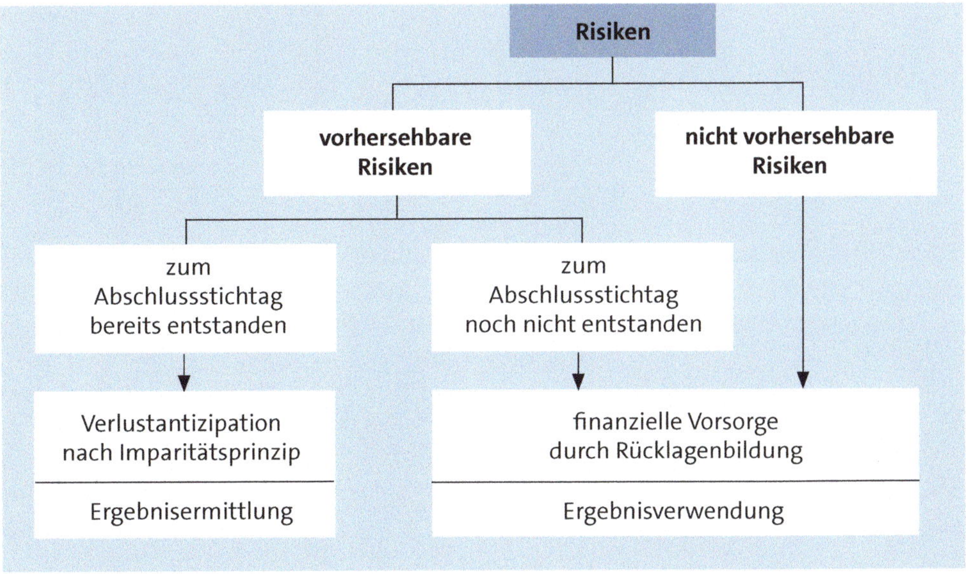

Steuerlich gilt das Imparitätsprinzip mit Verweis auf eine Objektivierung der steuerlichen Gewinnermittlung bzw. eine Verbreiterung der Bemessungsgrundlage nur noch eingeschränkt. Hiermit sind grundlegende Abweichungen zwischen Handels- und Steuerbilanz verbunden.

- **Vorsichtsprinzip** (§ 252 Abs. 1 Nr. 4 Halbsatz 1 HGB)
  Mit dem Imparitätsprinzip in engem Zusammenhang steht als Regelung zur Ergebnisermittlung der Grundsatz der Vorsicht. Danach hat der Kaufmann den Wert seiner Vermögensgegenstände und Schulden vorsichtig zu bewerten.

  Bedeutung erlangt dieses Prinzip bei der Bestimmung von Schätzgrößen. Aus einem Schätzintervall ist der wahrscheinlichste, nicht zwangsläufig der ungünstigste Wert heranzuziehen. So soll die Legung stiller Reserven durch beliebige Unterbewertungen von Aktiva bzw. Überbewertungen von Passiva verhindert werden.

Aufgabe 8 > Seite 174
Aufgabe 9 > Seite 175

B. Bilanz

1. Bilanzierungskonzeption

Bei der Bilanzierung sind drei grundlegende Bereiche zu unterscheiden:

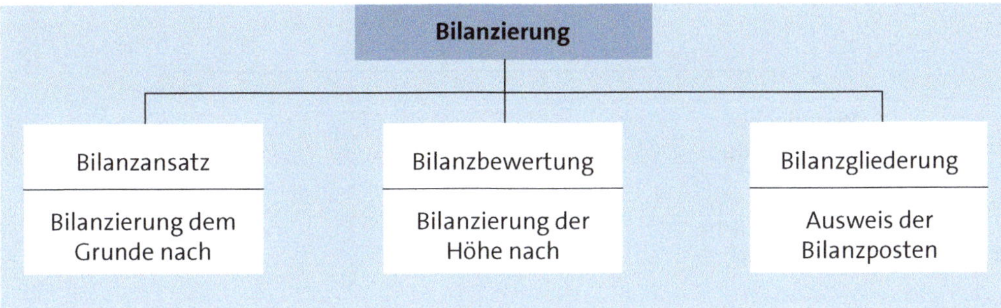

1.1 Bilanzansatz

Im Rahmen dieses Teilbereichs ist die Frage der Bilanzierungsfähigkeit zu klären, d. h. welche Objekte oder Vorgänge in der Bilanz abzubilden sind (**Bilanzierung dem Grunde nach**). Bei Posten der Aktivseite geht es um Aktivierungsfähigkeit, bei Passivposten dementsprechend um Passivierungsfähigkeit.

Die Beurteilung der Bilanzierungsfähigkeit knüpft an generelle und einzelfallbezogene Voraussetzungen:

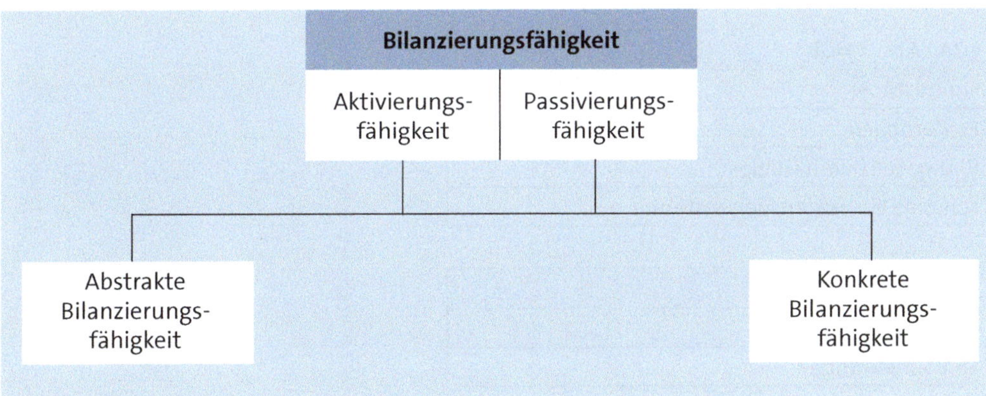

Die nachfolgenden Ausführungen beziehen sich ausschließlich auf die – den Inhalt der Bilanz prägenden – Vermögensgegenstände und Schulden; in der Terminologie des Steuerrechts handelt es sich um (positive und negative) Wirtschaftsgüter.

Auf die anderen Bilanzposten wird erst an späterer Stelle eingegangen.

1.1.1 Abstrakte Bilanzierungsfähigkeit

Die abstrakte Bilanzierungsfähigkeit knüpft an folgende Voraussetzungen:

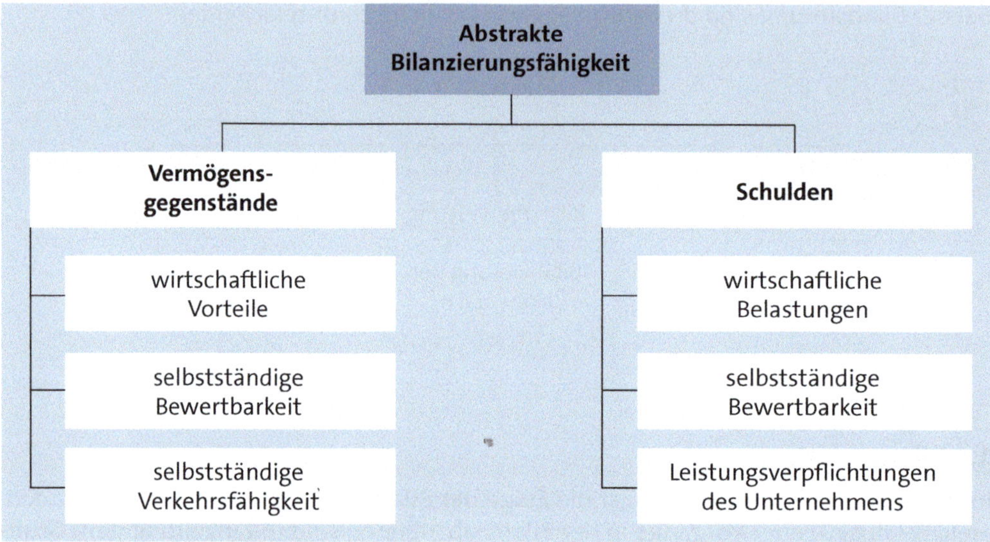

1.1.1.1 Vermögensgegenstände

Der Begriff der Vermögensgegenstände ist im Gesetz nicht definiert. Einzelne Arten von Vermögensgegenständen werden in folgenden Regelungen angeführt:

§ 240 Abs. 1 HGB
Grundstücke
Forderungen
Betrag des baren Geldes
sonstige Vermögensgegenstände

§ 247 Abs. 1 HGB
Anlagevermögen
Umlaufvermögen

Unter Berücksichtigung dieser Regelungen sowie der allgemeinen GoB sind nachstehende Merkmale für die abstrakte Bilanzierungsfähigkeit maßgebend:

- **wirtschaftliche Vorteile**
  Zu aktivieren sind Sachen und Rechte i. S. des Bürgerlichen Rechts sowie sonstige wirtschaftliche Vorteile (z. B. Erfindungen, Know-how). Hierin spiegeln sich künftige Nutzenpotenziale für das Unternehmen wider.

- **selbstständige Bewertbarkeit**
  Aus dem Grundsatz der Einzelbewertung folgt der Ansatz jedes einzelnen Vermögensgegenstands mit einem eigenen, von anderen Positionen unterscheidbaren Wert. Dieser resultiert aus der Zurechnung abgrenzbarer Aufwendungen.
- **selbstständige Verkehrsfähigkeit**
  Dieses Merkmal ist erfüllt, wenn ein einzelner Vermögensgegenstand im Rechtsverkehr gegen Entgelt übertragen werden kann. Aus Gründen des Gläubigerschutzes kommt nur einem bei Einzelveräußerung erzielbaren Erlös Bedeutung zu.

Vermögensgegenstände können folgendermaßen klassifiziert werden:

<table>
<tr><th>Merkmal</th><th colspan="4">Vermögenskategorien</th></tr>
<tr><td>Zweckbestimmung</td><td colspan="2">Anlagevermögen</td><td colspan="2">Umlaufvermögen</td></tr>
<tr><td>Art</td><td colspan="2">immateriell</td><td colspan="2">materiell</td></tr>
<tr><td>Nutzungspotenzial</td><td colspan="2">nicht abnutzbar</td><td colspan="2">abnutzbar</td></tr>
<tr><td>örtliche Einsatzmöglichkeit</td><td colspan="2">unbeweglich</td><td colspan="2">beweglich</td></tr>
<tr><td>Erwerbsform</td><td>Anschaffung</td><td colspan="2">Herstellung</td><td>unentgeltlicher Erwerb</td></tr>
</table>

Diese Einteilungen haben Bedeutung

- **in materieller Hinsicht**
  für die je nach Zuordnung unterschiedlichen Bilanzierungs- und Bewertungsvorschriften
- **in formeller Hinsicht**
  für den Bilanzausweis.

1.1.1.2 Schulden

Im Gesetz fehlt gleichfalls eine Definition des Begriffs der Schulden. Diese Bilanzkategorie ist – in Analogie zu den Vermögensgegenständen – durch folgende Kriterien gekennzeichnet:

- **wirtschaftliche Belastungen**
  Diese können auf gegenwärtigen oder künftigen Ansprüchen und damit verbundenen Minderungen des Vermögens beruhen.
- **selbstständige Bewertbarkeit**
  Die jeweiligen Vermögensbelastungen sind mittels einzeln zuzuordnender Aufwendungen abgrenzbar und damit selbstständig bewertbar. Es handelt sich hierbei nicht um Bestandteile des allgemeinen Unternehmerrisikos.
- **Leistungsverpflichtungen des Unternehmens**
  Neben bürgerlich-rechtlichen sind auch wirtschaftliche Verpflichtungen zu erfassen.

Schulden können wie folgt unterteilt werden:

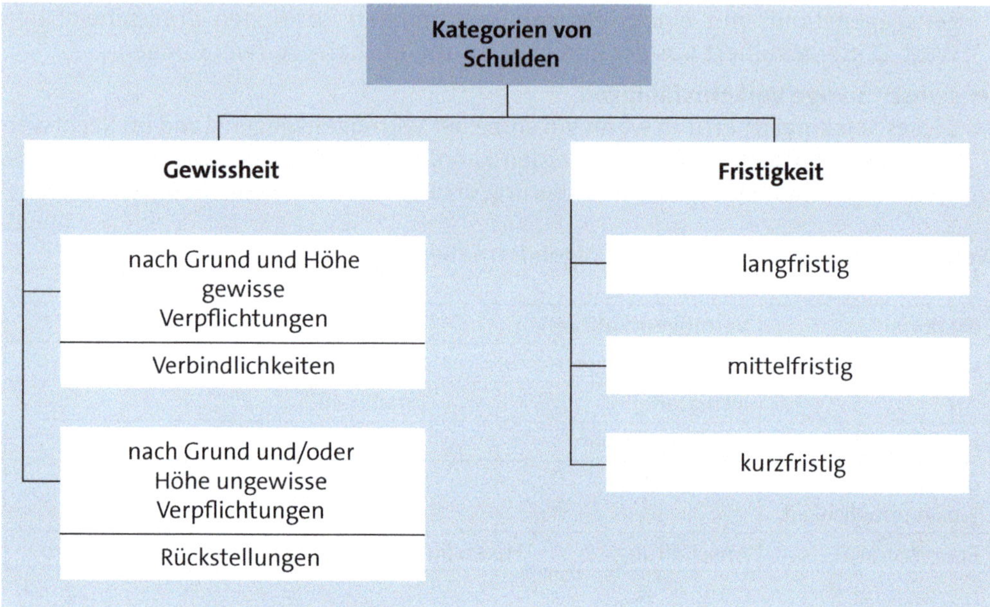

1.1.2 Konkrete Bilanzierungsfähigkeit

Bei gegebener abstrakter Bilanzierungsfähigkeit müssen zudem noch nachstehende einzelfallbezogene Voraussetzungen erfüllt werden, damit ein Posten in der Bilanz eines Kaufmanns zu berücksichtigen ist:

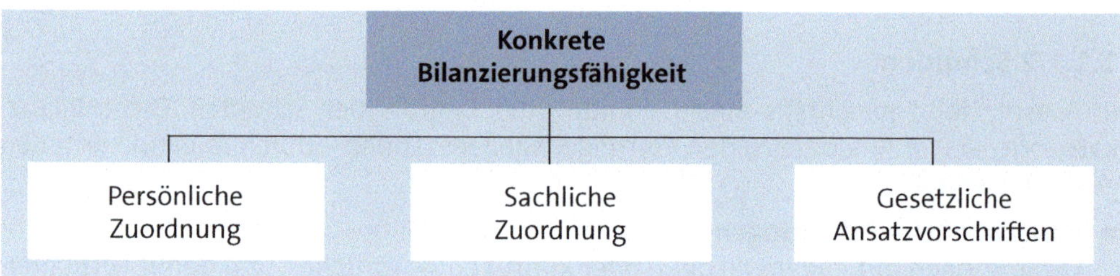

1.1.2.1 Persönliche Zuordnung

Der Kaufmann hat in Buchführung, Inventar und Bilanz **sein** Vermögen und **seine** Schulden zu erfassen (§ 238 Abs. 1 Satz 1, § 240 Abs. 1, § 242 Abs. 1 Satz 1 HGB). Die Bilanzierung erfordert im konkreten Fall also eine Zuordnung des betreffenden Objekts zur Person des Bilanzierenden. Dabei ist handels- sowie steuerrechtlich grundsätzlich das bürgerlich-rechtliche Eigentum maßgebend. Sofern jedoch rechtliches und wirtschaftliches Eigentum voneinander abweichen, erfolgt die Zurechnung nach dem wirtschaftlichen Eigentum (§ 246 Abs. 1 Satz 2 und Satz 3 HGB; § 39 AO).

Für die einzelfallbezogene wirtschaftliche Zurechnungsentscheidung ist auf die Verteilung der Chancen und Risiken abzustellen. Dabei kommt folgenden Tatbestandsmerkmalen Bedeutung zu:

- Ausübung der tatsächlichen Sachherrschaft
- Dauer
- wirtschaftliche Verfügungsmacht über die Substanz sowie den erzielten Ertrag.

Als wichtige Fälle, in denen rechtliches und wirtschaftliches Eigentum voneinander abweichen, sind insbesondere anzuführen:

- **Geschäfte unter Eigentumsvorbehalt**
  Der Verkäufer bleibt bei Lieferung unter Eigentumsvorbehalt bis zur endgültigen Bezahlung zivilrechtlicher Eigentümer. Der Erwerber (Vorbehaltskäufer) erlangt jedoch die wirtschaftliche Verfügungsmacht über die betreffenden Gegenstände. Dementsprechend hat grundsätzlich die Bilanzierung beim Erwerber zu erfolgen.

  Dieser Grundsatz wird durchbrochen, wenn der Eigentumsvorbehalt geltend gemacht wird oder hiermit zu rechnen ist. In diesem Fall hat der Vorbehaltsverkäufer die betreffenden Gegenstände in seiner Bilanz auszuweisen.
- **Sicherungsübereignung/Sicherungsabtretung**
  Hier überträgt der Sicherungsgeber das rechtliche Eigentum an einem Gegenstand (Sicherungsgut) auf den Sicherungsnehmer. Die Eigentumsübertragung ist zivilrechtlich nur bei Nichterfüllung vertraglicher Vereinbarungen relevant. Solange bleibt das Sicherungsgut im Besitz und der wirtschaftlichen Verfügungsmacht des Sicherungsgebers. Diesem sind die sicherungsübereigneten Gegenstände daher grundsätzlich zuzurechnen.

  Sobald der Sicherungsnehmer allerdings von seinen Sicherungsrechten Gebrauch macht, d. h. Ansprüche auf Herausgabe der Sache oder der Forderung stellt, entfällt die Bilanzierung beim Sicherungsgeber.
- **Factoring**
  Factoring beinhaltet die vertragliche Übertragung von Forderungen zwischen einem Unternehmen und einem Factoringinstitut (Factor).

  Beim sogenannten **echten Factoring** übernimmt der Factor das Risiko des Zahlungsausfalls. Damit wird er wirtschaftlicher und rechtlicher Eigentümer der Forderungen und hat diese zu bilanzieren.

  Beim sogenannten **unechten Factoring** wird das Ausfallrisiko von dem Unternehmen getragen, das die Forderungen verkauft hat. Infolge dessen verbleibt das wirtschaftliche Risiko beim Forderungsverkäufer, der die Forderungen weiterhin in seiner Bilanz zu berücksichtigen hat.
- **Treuhandverhältnisse**
  Bei der sogenannten **fiduziarischen** oder **echten Treuhandschaft** überträgt der Treugeber dem Treuhänder das juristische Eigentum an einem Gegenstand (Treugut). Im Rahmen einer Treuhandabrede wird vereinbart, dass der Treuhänder im eigenen Namen, aber auf Rechnung des Treugebers das Treugut verwaltet bzw. verwertet. Damit erlangt der Treuhänder das rechtliche Eigentum; das wirtschaftliche Eigentum

verbleibt jedoch beim Treugeber. Dieser hat daher die betreffenden Gegenstände zu bilanzieren (§ 39 Abs. 2 Nr. 1 Satz 2 AO).

- **Kommissionsgeschäfte** (§§ 383 ff. HGB)
  Kommissionsgeschäfte sind dadurch gekennzeichnet, dass der Kommissionär im eigenen Namen Waren oder Wertpapiere für Rechnung eines anderen (Kommittenten) kauft oder verkauft.

  Im Falle der **Einkaufskommission** erwirbt der Kommissionär nur rechtliches, nicht aber wirtschaftliches Eigentum. Daher ist der Kommittent zur Bilanzierung verpflichtet.

  Bei der **Verkaufskommission** bleibt der Kommittent bis zum Verkauf der jeweiligen Gegenstände sowohl wirtschaftlicher wie auch rechtlicher Eigentümer. Als solcher hat er die Gegenstände in seiner Bilanz auszuweisen. Diese Verpflichtung gilt solange, bis die Übereignung an einen Dritten erfolgt ist, d. h. bis der Käufer die Verfügungsgewalt erlangt hat.

- **Leasing**
  Leasing ist in der Praxis in einer Vielzahl von Varianten anzutreffen. Gemeinsames Kennzeichen von Leasing-Verträgen ist die zeitlich befristete entgeltliche Gebrauchs- oder Nutzungsüberlassung von Vermögensgegenständen. Die handelsbilanzielle Zuordnung orientiert sich an den geltenden steuerlichen Grundsätzen (vgl. insbesondere BMF-Schreiben vom 19.4.1971, BStBl 1971 I, S. 264 [betreffend bewegliche Wirtschaftsgüter] und vom 21.3.1972, BStBl 1972 I, S. 188 [betreffend unbewegliche Wirtschaftsgüter]).

  Für die unterschiedlichen Vertragsgestaltungen sind als allgemeine Zuordnungsregeln festzuhalten:

  - **Operate-Leasing**
    Dieses bezieht sich auf eine verhältnismäßig kurze mietweise Überlassung von Vermögensobjekten, und zwar typischerweise von Gebrauchsgütern. Deren Wiederverwendung obliegt dem Leasing-Geber, der damit das wirtschaftliche Risiko trägt und insofern bilanzierungspflichtig ist.

  - **Finance-Leasing**
    Hierbei hat während eines festgelegten Zeitraums keine der Parteien bei vertragsgemäßer Erfüllung ein Kündigungsrecht (Grundmietzeit). Sofern die während der Grundmietzeit vom Leasing-Nehmer zu entrichtenden Leasing-Raten mindestens die Anschaffungs- oder Herstellungskosten sowie alle Nebenkosten einschließlich der Finanzierungskosten des Leasing-Gebers decken, handelt es sich um sogenanntes **Vollamortisations-Leasing**. Für die bilanzielle Zuordnung ist grundsätzlich auf das Verhältnis der Grundmietzeit zur betriebsgewöhnlichen Nutzungsdauer abzustellen. Bei Verträgen ohne Kauf- oder Verlängerungsoption gelten für die personelle Zuordnung bei Vollamortisationsverträgen nachstehende Regeln:

Verhältnis von Grundmietzeit zu betriebsgewöhnlicher Nutzungsdauer	wirtschaftliche Zurechnung bei Vollamortisationsverträgen
Grundmietzeit entspricht betriebsgewöhnlicher Nutzungsdauer	Leasing-Nehmer
Grundmietzeit kürzer als betriebsgewöhnliche Nutzungsdauer ► Grundmietzeit weniger als 40 % der Nutzungsdauer	 Leasing-Nehmer
► Grundmietzeit mindestens 40 % und höchstens 90 % der Nutzungsdauer	Leasing-Geber
► Grundmietzeit mehr als 90 % der Nutzungsdauer	Leasing-Nehmer

Decken die innerhalb der Grundmietzeit gezahlten Leasing-Raten die Anschaffungs- oder Herstellungskosten sowie alle Nebenkosten einschließlich der Finanzierungskosten des Leasing-Gebers nur zum Teil, liegt sogenanntes **Teilamortisations-Leasing** vor. Bei derartigen Verträgen ohne Optionsmöglichkeiten werden die Leasing-Objekte generell dem Leasing-Geber zugerechnet.

- **Spezial-Leasing**
  In diesem Fall ist der Leasing-Gegenstand auf die speziellen Bedürfnisse des Leasing-Nehmers zugeschnitten und nach Ablauf der Grundmietzeit regelmäßig nur von diesem wirtschaftlich sinnvoll nutzbar bzw. verwendbar. Dementsprechend erfolgt die Zuordnung und damit der Bilanzausweis beim Leasing-Nehmer als wirtschaftlichem Eigentümer.

Aufgabe 10 > Seite 175

1.1.2.2 Sachliche Zuordnung

In der Bilanz ist das dem Handelsgewerbe dienende Vermögen mit den dazugehörigen Schulden auszuweisen. Folglich ist zwischen betrieblichem und nicht-betrieblichem Bereich zu trennen. Unter Berücksichtigung der rechtsformspezifischen Strukturen gilt diesbezüglich:

Bei **Einzelunternehmen** wird der steuerlichen Abgrenzung zwischen Betriebs- und Privatvermögen gefolgt (vgl. im Einzelnen R 4.2 Abs. 1 EStR). Das Betriebsvermögen umfasst alle Vermögensgegenstände und Schulden, „die ausschließlich und unmittelbar für eigenbetriebliche Zwecke des Stpfl. genutzt werden oder dazu bestimmt sind" (R 4.2 Abs. 1 Satz 1 EStR). Typische Beispiele hierfür sind Produktionsanlagen oder Verbindlichkeiten aus Lieferungen und Leistungen. In derartigen Fällen liegt stets notwendiges Betriebsvermögen vor.

Ebenso eindeutig ist die Zuordnung zum notwendigen Privatvermögen. Hierzu zählen Wirtschaftsgüter, die ihrer Art nach nur privat genutzt werden können (z. B. privates

Eigenheim, Wohnungseinrichtung oder Kleidung) oder ihrer Zweckbestimmung nach privat genutzt werden (z. B. privater Fernsehapparat, privater Personal-Computer).

Neben diesen relativ problemlos und klar voneinander abgrenzbaren Bereichen gibt es Wirtschaftsgüter, die sowohl betrieblich als auch privat genutzt werden können und auch tatsächlich genutzt werden (z. B. betrieblich und privat genutzter Pkw). Die Zuordnung zum Privat- oder Betriebsbereich ist dann nicht offensichtlich bzw. eindeutig möglich.

Maßgebendes Abgrenzungskriterium ist regelmäßig der Umfang der betrieblichen Nutzung. Beträgt die betriebliche Nutzung mehr als 50 %, erfolgt die Zurechnung insgesamt zum notwendigen Betriebsvermögen. Bei nicht vollständiger betrieblicher Nutzung, wird der Privatanteil durch Entnahmen berücksichtigt.

Liegt die betriebliche Nutzung unter 10 %, handelt es sich um notwendiges Privatvermögen. Eine betriebliche Nutzung wird im Wege von Einlagen berücksichtigt.

Bei einer betrieblichen Nutzung von mindestens 10 % und bis zu 50 % hat der Bilanzierende ein Wahlrecht, ob er die betreffenden Gegenstände zum Betriebsvermögen rechnen will, sogenanntes **gewillkürtes Betriebsvermögen**. Hierbei handelt es sich um Wirtschaftsgüter, „die in einem gewissen objektiven Zusammenhang mit dem Betrieb stehen und ihn zu fördern bestimmt und geeignet sind“ (R 4.2 Abs. 1 Satz 3 EStR). Die Ausübung des Wahlrechts muss in der Buchführung eindeutig zum Ausdruck gebracht werden.

Erfolgt keine Zuordnung zum gewillkürten Betriebsvermögen, handelt es sich insoweit um gewillkürtes Privatvermögen. Die betreffenden Wirtschaftsgüter sind dann nicht in der Bilanz zu berücksichtigen.

Die Qualifikation gemischt genutzter Vermögensgegenstände und Schulden ist nachstehend zusammengefasst:

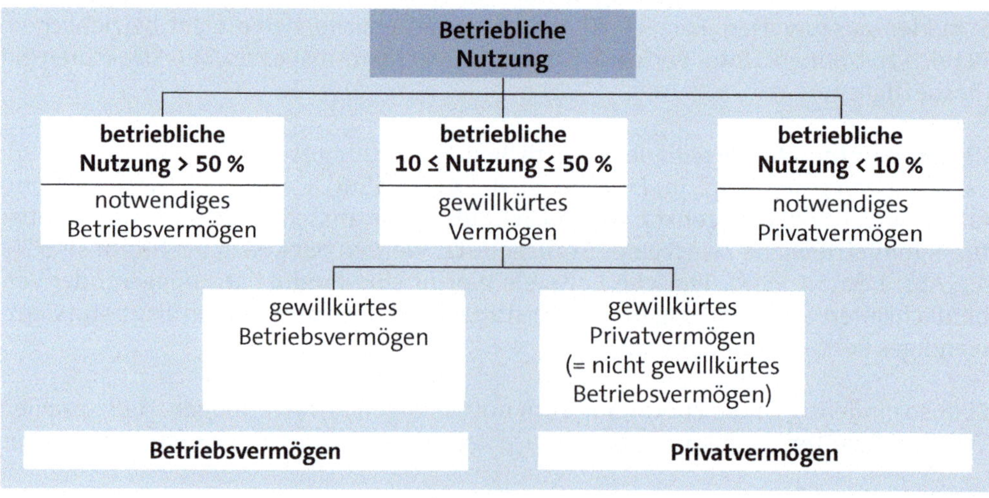

Bei **Personengesellschaften** ist zwischen dem Vermögen der Gesellschaft als eigener Rechtsperson (= Gesamthandsvermögen) und dem Betriebsvermögen einzelner Gesellschafter (= Sonderbetriebsvermögen) bzw. deren Privatvermögen zu unterscheiden.

Zum Gesamthandsvermögen rechnen alle Güter, die zivilrechtlich zum Gesellschaftsvermögen einer Personengesellschaft i. S. des § 718 BGB gehören. Hierauf erstreckt sich die handelsrechtliche Bilanzierung.

Nur im Rahmen der steuerlichen Gewinnermittlung bedeutsam ist hingegen das Sonderbetriebsvermögen. Dieses umfasst alle, den betrieblichen Zwecken dienenden Wirtschaftsgütern, die einem, mehreren oder allen Gesellschaftern gehören (vgl. R 4.2 Abs. 2 EStR).

Das Privatvermögen der Gesellschafter darf hingegen nicht in die Bilanz der Personengesellschaft aufgenommen werden (§ 264c Abs. 3 Satz 1 HGB).

Bei **Kapitalgesellschaften** gibt es mangels einer Privatsphäre nur notwendiges Betriebsvermögen. In die Handelsbilanz sind die der Gesellschaft zuzurechnenden Vermögensgegenstände und Schulden aufzunehmen.

Aufgabe 11 > Seite 176

1.1.2.3 Gesetzliche Ansatzvorschriften

Sofern sämtliche der vorherigen Voraussetzungen erfüllt sind, besteht nach dem Vollständigkeitsgebot grundsätzlich Bilanzierungspflicht. Ausnahmen bedürfen expliziter gesetzlicher Bestimmungen (§ 246 Abs. 1 Satz 1 HGB). Diese betreffen:

- **Bilanzierungsverbote**
  Folgende Regelungen schließen einen Ansatz in der Bilanz generell aus:

Rechtsgrundlage	Bilanzierungsverbot
§ 248 Abs. 1 Nr. 1 HGB	Aufwendungen für die Gründung eines Unternehmens
§ 248 Abs. 1 Nr. 2 HGB	Aufwendungen für die Beschaffung des Eigenkapitals
§ 248 Abs. 2 Satz 2 HGB	selbst geschaffene Marken, Drucktitel, Verlagsrechte, Kundenlisten oder vergleichbare immaterielle Vermögensgegenstände des Anlagevermögens
Umkehrschluss aus § 246 Abs. 1 Satz 4 HGB	selbst geschaffener Geschäfts- oder Firmenwert
§ 249 Abs. 2 Satz 1 HGB	nicht in § 249 Abs. 1 HGB aufgeführte Rückstellungen

- **Bilanzierungswahlrechte**
  Hier ist der Ansatz von einer Entscheidung des Kaufmanns abhängig. Derartige Wahlrechte eröffnen bilanzpolitische Spielräume.

Die einschlägigen gesetzlichen Vorschriften werden im Rahmen der Darstellung der einzelnen Bilanzposten behandelt.

1.2 Bilanzbewertung

Nach der Frage des Bilanzansatzes ist die Bewertung der betreffenden Posten zu klären (**Bilanzierung der Höhe nach**). Bewerten bedeutet, Bilanzobjekten eine einheitliche Maßgröße (hier: Geldeinheiten) zuzuordnen und sie so miteinander vergleichbar zu machen.

Zu unterscheiden ist zwischen Zugangs- und Folgebewertung. Nachfolgend werden zunächst die beim Zugang von Vermögensgegenständen und Schulden geltenden (**originären**) Wertmaßstäbe behandelt. Diese sind Ausgangspunkt und jeweils allgemein auch Obergrenze der Bewertung.

Hieraus unter Anwendung der maßgebenden Bewertungsregeln an einzelnen Bilanzstichtagen ermittelte abgeleitete (**derivative**) Werte werden an späterer Stelle betrachtet, nämlich bei der Darstellung der Einzelposten.

1.2.1 Allgemeine Bewertungsregeln

1.2.1.1 Bewertungsmaßstäbe für Vermögensgegenstände

1.2.1.1.1 Anschaffungskosten

Die Bewertung der von Dritten bezogenen Gegenstände hat grundsätzlich mit den Anschaffungskosten zu erfolgen. Nach § 255 Abs. 1 Satz 1 HGB zählen hierzu „die Aufwendungen, die geleistet werden, um einen Vermögensgegenstand zu erwerben und ihn in einen betriebsbereiten Zustand zu versetzen, soweit sie dem Vermögensgegenstand einzeln zugeordnet werden können“. Diese handelsrechtliche Definition ist mangels einer ausdrücklichen steuerlichen Regelung auch für das Bilanzsteuerrecht maßgebend.

Für den Erwerb und die Herstellung der Betriebsbereitschaft entstehende Aufwendungen sind als Anschaffungskosten zu erfassen, wenn sie

- einmaligen Charakter haben

  und

- einzeln zurechenbar sind.

Unerheblich ist, ob es sich um Fremd- oder Eigenaufwendungen handelt.

Die Ermittlung der Anschaffungskosten umfasst folgende Elemente:

	Anschaffungspreis
+	**Anschaffungsnebenkosten** ► für den Erwerb (z. B. Grunderwerbsteuer, Gebühren, Provisionen) ► für die Verbringung in das Unternehmen (z. B. Frachten, Versicherungen) ► für die Inbetriebnahme (z. B. Montagekosten)
+	**nachträgliche Anschaffungskosten**
-	**Anschaffungspreisminderungen**
=	**Anschaffungskosten**

Zum Vorsteuerabzug berechtigte Unternehmer dürfen dabei nur Nettogrößen, d. h. Beträge abzüglich gesetzlicher Umsatzsteuer berücksichtigen.

Der **Anschaffungspreis** entspricht regelmäßig dem Rechnungsbetrag.

Bei den **Anschaffungsnebenkosten** muss es sich um Einzelkosten handeln, die im Rahmen der Beschaffung und Inbetriebnahme des Vermögensgegenstands zusätzlich entstehen.

Beim Erwerb von Gebäuden sind hierbei auch Aufwendungen zu berücksichtigen, durch die ein Objekt in einen betriebsbereiten Zustand versetzt wird (vgl. aus der Finanzrechtsprechung insbesondere BFH-Urteile vom 12.9.2001, BStBl 2003 II, S. 569 und S. 574). Betriebsbereitschaft ist gegeben, wenn ein Vermögensgegenstand entsprechend der Zweckbestimmung des Bilanzierenden genutzt werden kann. Beispielhaft anzuführen sind Aufwendungen für die Instandsetzung einer defekten Heizung.

Bei einem betriebsbereiten Gebäude sind derartige Modernisierungs- und Instandhaltungsaufwendungen allgemein sofort abziehbare Erhaltungsaufwendungen.

Finanzierungskosten bleiben grundsätzlich unberücksichtigt. Erwerb und Finanzierung werden getrennt voneinander behandelt. Die Art der Finanzierung wirkt sich damit nicht auf die Höhe der Anschaffungskosten aus.

Als **nachträgliche Anschaffungskosten** sind nach Abschluss des Erwerbsvorgangs entstehende Aufwendungen, z. B. aufgrund nachträglicher Änderungen des Anschaffungspreises, zu erfassen.

Anschaffungspreisminderungen haben prinzipiell eine Reduzierung der vom Unternehmer zu tragenden Aufwendungen und damit des Aktivierungsbetrags zur Folge. Voraussetzung hierfür ist, dass Preisminderungen den Vermögensgegenständen einzeln zugeordnet werden können. Besondere Bedeutung kommt diesem Erfordernis bei mengen- oder umsatzabhängigen Boni zu.

Investitionszuschüsse von dritter Seite, insbesondere von der öffentlichen Hand im Rahmen der regionalen Wirtschaftsförderung, sind nach herrschender Meinung als Anschaffungskostenminderung zu behandeln. Dabei wird der Zuschuss erfolgsneutral erfasst. Die Anschaffungskosten sind um den erhaltenen Zuschuss zu kürzen. Dieser reduzierte Betrag ist für die weitere bilanzielle Behandlung maßgebend. Bei abnutzbaren Anlagegegenständen kommt es aufgrund entsprechend geringerer Abschreibungen über die Nutzungsdauer zu einer allmählichen erfolgswirksamen Erfassung des Zuschussbetrags.

Das steuerliche Wahlrecht, Zuschüsse alternativ sofort ergebniswirksam anzusetzen (vgl. R 6.5 Abs. 2 Satz 2 EStR), ist handelsbilanziell grundsätzlich nicht von Bedeutung.

Wird für mehrere Vermögensgegenstände ein einheitlicher Kaufpreis entrichtet, hat eine Aufteilung zu erfolgen. Typischer Anwendungsfall ist der Erwerb bebauter Grundstücke. Hier sind die gesamten Anschaffungskosten nach dem Verhältnis der Verkehrswerte auf Grund und Boden sowie das aufstehende Gebäude aufzuteilen.

Aufgabe 12 > Seite 176

1.2.1.1.2 Herstellungskosten

Vom Unternehmen selbst erstellte Vermögensgegenstände sind mit den Herstellungskosten anzusetzen. Durch die Aktivierung sollen – analog zum Erwerbsfall – die mit der Erstellung der Unternehmensleistung unmittelbar verbundenen Aufwendungen erfolgsneutral, d. h. als bloße Vermögensumschichtung behandelt werden. Ergebniswirksam werden diese Beträge erst zu einem späteren Zeitpunkt, nämlich in Form von Abschreibungen oder als Materialaufwand.

Nach der auch für steuerliche Zwecke geltenden Definition des § 255 Abs. 2 Satz 1 HGB sind Herstellungskosten „die Aufwendungen, die durch den Verbrauch von Gütern und die Inanspruchnahme von Diensten für die Herstellung eines Vermögensgegenstands, seine Erweiterung oder für eine über seinen ursprünglichen Zustand hinausgehende wesentliche Verbesserung entstehen“.

Während sich die Anschaffungskosten hauptsächlich aus Rechnungen, also von Dritten erstellten Dokumenten, ergeben, müssen die Herstellungskosten aus der Kostenrechnung abgeleitet werden. Die unterschiedlichen Zielsetzungen beider Rechenwerke begründen zwangsläufig in der Praxis Schwierigkeiten bei der Ermittlung der Herstellungskosten.

So ist der bilanzielle Begriff der Herstellungskosten nicht deckungsgleich mit den Herstellkosten der Kostenrechnung. Letztere Größe beinhaltet auch kalkulatorische Positionen, die nach dem Grundsatz des Anschaffungswertprinzips in der Bilanz außer Ansatz bleiben. Bei der Erfassung des Güterverzehrs wird bilanziell von den historischen Aufwendungen, in der Kostenrechnung demgegenüber von Wiederbeschaffungskosten ausgegangen.

Auf der Grundlage der gesetzlichen Begriffsbestimmung gilt folgendes Ermittlungsschema:

Bestandteil	Handelsbilanz	Steuerbilanz
Einzelkosten Materialeinzelkosten Fertigungseinzelkosten Sondereinzelkosten der Fertigung	+	+
Gemeinkosten Materialgemeinkosten Fertigungsgemeinkosten (einschließlich Abschreibungen)	+	+
Kosten der allgemeinen Verwaltung Aufwendungen für soziale Einrichtungen Aufwendungen für freiwillige soziale Leistungen Aufwendungen für betriebliche Altersversorgung	0	0
Fremdkapitalzinsen	0	0
Forschungskosten Vertriebskosten	-	-

Symbole: +: Aktivierungspflicht
-: Aktivierungsverbot
0: Aktivierungswahlrecht

Die Klassifizierung der steuerlich einzubeziehenden Kostenbestandteile beruhte in der Vergangenheit auf den Ausführungen der Finanzverwaltung zur Interpretation des Maßgeblichkeitsgrundsatzes. Mittlerweile hat die Regelung analog zum Handelsrecht mit der Einführung des § 6 Absatz 1 Nr. 1b EStG Einzug ins Gesetz gefunden.

Pflichtbestandteile der Herstellungskosten bilden neben Material- und Fertigungseinzelkosten sowie Sondereinzelkosten der Fertigung auch angemessene Teile der Material- und Fertigungsgemeinkosten (einschließlich Abschreibungen).

Hinsichtlich Aufwendungen für die allgemeine Verwaltung, für soziale Einrichtungen, für freiwillige soziale Leistungen sowie für die betriebliche Altersversorgung besteht handels- und steuerrechtlich ein Aktivierungswahlrecht.

Fremdkapitalzinsen dürfen unter der Voraussetzung, dass das Fremdkapital zur Finanzierung der Herstellung eines Vermögensgegenstands verwendet wird, aktiviert werden, soweit sie auf den Zeitraum der Herstellung entfallen (§ 255 Abs. 3 Satz 2 HGB). Dieses prinzipiell auch steuerlich bestehende Wahlrecht wird eingeschränkt, wenn handelsrechtlich bei der Ermittlung der Herstellungskosten Fremdkapitalzinsen einbezogen werden. In diesem Fall ist in der Steuerbilanz entsprechend zu verfahren (vgl. R 6.3 Abs. 5 Satz 2 EStR).

Aktivierungsverbote bestehen für Forschungs- und Vertriebskosten (§ 255 Abs. 2 Satz 4 HGB).

Aufgabe 13 > Seite 177

Herstellung bezieht sich vorrangig zwar auf die erstmalige Schaffung von Vermögensgegenständen, darüber hinaus jedoch auch auf Erweiterungen sowie wesentliche Verbesserungen. Dabei ist zwischen zu aktivierendem und damit zunächst erfolgsneutralem Herstellungsaufwand und sofort ergebniswirksamem Erhaltungsaufwand abzugrenzen.

Herstellungsaufwand umfasst

- **Erweiterung**
  d. h. eine Vermehrung der Substanz. Dieses Kriterium ist bei Gebäuden u. a. erfüllt bei
  - Aufstockung oder Anbau
  - Vergrößerung der nutzbaren Fläche
  - nachträglichen Einbau bisher nicht vorhandener Bestandteile (z. B. bei Errichtung einer Außentreppe oder Einbau einer Alarmanlage).
- **über den ursprünglichen Zustand hinausgehende wesentliche Verbesserung**
  d. h. Maßnahmen, die insgesamt betrachtet über eine zeitgemäße Substanz erhaltende (Bestandteils-)Erneuerung hinausgehen und damit zu einer Erhöhung künftiger Nutzungsmöglichkeiten führen. Dies ist z. B. der Fall bei
  - wesentlicher Verlängerung der (technischen/wirtschaftlichen) Nutzungsdauer
  - qualitativer Verbesserung.

Als **Erhaltungsaufwand** gelten regelmäßig Aufwendungen, die zur Erhaltung eines ordnungsgemäßen Zustands geleistet werden. Beispielhaft lassen sich hierfür anführen:

- Austausch von Fenstern
- Neueindeckung des Daches.

Für die handelsrechtliche Beurteilung unbeachtlich ist die steuerliche Sonderregelung des § 6 Abs. 1 Nr. 1a EStG. Danach gelten im Anschluss an den Erwerb eines Gebäudes durchgeführte Reparatur- und Modernisierungsaufwendungen als Herstellungskosten, wenn sie in den ersten drei Jahren nach der Anschaffung entstehen und 15 % der Anschaffungskosten des Gebäudes übersteigen. In entsprechenden Fällen liegen sogenannte **anschaffungsnahe Herstellungskosten** vor, die zu aktivieren und über die Nutzungsdauer des Gebäudes zu verteilen sind.

Aufgabe 14 > Seite 177

1.2.1.1.3 Beizulegender Zeitwert

Rechtsformunabhängig kommt dieser Wertmaßstab allein für Vermögensgegenstände im Zusammenhang mit Altersversorgungsverpflichtungen in Betracht. Der beizulegende Zeitwert, der allgemein nicht auf die Höhe der (historischen) Anschaffungskosten beschränkt ist, findet dabei Anwendung auf

- zu verrechnendes Planvermögen (§ 253 Abs. 1 Satz 4 HGB)

  sowie

- Wertpapiere des Anlagevermögens im Rahmen wertpapiergebundener Pensionszusagen (§ 253 Abs. 1 Satz 3 HGB).

Für die Bestimmung des beizulegenden Zeitwerts gilt nach § 255 Abs. 4 HGB folgende Bewertungshierarchie:

Primär ist der Marktpreis heranzuziehen. Ein auf einem aktiven Markt ermittelter Preis liegt vor, „wenn er an einer Börse, von einem Händler, von einem Broker, von einer Branchengruppe, von einem Preisberechnungsservice oder von einer Aufsichtsbehörde leicht und regelmäßig erhältlich ist und auf aktuellen und regelmäßig auftretenden Markttransaktionen zwischen unabhängigen Dritten beruht“ (*BilRUG*, S. 61). Den höchsten Objektivitätsgrad haben öffentlich notierte Marktpreise; etwaige Paketzu- oder -abschläge dürfen daher nicht berücksichtigt werden.

Sofern kein aktiver Markt besteht, ist der beizulegende Zeitwert mithilfe allgemein anerkannter Bewertungsmethoden zu bestimmen. Hierdurch soll der beizulegende Zeitwert angemessen an den Marktpreis angenähert werden. So können beispielsweise Marktpreise der jüngeren Vergangenheit für vergleichbare Geschäftsvorfälle herangezogen werden oder anerkannte wirtschaftliche Bewertungsmethoden, insbesondere Unternehmensbewertungs- oder auch Optionspreismodelle, Verwendung finden.

In beiden vorstehenden Fällen muss der beizulegende Zeitwert verlässlich ermittelt werden können. Anderenfalls sind die Anschaffungs- oder Herstellungskosten fortzuführen. Diese entsprechen dem zuletzt – zuverlässig – ermittelten Marktwert oder dem auf allgemein anerkannten Bewertungsmethoden beruhenden Alternativwert (§ 255 Abs. 4 Satz 3 und Satz 4 HGB).

Die Struktur der Bestimmung des beizulegenden Zeitwerts ist nachfolgend im Überblick dargestellt:

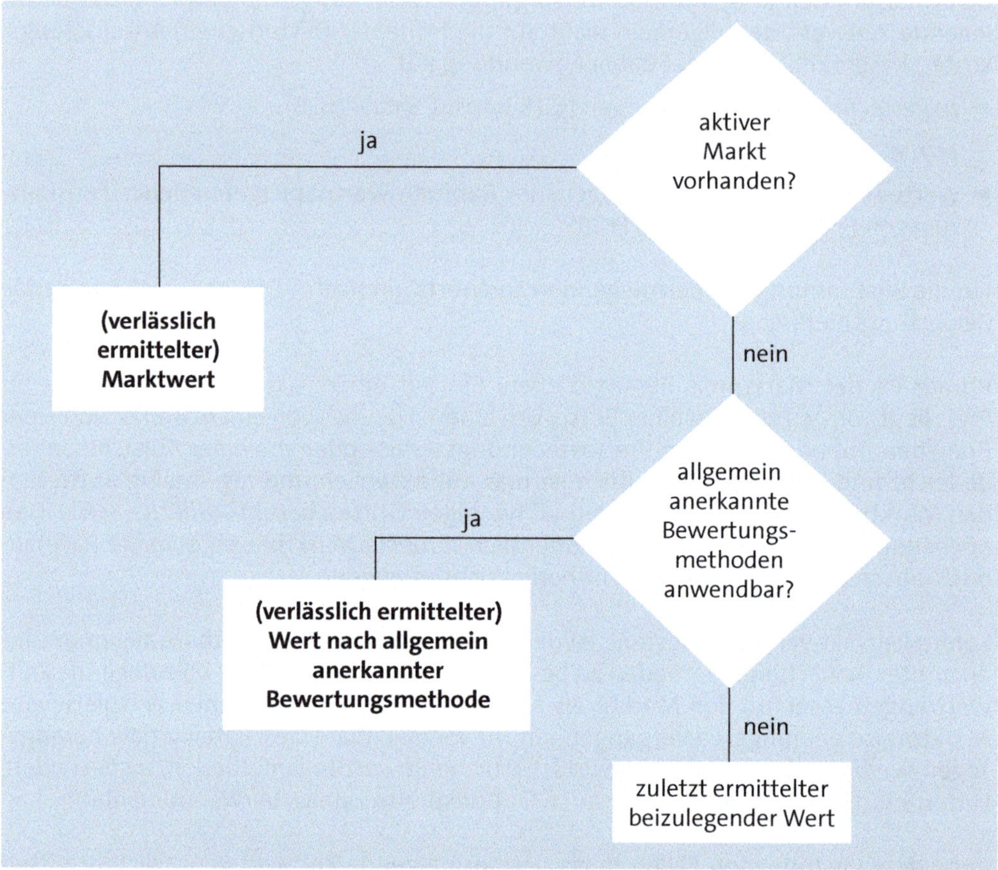

Sofern der beizulegende Zeitwert von zu verrechnendem Planvermögen die Anschaffungskosten übersteigt, gilt für den Unterschiedsbetrag abzüglich hierfür gebildeter latenter Steuern eine Ausschüttungssperre (§ 268 Abs. 8 Satz 3 HGB).

Für Kleinstgesellschaften, die von den ihnen gesetzlich vorgesehenen Erleichterungen der Rechnungslegung Gebrauch machen, ist die Anwendung des beizulegenden Zeitwerts ausgeschlossen (§ 253 Abs. 1 Satz 5 HGB). In entsprechenden Fällen hat die Bewertung der Vermögensgegenstände mit den (fortgeführten) Anschaffungs- oder Herstellungskosten zu erfolgen; dabei ist das Saldierungsgebot des § 246 Abs. 2 Satz 2 HGB zu beachten (§ 253 Abs. 1 Satz 6 HGB).

1.2.1.2 Bewertungsmaßstäbe für Schulden

Für die Bewertung der Schulden kommen folgende originären Bewertungsmaßstäbe in Betracht (§ 253 Abs. 1 Satz 2 und Satz 3 HGB):

- **Erfüllungsbetrag**
  Diese Größe bildet die Bewertungsgrundlage für jede Art von Verbindlichkeiten. Abzustellen ist auf den für die Erfüllung der Verbindlichkeit aufzubringenden Betrag. Bei Geldleistungsverpflichtungen handelt es sich hierbei um den Rückzahlungsbetrag. Dieser entspricht regelmäßig dem Nennwert der Schuld, und zwar auch bei einem geringeren Verfügungs- oder Auszahlungsbetrag. Vom Gläubiger abgezogene Beträge (z. B. Disagio, Bearbeitungsgebühren) wirken sich mithin nicht auf die Bewertung aus. Bei Sachleistungsverpflichtungen ist der im Erfüllungszeitpunkt voraussichtlich aufzubringende Geldbetrag maßgebend.

  Steuerlich waren Verbindlichkeiten generell mit einem Zinssatz von 5,5 % abzuzinsen (§ 6 Abs. 1 Nr. 3 Satz 1 EStG a. F.). Ausgenommen hiervon waren folgende Arten von Verbindlichkeiten (§ 6 Abs. 1 Nr. 3 Satz 2 EStG; zu Einzelheiten vgl. BMF-Schreiben vom 26.5.2005, BStBl 2005 I, S. 699):

  - **kurzfristige Verbindlichkeiten**
    Als solche gelten Verbindlichkeiten mit einer Restlaufzeit von weniger als 12 Monaten am Bilanzstichtag.
  - **verzinsliche Verbindlichkeiten**
  - **Verbindlichkeiten aufgrund von Anzahlungen oder Vorausleistungen.**

- **nach vernünftiger kaufmännischer Beurteilung notwendiger Erfüllungsbetrag**
  Rückstellungen sind „in Höhe des nach vernünftiger kaufmännischer Beurteilung notwendigen Erfüllungsbetrages anzusetzen". Folglich ist bei der Ermittlung dieses Wertes von den Preis- und Kostenverhältnissen zum voraussichtlichen Erfüllungszeitpunkt auszugehen. Die Berücksichtigung künftiger Entwicklungen bedeutet eine Einschränkung des in § 252 Abs. 1 Nr. 3 HGB verankerten Stichtagsprinzips.

  Innerhalb des gesetzlichen Bewertungsrahmens ist nach den objektiven Verhältnissen zum jeweiligen Bilanzstichtag die voraussichtliche und wahrscheinliche Belastung in Form einer ungewissen Verpflichtung zu ermitteln. Die Rückstellungsbemessung darf also nicht willkürlich erfolgen, sondern hat sich an ausreichend objektiven Anhaltspunkten zu orientieren. Als geeignete und zweckmäßige Grundlage für die hier erforderliche Prognose anzusehen sind (branchenspezifische) Trendfortschreibungen.

  Die zukunftsbezogene handelsrechtliche Bewertung wird im Steuerrecht nicht nachvollzogen. Bei der steuerlichen Rückstellungsbilanzierung sind nach § 6 Abs. 1 Nr. 3a Buchst. f EStG die Wertverhältnisse am Bilanzstichtag maßgebend. Künftige Preis- und Kostensteigerungen dürfen nicht berücksichtigt werden, wie ausdrücklich klargestellt wird.

  Für Rückstellungen besteht sowohl handels- wie auch steuerbilanziell eine generelle Abzinsungspflicht.

- **beizulegender Zeitwert**
  Im Passivvermögen findet dieser Wertmaßstab Anwendung bei sogenannten **wertpapiergebundenen Pensionszusagen**. Hierbei richtet sich der Umfang der Altersversorgungsverpflichtungen nach dem beizulegenden Zeitwert bestimmter Wertpapiere des Anlagevermögens (insbesondere Aktien, Fondsanteile, Schuldverschreibungen). In entsprechenden Fällen hat die Rückstellungsbewertung mit dem beizulegenden Zeitwert der Wertpapiere zu erfolgen. Bei Zusagen mit einem garantierten Mindestbetrag gilt dies nur, wenn der garantierte Mindestbetrag überschritten wird.

Für Wirtschaftsjahre, die nach dem 31.12.2022 enden, entfällt auch steuerrechtlich die Pflicht zur Abzinsung (§ 6 Abs. 1 Nr. 3 EStG n.F.). Auf Antrag kann von der Abzinsungspflicht nun auch für frühere Wirtschaftsjahre abgesehen werden. Eingeführt wurde die Neuregelung durch das vierte Corona-Steuerhilfegesetz.

1.2.2 Besondere Bewertungsregeln

1.2.2.1 Bewertungseinheiten

Die Bildung von Bewertungseinheiten basiert auf der Überlegung, dass Risiken für bestimmte Geschäftsvorgänge (= Grundgeschäfte) durch gegenläufige Geschäfte (= Sicherungsgeschäfte) im Ergebnis ganz oder teilweise neutralisiert werden können. Bei einer isolierten Betrachtung beider Vorgänge wären einerseits noch nicht erzielte Gewinne entsprechend dem Realisationsprinzip außer Ansatz zu lassen, andererseits jedoch zu erwartende Verluste nach dem Imparitätsprinzip zu bilanzieren. Die Auf-wandserfassung würde dabei entweder auf einer außerplanmäßigen Abschreibung oder der Bildung einer Rückstellung für drohende Verluste aus schwebenden Geschäften beruhen.

Werden beide Vorgänge jedoch in einem wirtschaftlichen Zusammenhang und damit als Einheit gesehen, gleichen sich die nicht realisierten positiven und negativen Ergebnisse gegenseitig aus. Dementsprechend können Erfolgsbeiträge aus der Bewertung des Grundgeschäfts unberücksichtigt bleiben, sofern diese durch gegenläufige Wertänderungen oder Zahlungsströme des Sicherungsinstruments ausgeglichen werden. Im Rahmen dieser sogenannten **kompensatorischen Bewertung** gelten das Imparitätsprinzip, das Realisationsprinzip, der Einzelbewertungsgrundsatz sowie die Grundsätze der Währungsumrechnung nur eingeschränkt.

Als absicherungsfähige Grundgeschäfte werden in § 254 Satz 1 HGB angeführt:

- **Vermögensgegenstände**
- **Schulden**
- **schwebende Geschäfte**
- **mit hoher Wahrscheinlichkeit erwartete Transaktionen**
  Diese sogenannten **antizipativen Bewertungseinheiten** beziehen sich auf zum Bilanzstichtag noch nicht abgeschlossene, sondern erst zu einem späteren Zeitpunkt erwartete Rechtsgeschäfte (z. B. geplante Rohstoffkontrakte). Dabei muss eine hohe Wahrscheinlichkeit für die Realisierung des Geschäftsabschlusses bestehen. Den so

gut wie sicheren Transaktionen dürfen lediglich ganz außergewöhnliche, vom Bilanzierenden selbst nicht beeinflussbare Umstände entgegenstehen. Gestützt auf eine nachvollziehbare und angemessene Dokumentation ist die Zulässigkeit der Bildung antizipativer Bewertungseinheiten aus dem tatsächlichen Verhalten in der Vergangenheit abzuleiten (vgl. *BilRUG*, S. 58).

Als Gegenstand von Sicherungsgeschäften kommen in Betracht:

- **Finanzinstrumente** (§ 254 Satz 1 HGB)

  Diese Gruppe umfasst:

  - **originäre Finanzinstrumente**
    Dabei handelt es sich insbesondere um Forderungen und Verbindlichkeiten auf Geldleistungen sowie um Eigenkapitalinstrumente (z. B. Aktien) oder Schuldinstrumente (z. B. Darlehen, Anleihen).
  - **derivative Finanzinstrumente**
    Diese aus einem Basiswert abgeleiteten Instrumente sind nicht sofort, sondern erst in der Zukunft („auf Termin") zu erfüllen. Grundkategorien derivativer Finanzinstrumente sind Optionen (= einseitig verpflichtende Vereinbarungen) sowie Forwards bzw. Futures (= zweiseitig verpflichtende Vereinbarungen).

- **Warentermingeschäfte** (§ 254 Satz 2 HGB)

Bewertungseinheiten können durch folgende alternative Sicherungsformen gebildet werden:

- **Mikro-Hedge**
  Hier geht es um das Risiko aus einem einzelnen Grundgeschäft, dem ein einzelnes Sicherungsgeschäft unmittelbar gegenübersteht (z. B. Absicherung eines Aktienkaufs durch Erwerb einer Verkaufsoption).
- **Portfolio-Hedge**
  In diesem Fall erfolgt eine Kompensation der Risiken mehrerer gleichartiger Grundgeschäfte durch ein oder mehrere Sicherungsinstrumente (z. B. Absicherung mehrerer variabel verzinslicher Darlehen durch einen auf dieselbe Referenzgröße bezogenen Zins-Swap).
- **Makro-Hedge**
  Bei dieser Kategorie wird eine Gruppe von sich teilweise kompensierenden Grundgeschäften zusammenfassend betrachtet und mit einem oder mehreren Sicherungsgeschäften in Bezug gebracht (z. B. Absicherung eines nach Saldierung von Forderungen und Verbindlichkeiten in derselben Fremdwährung verbleibenden Betrags durch ein Devisentermingeschäft).

  Gegenstand der Absicherung ist hier lediglich eine verbleibende Netto-Risikoposition. Eine direkte Zuordnung von Sicherungsgeschäften zu konkreten Grundgeschäften kann nicht mehr getroffen werden.

Bewertungseinheiten kommen nur in Betracht für Grund- und Sicherungsgeschäfte, die vergleichbaren Risiken unterliegen, hierauf aber in entgegengesetzter Weise reagieren und dadurch einen Risikoausgleich bewirken. Abgesichert werden dürfen ausschließlich eindeutig identifizierbare Einzelrisiken, wie beispielsweise das Zins-, Währungs-, Ausfall- oder Preisänderungsrisiko.

Aufgabe 15 > Seite 177

Eine rückwirkende Bildung von Bewertungseinheiten scheidet aus. Daher sind die im Vorhinein bestehende Sicherungsabsicht und der Wille zur Beibehaltung der Bewertungseinheit bis zur Zweckerreichung (Durchhalteabsicht) hinreichend zu dokumentieren. In Abhängigkeit von der Art der Sicherungsform bestehen diesbezüglich qualitativ unterschiedliche Anforderungen: Je enger der Zusammenhang zwischen Grund- und Sicherungsgeschäft ist, desto geringere Dokumentationserfordernisse sind zu erfüllen. Für einen Mikro-Hedge lassen sich damit die erforderlichen Nachweise vergleichsweise einfach führen.

Sowohl im Zeitpunkt der Bildung der Bewertungseinheit als auch zu jedem folgenden Bilanzstichtag ist die Wirksamkeit der Absicherung zu überprüfen. Gelingt dieser Effektivitätsnachweis nicht, sind die Voraussetzungen des § 254 HGB nicht gegeben und es dürfen keine Bewertungseinheiten (mehr) gebildet werden. Dann hat die Bilanzierung nach Maßgabe der allgemeinen Grundsätze zu erfolgen. Gleiches gilt für den Teil einer Bewertungseinheit, der – insbesondere aufgrund betragsmäßiger Unterschiede oder abweichender Laufzeiten – keine kompensierende Wirkung entfaltet.

Auf die Bildung von Bewertungseinheiten sowie deren Effektivität ist ausführlich im Anhang – wahlweise auch im Lagebericht – einzugehen (§ 285 Nr. 23 HGB).

1.2.2.2 Währungsumrechnung

Im Zuge der Globalisierung der Wirtschaftstätigkeit wächst auch die Zahl der in ausländischer Währung abgeschlossenen Transaktionen. Hieraus resultierende Beträge müssen bei der Erstellung der HGB-Bilanz in Euro (§ 244 HGB) umgerechnet werden. Im Hinblick auf eine Vergleichbarkeit der Jahresabschlüsse enthält § 256a HGB diesbezügliche gesetzliche Regelungen. Danach hat die Währungsumrechnung mit dem Devisenkassamittelkurs am Abschlussstichtag zu erfolgen (§ 256a Satz 1 HGB). Betroffen hiervon sind auf fremde Währung lautende Vermögensgegenstände und Verbindlichkeiten. Nicht unter § 256a HGB fallen damit Rechnungsabgrenzungsposten, latente Steuern sowie Rückstellungen.

Bei der Bilanzierung der in Euro umgerechneten Fremdwährungspositionen sind das Realisations- und das Imparitätsprinzip sowie das Anschaffungskostenprinzip zu beachten. Folglich bleiben noch nicht realisierte Erträge außer Ansatz, während noch nicht eingetretene Verluste ergebniswirksam zu erfassen sind. Diese Bewertungsgrundsätze werden aus Praktikabilitätserwägungen jedoch bei Vermögensgegenständen und Verbindlichkeiten mit einer Restlaufzeit bis zu einem Jahr außer Kraft gesetzt (§ 256a Satz 2 HGB). In diesen Fällen ist daher stets der mit dem maßgebenden Stichtagskurs umgerechnete Betrag anzusetzen.

Ergebnisse aus der Währungsumrechnung sind jeweils gesondert unter dem Posten „Sonstige betriebliche Erträge" bzw. „Sonstige betriebliche Aufwendungen" auszuweisen (§ 277 Abs. 5 Satz 2 HGB).

Der Devisenkassamittelkurs ist nach dem Gesetzeswortlaut bei der Folgebewertung maßgebend. Gleiches gilt jedoch auch für die Zugangsbewertung (vgl. *BilRUG*, S. 62). Der Zugangszeitpunkt bestimmt sich danach, wann der jeweilige Sachverhalt nach den Grundsätzen ordnungsmäßiger Buchführung erstmals zu erfassen ist.

Sofern für Fremdwährungspositionen eine Bewertungseinheit gebildet wird, kommen die Vorschriften zur Währungsumrechnung nicht zur Anwendung (§ 254 Satz 1 HGB). Steuerlich hat die Bewertung von auf fremde Währung lautenden Vermögensgegenständen und Verbindlichkeiten ausnahmslos nach den allgemeinen Grundsätzen des § 6 Abs. 1 EStG zu erfolgen. Die betreffende handelsrechtliche Differenzierung nach der Restlaufzeit ist damit für die Steuerbilanz ohne Bedeutung.

Aufgabe 16 > Seite 178

1.3 Bilanzgliederung

Die Gliederungsvorschriften beziehen sich auf Aspekte der formalen Abbildung. Besondere Bedeutung kommt folgenden Einzelgrundsätzen der GoB zu:

- Klarheit
- formelle Bilanzkontinuität (Darstellungsstetigkeit)
- Wirtschaftlichkeit.

Kapitalgesellschaften und bestimmte Personengesellschaften haben zudem die Generalnorm des § 264 Abs. 2 HGB – Vermittlung eines den tatsächlichen Verhältnissen entsprechenden Bildes der wirtschaftlichen Lage – zu beachten.

Hinsichtlich verschiedener Bilanzposten (= **vertikale Gliederung**) ist vor allem die Zusammenfassung oder die Reihenfolge des Ausweises festzulegen.

Innerhalb eines Postens (= **horizontale Gliederung**) können ergänzende Informationen mithilfe von Bewegungsspiegeln, Vorspaltenwerten oder Untergliederungen vermittelt werden.

Als rechtsform- und größenabhängige Besonderheiten bzw. Wahlmöglichkeiten sind festzuhalten:

Kapitalgesellschaften und Personengesellschaften mit Haftungsbeschränkung haben die Bilanz in Kontoform aufzustellen (§ 266 Abs. 1 Satz 1 HGB). Diese Darstellungsform ist auch bei Einzelunternehmen und Personengesellschaften mit einer natürlichen Person als Vollhafter in der Praxis üblich, obwohl es für diese Rechtsformen an einer entsprechenden gesetzlichen Regelung fehlt.

Die ebenfalls explizit nur für Kapitalgesellschaften und Personengesellschaften i. S. des § 264a HGB geltenden Gliederungsgrundsätze sind nach herrschender Meinung für alle Kaufleute maßgebend. Im Einzelnen handelt es sich um folgende Regelungen:

§ 265 HGB	Gliederungsgrundsätze
Abs. 1	Beibehaltung der Darstellungsform (Ausweisstetigkeit)
Abs. 2	Angabe der Vorjahresbeträge
Abs. 3	Vermerk der Mitzugehörigkeit zu anderen Posten
Abs. 4	Gliederung nach einem Geschäftszweig
Abs. 5	weitere Untergliederung der Posten und Hinzufügung neuer Posten und Zwischensummen
Abs. 6	Änderung von Gliederung und Bezeichnung
Abs. 7	zusammenfassender Ausweis
Abs. 8	Verzicht auf Leerposten

Für die Steuerbilanz existieren keine speziellen Gliederungsvorschriften. Nach dem Maßgeblichkeitsprinzip sind die formalen handelsrechtlichen Grundsätze im steuerlichen Bereich entsprechend anzuwenden.

Der Aufbau der Bilanz basiert insbesondere auf folgenden Strukturprinzipien:

- **Liquiditätsgliederung**
  Aktiva sind nach dem Grad der Liquidierbarkeit geordnet, Passiva nach dem Grad der Fälligkeit.
- **Gliederung nach Rechtsverhältnissen**
  Auf der Aktivseite wird zwischen Sachen und Rechten bzw. Mobilien und Immobilien differenziert, auf der Passivseite zwischen Eigen- und Fremdkapital.
- **Ablaufgliederung**
  Entsprechend den einzelnen Stufen des betrieblichen Leistungsprozesses wird beispielsweise zwischen Finanz- und Sachanlagen sowie zwischen Anlage- und Umlaufvermögen unterschieden oder die Vorräte nach Roh-, Hilfs- und Betriebsstoffen, unfertigen und fertigen Erzeugnissen unterteilt.

Einzelunternehmen und Personengesellschaften mit einer natürlichen Person als Vollhafter haben nach § 247 Abs. 1 HGB in der Bilanz folgende Posten gesondert auszuweisen und hinreichend aufzugliedern:

Aktiva	**Passiva**
A. Anlagevermögen	A. Eigenkapital
B. Umlaufvermögen	B. Schulden
C. Rechnungsabgrenzungsposten	C. Rechnungsabgrenzungsposten

Gesondert auszuweisen sind in entsprechenden Fällen zudem

- **Geschäfts- oder Firmenwert** (§ 246 Abs. 1 Satz 4 HGB)
- **Selbst geschaffene immaterielle Vermögensgegenstände des Anlagevermögens** (§ 248 Abs. 2 HGB).

Für Kapitalgesellschaften und Personengesellschaften i. S. des § 264a HGB sind gesetzliche Gliederungsschemata maßgebend. Diese sind größenabhängig unterschiedlich tief gestaffelt (§ 266 Abs. 1 Satz 3 und Satz 4 HGB). Auf Basis von § 266 Abs. 2 und Abs. 3 HGB wird für die weitere Darstellung von dem nachfolgenden Schema für große und mittelgroße Kapitalgesellschaften ausgegangen; die nur fakultativ aufzuführenden Posten sind durch Kursivschrift besonders gekennzeichnet. Besonderheiten für Personengesellschaften ohne natürliche Person als Vollhafter werden im Zusammenhang mit den jeweiligen Posten behandelt.

AKTIVA **Bilanz zum ...** **PASSIVA**

A. Anlagevermögen

- **I. Immaterielle Vermögensgegenstände**
  1. Selbst geschaffene gewerbliche Schutzrechte und ähnliche Rechte und Werte
  2. entgeltlich erworbene Konzessionen, gewerbliche Schutzrechte und ähnliche Rechte und Werte sowie Lizenzen an solchen Rechten und Werten
  3. Geschäfts- oder Firmenwert
  4. geleistete Anzahlungen
- **II. Sachanlagen**
  1. Grundstücke, grundstücksgleiche Rechte und Bauten einschließlich der Bauten auf fremden Grundstücken
  2. technische Anlagen und Maschinen
  3. andere Anlagen, Betriebs- und Geschäftsausstattung
  4. geleistete Anzahlungen und Anlagen im Bau
- **III. Finanzanlagen**
  1. Anteile an verbundenen Unternehmen
  2. Ausleihungen an verbundene Unternehmen
  3. Beteiligungen
  4. Ausleihungen an Unternehmen, mit denen ein Beteiligungsverhältnis besteht
  5. Wertpapiere des Anlagevermögens
  6. sonstige Ausleihungen

B. Umlaufvermögen

- **I. Vorräte**
  1. Roh-, Hilfs- und Betriebsstoffe
  2. unfertige Erzeugnisse, unfertige Leistungen
  3. fertige Erzeugnisse und Waren
  4. geleistete Anzahlungen

A. Eigenkapital

- **I. Gezeichnetes Kapital**
  - *nicht eingeforderte ausstehende Einlagen*
  - = *Eingefordertes Kapital*
  - *erworbene eigene Anteile*
- **II. Kapitalrücklage**
- **III. Gewinnrücklagen**
  1. gesetzliche Rücklage
  2. Rücklage für Anteile an einem herrschenden oder mehrheitlich beteiligten Unternehmen
  3. satzungsmäßige Rücklagen
  4. andere Gewinnrücklagen
  5. *ausschüttungsgesperrte Rücklage nach § 272 Abs. 5 HGB*
- **IV. Gewinnvortrag/Verlustvortrag**
- **V. Jahresüberschuss/Jahresfehlbetrag**

B. Rückstellungen

1. Rückstellungen für Pensionen und ähnliche Verpflichtungen
2. Steuerrückstellungen
3. sonstige Rückstellungen

C. Verbindlichkeiten

1. Anleihen
   - davon konvertibel
   - davon mit einer Restlaufzeit bis zu 1 Jahr
   - davon mit einer Restlaufzeit von mehr als 1 Jahr
2. Verbindlichkeiten gegenüber Kreditinstituten
   - davon mit einer Restlaufzeit bis zu 1 Jahr
   - davon mit einer Restlaufzeit von mehr als 1 Jahr

II. Forderungen und sonstige Vermögensgegenstände
1. Forderungen aus Lieferungen und Leistungen
   - davon mit einer Restlaufzeit von mehr als 1 Jahr
2. Forderungen gegen verbundene Unternehmen
   - davon mit einer Restlaufzeit von mehr als 1 Jahr
3. Forderungen gegen Unternehmen, mit denen ein Beteiligungsverhältnis besteht
   - davon mit einer Restlaufzeit von mehr als 1 Jahr
4. sonstige Vermögensgegenstände
5. *eingefordertes, noch nicht eingezahltes Kapital*

III. Wertpapiere
1. Anteile an verbundenen Unternehmen
2. sonstige Wertpapiere

IV. Kassenbestand, Bundesbankguthaben, Guthaben bei Kreditinstituten und Schecks

C. Rechnungsabgrenzungsposten
- davon Damnum

D. *Aktive latente Steuern*

E. *Aktiver Unterschiedsbetrag aus der Vermögensverrechnung*

F. *Nicht durch Eigenkapital gedeckter Fehlbetrag*

3. erhaltene Anzahlungen auf Bestellungen
   - davon mit einer Restlaufzeit bis zu 1 Jahr
   - davon mit einer Restlaufzeit von mehr als 1 Jahr
4. Verbindlichkeiten aus Lieferungen und Leistungen
   - davon mit einer Restlaufzeit bis zu 1 Jahr
   - davon mit einer Restlaufzeit von mehr als 1 Jahr
5. Verbindlichkeiten aus der Annahme gezogener Wechsel und der Ausstellung eigener Wechsel
   - davon mit einer Restlaufzeit bis zu 1 Jahr
   - davon mit einer Restlaufzeit von mehr als 1 Jahr
6. Verbindlichkeiten gegenüber verbundenen Unternehmen
   - davon mit einer Restlaufzeit bis zu 1 Jahr
   - davon mit einer Restlaufzeit von mehr als 1 Jahr
7. Verbindlichkeiten gegenüber Unternehmen, mit denen ein Beteiligungsverhältnis besteht
   - davon mit einer Restlaufzeit bis zu 1 Jahr
   - davon mit einer Restlaufzeit von mehr als 1 Jahr
8. sonstige Verbindlichkeiten
   - davon aus Steuern
   - davon im Rahmen der sozialen Sicherheit
   - davon mit einer Restlaufzeit bis zu 1 Jahr
   - davon mit einer Restlaufzeit von mehr als 1 Jahr

D. Rechnungsabgrenzungsposten

E. *Passive latente Steuern*

2. Bilanzierung des Anlagevermögens

2.1 Begriff des Anlagevermögens

Zum Anlagevermögen gehören die Vermögensgegenstände, „die bestimmt sind, dauernd dem Geschäftsbetrieb zu dienen" (§ 247 Abs. 2 HGB; vgl. auch R 6.1 Abs. 1 EStR). Entscheidend für die Abgrenzung gegenüber dem Umlaufvermögen sind folgende Kriterien (vgl. *Gräfer/Schneider*, S. 135 f.):

► **Zweckbestimmung**
Die Zweckbestimmung ist

- **sachlich bedingt**
  durch die Art und die damit gegebene objektive Nutzungsmöglichkeit eines Gegenstands

  sowie

- **dispositionsbedingt**
  durch die Entscheidung des Bilanzierenden über die geplante Verwendung.

Im Zweifel kann die bilanzielle Behandlung als Anhaltspunkt für die Zuordnung herangezogen werden (vgl. R 6.1 Abs. 1 Satz 3 EStR).

► **Dauer**
Ein Vermögensgegenstand dient auf Dauer dem Geschäftsbetrieb, wenn vorhandenes Nutzenpotenzial über einen bestimmten Zeitraum wiederholt abgegeben wird. Der Gegenstand darf also nicht zum einmaligen Verbrauch, Verkauf oder zu einer anderen kurzfristigen Verwertung bestimmt sein.

In diesem Zusammenhang kommt es neben dem zeitlichen Aspekt auch auf die am Abschlussstichtag gegebene Zweckbestimmung an.

Aufgabe 17 > Seite 178

2.2 Posten des Anlagevermögens

Das Anlagevermögen setzt sich aus folgenden Hauptposten zusammen:

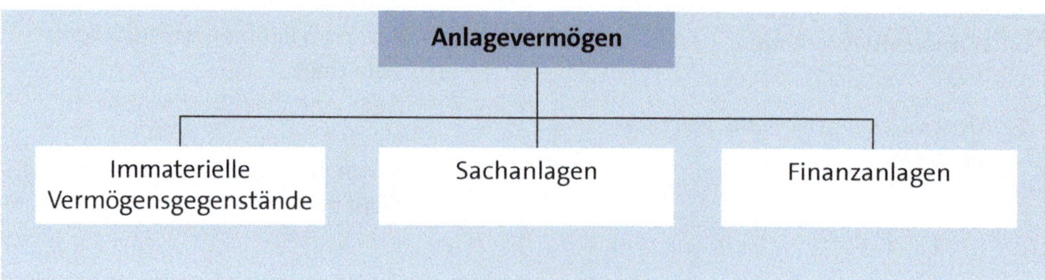

2.2.1 Immaterielle Vermögensgegenstände

Bei immateriellen Vermögensgegenständen handelt es sich um nicht-körperliche, d. h. nicht greifbare bzw. nicht sichtbare Objekte. Diese sind durch ihren geistigen oder rechtlichen Gehalt gekennzeichnet (vgl. *Bitz u. a.*, S. 150).

Die erste Unterposition betrifft **selbst geschaffene immaterielle Vermögensgegenstände des Anlagevermögens**, für die ein Aktivierungswahlrecht besteht (§ 248 Abs. 2 Satz 1 HGB). Nicht aktiviert werden dürfen allerdings selbst geschaffene (**originäre**) Marken, Drucktitel, Verlagsrechte, Kundenlisten oder vergleichbare immaterielle Vermögenswerte (§ 248 Abs. 2 Satz 2 HGB). Bei den hierfür entstehenden Aufwendungen ist oftmals nicht zweifelsfrei zu trennen, inwieweit es sich um aktivierungsfähige Herstellungskosten handelt oder um sofort aufwandswirksame Beträge für den originären Geschäfts- oder Firmenwert. Dies zeigt sich beispielsweise bei Werbeaufwendungen, die alternativ einer Marke oder dem selbst geschaffenen Geschäfts- oder Firmenwert zugerechnet werden können.

Die Aktivierung selbst geschaffener immaterieller Vermögenswerte setzt demnach zwingend abstrakte Bilanzierungsfähigkeit voraus, d. h. die handelsrechtlichen Merkmale eines Vermögensgegenstands müssen vorliegen. Als Herstellungskosten zu berücksichtigen sind die bei der Entwicklung anfallenden Aufwendungen (§ 248 Abs. 2 i. V. mit § 255 Abs. 2a Satz 1 HGB). Als Entwicklung gilt „die Anwendung von Forschungsergebnissen oder von anderem Wissen für die Neuentwicklung von Gütern oder Verfahren oder die Weiterentwicklung von Gütern oder Verfahren mittels wesentlicher Änderungen" (§ 255 Abs. 2a Satz 2 HGB). Die Entwicklung ist abzugrenzen von der Forschung. Dabei handelt es sich um die „eigenständige und planmäßige Suche nach neuen wissenschaftlichen oder technischen Erkenntnissen oder Erfahrungen allgemeiner Art, über deren technische Verwertbarkeit und wirtschaftliche Erfolgsaussichten grundsätzlich keine Aussagen gemacht werden können" (§ 255 Abs. 2a Satz 3 HGB).

Forschung bildet also die Grundlage für Neuentwicklungen oder Weiterentwicklungen mittels wesentlicher Änderungen. Aufgrund der Ungewissheit über die Verwertbarkeit und den wirtschaftlichen Erfolg von Forschungsergebnissen ist insoweit jedoch die Eigenschaft eines Vermögensgegenstands zu verneinen. Folglich dürfen Forschungsaufwendungen nicht aktiviert werden, sondern sind sofort in voller Höhe ergebnismindernd zu berücksichtigen.

Aktivierungsfähigkeit ist grundsätzlich erst gegeben nach Beendigung der Forschungs- und ab Beginn der Entwicklungsphase. Charakteristikum dieses Zeitpunkts ist der Übergang „vom systematischen Suchen zum Erproben und Testen gewonnener Erkenntnisse oder Fertigkeiten" (*BilRUG*, S. 61). Als Indizien hierfür sind u. a. anzuführen:

- Abschluss der Aktivitäten zur Erlangung neuer Erkenntnisse
- Entwurf, Konstruktion und Test neuer Prototypen und Modelle vor Aufnahme der Produktion

- Beendigung der Suche nach Alternativen für Materialien, Vorrichtungen, Produkte, Verfahren, Systeme oder Dienstleistungen
- Entwurf, Konstruktion und Betrieb einer Pilotanlage, die als Prototyp dient und für die kommerzielle Nutzung ungeeignet ist
- Entwurf von Werkzeugen, Spannvorrichtungen, Prägestempeln oder Gussformen unter Verwendung neuer Technologien.

Der Übergang von der Forschungs- zur Entwicklungsphase ist hinreichend nachvollziehbar und plausibel zu dokumentieren. Sofern Forschung und Entwicklung nicht verlässlich voneinander getrennt werden können, scheidet eine Aktivierung aus (§ 255 Abs. 2a Satz 4 HGB).

Bei Ausübung des Aktivierungswahlrechts unterliegen die angesetzten und in der Folgezeit fortgeführten Herstellungskosten – unter Berücksichtigung hierfür gebildeter passiver latenter Steuern – einer Ausschüttungssperre (§ 268 Abs. 8 Satz 1 HGB).

Steuerlich bleibt es beim Bilanzierungsverbot von selbst geschaffenen immateriellen Vermögenswerten (§ 5 Abs. 2 EStG).

Die Abgrenzung zwischen Forschung und Entwicklung und die hiermit verbundenen bilanziellen Konsequenzen verdeutlicht nachfolgende Abbildung:

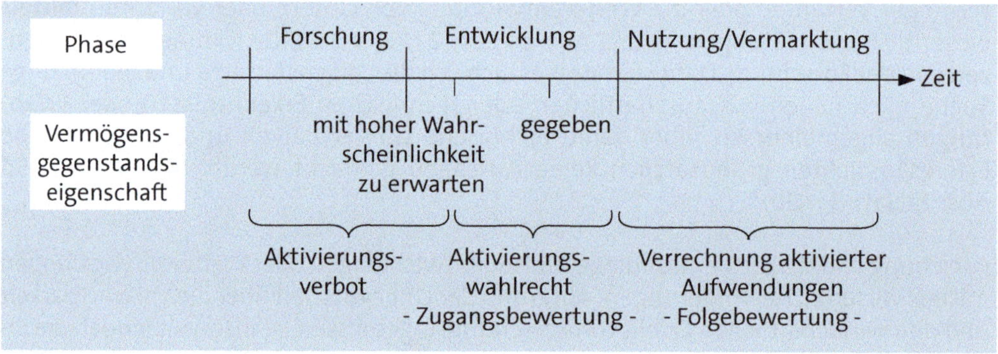

Die zweite Unterposition umfasst entgeltlich erworbene (**derivative**) immaterielle Vermögensgegenstände und zwar:

- **Konzessionen**
  z. B. gewerberechtliche Betriebs- oder Verkehrsgenehmigungen
- **gewerbliche Schutzrechte**
  z. B. Patente, Warenzeichen, Verlagsrechte
- **ähnliche Rechte und Werte**
  z. B. Miet- oder Pachtrechte mit gesicherter Rechtsposition, Belieferungsrechte
- **Lizenzen an solchen Rechten und Werten.**

Nach einzelnen Rechten bzw. Werten ist der entgeltlich erworbene Geschäfts- oder Firmenwert auszuweisen. Dieser gilt nach § 246 Abs. 1 Satz 4 HGB als zeitlich begrenzt nutzbarer Vermögensgegenstand. Somit besteht eine Aktivierungspflicht. Für die Folgebewertung des Geschäfts- oder Firmenwerts gelten die Bestimmungen des § 253 HGB.

Der Geschäfts- oder Firmenwert ergibt sich rechnerisch bei der Übernahme eines Unternehmens als Unterschiedsbetrag zwischen dem Kaufpreis und dem Reinvermögen zum Erwerbszeitpunkt (§ 246 Abs. 1 Satz 4 HGB).

Diesbezüglich gilt folgendes Ermittlungsschema:

	Unternehmenskaufpreis
-	Reinvermögen (= Zeitwert der Vermögensgegenstände - Zeitwert der Schulden)
=	**derivativer Geschäfts- oder Firmenwert**

Geleistete Anzahlungen auf vorstehend aufgeführte Rechte und Werte bilden den abschließenden Einzelposten.

Aufgabe 18 > Seite 179

2.2.2 Sachanlagen

Die Sachanlagen lassen sich wie folgt untergliedern:

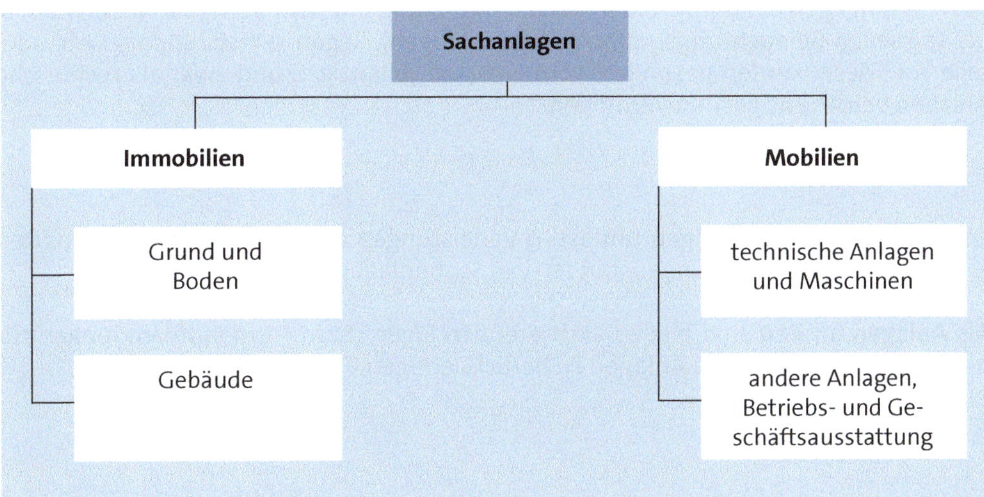

Unter den **Immobilien** (= unbewegliche Gegenstände) wird das gesamte Grundvermögen erfasst. Im Hinblick auf abweichende Bewertungsregeln empfiehlt sich, bei bebauten Grundstücken zwischen Grund und Boden und aufstehendem Gebäude zu trennen. Für den Bilanzausweis kommt dieser Unterscheidung jedoch keine Bedeutung zu.

Als Bauten gelten – auch auf fremden Grundstücken stehende – Geschäfts- und Fabrikbauten sowie Wohnzwecken dienende Gebäude (z. B. Werkswohnungen).

Bei den **Mobilien** (= bewegliche Gegenstände) ist zu differenzieren zwischen

- **technischen Anlagen und Maschinen**
  diese stehen in unmittelbarem Zusammenhang mit der betrieblichen Leistungserstellung

  und

- **anderen Anlagen, Betriebs- und Geschäftsausstattung**
  diese dienen der Verwaltung oder nur mittelbar dem Betriebsprozess.

Zuordnungsprobleme ergeben sich regelmäßig bei Einrichtungen, die mit dem Gebäude bzw. dem Grund und Boden fest verbunden sind. Zivilrechtlich handelt es sich um wesentliche Bestandteile des Grundstücks (§ 94 BGB). Bilanziell wird zwischen unselbstständigen und selbstständigen Gebäudeteilen unterschieden. Maßgebend für die Abgrenzung ist ein bestehender Nutzungs- und Funktionszusammenhang mit dem Gebäude.

Einrichtungen, die der allgemeinen Nutzung des Gebäudes dienen, sind als unselbstständige Gebäudeteile zu beurteilen (z. B. Heizungsanlagen, Rolltreppen). In diesen Fällen erfolgt eine Zuordnung zum unbeweglichen Vermögen.

Besteht hingegen ein unmittelbarer Zusammenhang mit dem Betriebszweck (wie z. B. bei speziellen Beleuchtungs- oder Lüftungsanlagen), liegen selbstständige Gebäudeteile vor. Diese werden gesondert vom Gebäude bilanziert, und zwar als technische Anlagen beim beweglichen Vermögen.

Aufgabe 19 > Seite 179

Die **geleisteten Anzahlungen** umfassen Vorleistungen aus schwebenden Geschäften für die Anschaffung von Gegenständen des Sachanlagevermögens.

Als **Anlagen im Bau** sind alle zu aktivierenden Eigen- bzw. Fremdaufwendungen für noch nicht fertig gestellte Anlagen zu berücksichtigen.

2.2.3 Finanzanlagen

Die Posten des Finanzanlagevermögens können wie folgt klassifiziert werden:

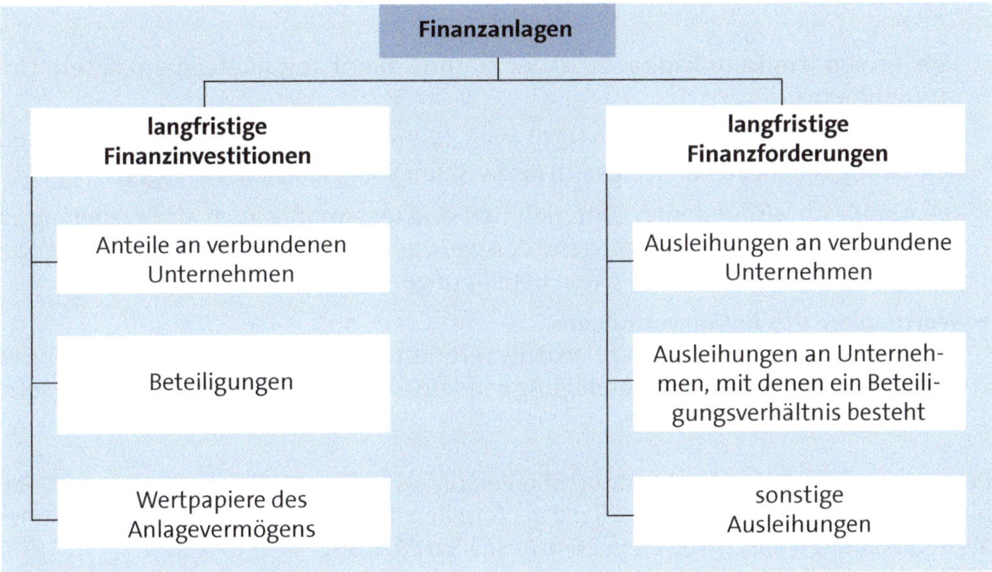

Bei den **Finanzinvestitionen** erfolgt eine Untergliederung nach dem Grad der Einflussnahme auf andere Unternehmen:

- **Anteile an verbundenen Unternehmen**

  Anteile repräsentieren Mitgliedschaftsrechte in verbriefter Form (z. B. Aktien) oder unverbriefter Form (z. B. GmbH-Anteile oder Anteile an einer Personengesellschaft).

  Als verbundene Unternehmen gelten Gesellschaften, die als Mutter- oder Tochterunternehmen nach den einschlägigen handelsrechtlichen Vorschriften in einen Konzernabschluss einzubeziehen sind (§ 271 Abs. 2 HGB). Diese Verpflichtung ist daran geknüpft, dass ein beherrschender Einfluss ausgeübt werden kann (§ 290 Abs. 1 HGB). Hiervon ist stets auszugehen bei Vorliegen konzerntypischer Merkmale, wie u. a. Mehrheit der Stimmrechte, als Gesellschafter Recht zur Bestellung oder Abberufung der Mehrheit von Organmitgliedern bzw. Recht zur Bestimmung der Finanz- und Geschäftspolitik aufgrund eines Beherrschungsvertrags oder einer Satzungsregelung (§ 290 Abs. 2 HGB). Ob ein Konzernabschluss tatsächlich aufgestellt wird, ist in diesem Zusammenhang ohne Bedeutung.

- **Beteiligungen**

  Hierbei handelt es sich um „Anteile an anderen Unternehmen, die bestimmt sind, dem eigenen Geschäftsbetrieb durch Herstellung einer dauernden Verbindung zu jenen Unternehmen zu dienen“ (§ 271 Abs. 1 Satz 1 HGB).

  Für die Beurteilung relevant ist neben der Zweckbestimmung als dauerhafter (langfristiger) Anlage die Beteiligungsabsicht. Hingegen kommt es auf die Höhe der Beteiligung nicht an.

Bei Anteilen an Kapitalgesellschaften gilt eine Beteiligungsvermutung, wenn die Nennbeträge der Anteile insgesamt

- 20 % des Nennkapitals der Gesellschaft

  oder

- bei Fehlen von Nennkapital 20 % der Summe aller Kapitalanteile an diesem Unternehmen

überschreiten (§ 271 Abs. 1 Satz 3 HGB). Wird die Beteiligungsabsicht bzw. Beteiligungsvermutung widerlegt, handelt es sich insoweit um Wertpapiere des Anlagevermögens.

Die Anteile an verbundenen Unternehmen sind regelmäßig auch als Beteiligung zu beurteilen. Der gesondert geregelte Ausweis geht als Spezialregelung dem allgemeinen Ausweis unter dem Posten Beteiligungen vor.

► **Wertpapiere des Anlagevermögens**
Hierunter fallen auf Dauer erworbene verbriefte Mitgliedschaftsrechte, die nicht die Voraussetzungen einer Beteiligung erfüllen, sowie am Kapitalmarkt gehandelte Zins- und Dividendenpapiere.

Personengesellschaften ohne natürliche Person als Vollhafter haben Anteile an Komplementärgesellschaften in der Bilanz als Anteile an verbundenen Unternehmen oder als Beteiligungen auszuweisen (§ 264c Abs. 4 Satz 1 HGB).

Die **Kapitalforderungen** entsprechen den Ausleihungen (z. B. Hypotheken-, Grund- und Rentenschulden oder langfristige Darlehen), die nach dem Ausmaß der finanziellen Verflechtung zwischen Gläubiger und Schuldner weiter unterteilt werden. Waren- oder Leistungsforderungen sind nicht unter dieser Position zu erfassen.

Personenhandelsgesellschaften i. S. des § 264a HGB haben Ausleihungen gegenüber Gesellschaftern regelmäßig gesondert auszuweisen oder im Anhang anzugeben (§ 264c Abs. 1 Satz 1 HGB). Erfolgt ein Ausweis unter anderen Posten, muss diese Eigenschaft vermerkt werden (§ 264c Abs. 1 Satz 2 HGB).

Die für Gegenstände des Anlagevermögens maßgebenden Ansatzregelungen sind nachfolgend zusammengefasst:

Art des Vermögensgegenstands / **Art der Entstehung**	**immateriell**		**materiell**
	Geschäfts-/ Firmenwert	**Einzelgegenstand**	
selbstgeschaffen (originär)	Aktivierungsverbot	**Handelsbilanz:** Aktivierungswahlrecht **Steuerbilanz:** Aktivierungsverbot	Aktivierungspflicht
entgeltlich erworben (derivativ)	Aktivierungspflicht		Aktivierungspflicht

2.3 Bewertung des Anlagevermögens

Grundlage der Bewertung des Anlagevermögens bilden die Anschaffungs- oder Herstellungskosten. Diese stellen gleichzeitig die Wertobergrenze dar, die generell nicht überschritten werden darf (§ 253 Abs. 1 Satz 1 HGB).

Der Ausgangsbetrag ist grundsätzlich um Abschreibungen zu vermindern; gegebenenfalls sind Werterhöhungen in Form von Zuschreibungen zu berücksichtigen. Nach Maßgabe dieser Korrekturen ergeben sich die fortgeführten Anschaffungs- oder Herstellungskosten als abgeleiteter (**derivativer**) Wertmaßstab.

Die Struktur der Wertermittlung veranschaulicht nachfolgende Übersicht:

Ausgangswert (originärer Wert)	Anschaffungs-/ Herstellungskosten	Zugangsbewertung
Wertveränderungen	- Abschreibungen + **Zuschreibungen**	Folgebewertung
abgeleiteter Wert (derivativer Wert)	= **fortgeführte Anschaffungs-/ Herstellungskosten**	

2.3.1 Abschreibungen

Anlagegüter werden generell über einen längeren Zeitraum betrieblich genutzt. Im Hinblick auf einen zutreffenden Vermögens- und Erfolgsausweis dürfen sich die für einzelne Gegenstände insgesamt geleisteten Auszahlungen daher nicht bereits im Erwerbsjahr in voller Höhe ergebnismindernd auswirken. Vielmehr hat eine periodenbezogene Verrechnung entsprechend der Abnahme des Nutzungspotenzials zu erfolgen. Eine verursachungsgerechte Aufteilung der Anschaffungs- oder Herstellungskosten scheitert in der Praxis allerdings regelmäßig an der Möglichkeit der direkten Messung des Leistungsverbrauchs. Daher werden Schätzungen oder indirekte Messungen benötigt zur Bestimmung der den einzelnen Geschäftsjahren zuzuordnenden Aufwendungen.

Als Ursachen für Wertminderungen und damit als Gründe für die Vornahme von Abschreibungen können insbesondere angeführt werden:

- **technische Gründe**
  z. B. laufender Verschleiß, Katastrophenverschleiß, Substanzabbau
- **wirtschaftliche Gründe**
  z. B. Marktveränderungen, technischer Fortschritt
- **rechtliche Gründe**
  z. B. gesetzliche Maßnahmen oder Auflagen, zeitlicher Ablauf von Schutzrechten oder Verträgen.

Folgende Arten von Abschreibungen sind zu unterscheiden:

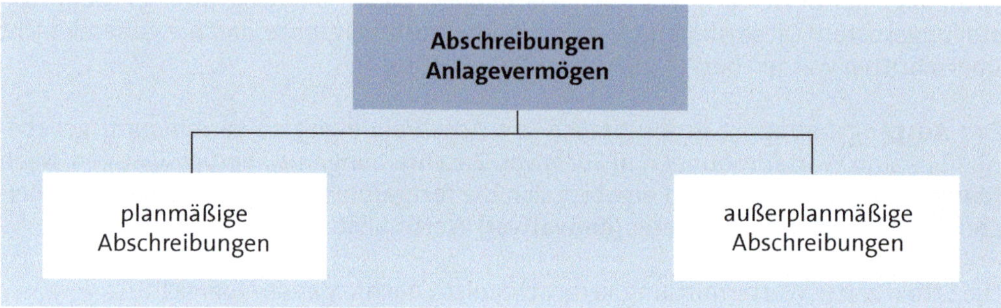

Die handelsrechtlichen Abschreibungen zielen darauf, einen – planmäßig oder außerplanmäßig – tatsächlich eingetretenen Werteverzehr zu erfassen.

2.3.1.1 Planmäßige Abschreibungen

Bei Anlagegegenständen mit zeitlich begrenzter Nutzung sind handels- und steuerrechtlich planmäßige Abschreibungen zwingend vorzunehmen (§ 253 Abs. 3 HGB; § 6 Abs. 1 Nr. 1 Satz 1 EStG). Für das abnutzbare Anlagevermögen – immaterielle Vermögensgegenstände und Sachanlagen (mit Ausnahme des Grund und Bodens) – besteht insoweit Abschreibungspflicht.

Die Ermittlung der Abschreibungen basiert auf dem sogenannten **Abschreibungsplan**, in den folgende Größen eingehen:

- **Abschreibungsausgangsbetrag**
  Bemessungsgrundlage für die Ermittlung der Abschreibungen bilden die Anschaffungs- oder Herstellungskosten.
- **Abschreibungszeitraum (Nutzungsdauer)**
  Der Abschreibungszeitraum umfasst die Jahre, „in denen der Vermögensgegenstand voraussichtlich genutzt werden kann“ (§ 253 Abs. 3 Satz 2 HGB). Die Nutzungsdauer ist unter Berücksichtigung der jeweiligen betrieblichen Gegebenheiten zu schätzen.

  Abzustellen ist dabei auf die wirtschaftliche, nicht auf die regelmäßig längere technische Nutzungsdauer. Folglich kann ein buchmäßig bereits in voller Höhe abgeschriebenes Anlagegut weiterhin noch betrieblich genutzt werden.

  Steuerlich wird der Abschreibungszeitraum als betriebsgewöhnliche Nutzungsdauer bezeichnet (§ 7 Abs. 1 Satz 2 EStG). Nach der Finanzrechtsprechung ist diesbezüglich im Regelfall die technische Nutzungsdauer maßgebend. Der bei der Schätzung der Nutzungsdauer bestehende Ermessensspielraum wird durch die von der Finanzverwaltung herausgegebenen sogenannten **AfA-Tabellen** erheblich eingeschränkt (vgl. für allgemein verwendbare Anlagegüter BMF-Schreiben vom 15.12.2000, BStBl 2000 I, S. 1532; zu den berücksichtigten Wirtschaftszweigen vgl. BMF-Schreiben vom 9.5.1996, BStBl 1996 I, S. 584). Diese enthalten – ausgehend von den Ergebnissen der steuerlichen Außenprüfung – Erfahrungswerte über betriebsgewöhnliche Nutzungsdauern.

Entgegen früher allgemein üblicher Praxis können die steuerlichen AfA-Tabellen für den Bereich der Handelsbilanz nicht mehr generell herangezogen werden. Handelsrechtlich wird regelmäßig die kürzere wirtschaftliche Nutzungsdauer zu Grunde zu legen sein. Insoweit ergeben sich handels- und steuerbilanziell unterschiedliche Abschreibungsverläufe und damit Abweichungen von Handels- und Steuerbilanz.

Gleiches gilt hinsichtlich der steuerlich normierten Nutzungsdauer für den derivativen Geschäfts- oder Firmenwert von 15 Jahren (§ 7 Abs. 1 Satz 3 EStG). Handelsrechtlich ist eine eigenständige Schätzung der Nutzungsdauer vorzunehmen. Als Anhaltspunkte für die Bestimmung des betriebsindividuellen Abschreibungszeitraums kommen in Betracht (vgl. *BilRUG*, S. 48):

- Art und voraussichtliche Bestandsdauer des erworbenen Unternehmens
- Stabilität und Bestandsdauer der Branche des erworbenen Unternehmens
- Lebenszyklus der Produkte
- Auswirkungen von Veränderungen der Absatz- und Beschaffungsmärkte sowie der wirtschaftlichen Rahmenbedingungen
- Laufzeit wichtiger Absatz- oder Beschaffungsverträge
- erwartetes Verhalten potenzieller Wettbewerber.

Sofern die voraussichtliche Nutzungsdauer ausnahmensweise nicht verlässlich geschätzt werden kann, ist ein Abschreibungszeitraum von 10 Jahren maßgebend (§ 253 Abs. 3 Satz 4 HGB).

Im Steuerrecht wird zudem bei Gebäuden von bestimmten normierten Nutzungsdauern ausgegangen. Bei Betriebsgebäuden wird aktuell eine Nutzungsdauer von 33 1/3 Jahren unterstellt (§ 7 Abs. 4 Satz 1 Nr. 1 EStG). Dieser Zeitraum kann als Orientierungshilfe auch für den Bereich der Handelsbilanz dienen.

► **Restverkaufserlös**
Am Ende der Nutzungsdauer kann gegebenenfalls ein Restverkaufserlös anfallen. Dieser ermittelt sich als Differenz zwischen Veräußerungspreis (z. B. Schrottwert) und den Kosten der Außerbetriebnahme bzw. sonstigen Veräußerungskosten.

Ein zu berücksichtigender Restverkaufserlös mindert die Bemessungsgrundlage der Abschreibungen und damit die jährlichen Abschreibungsbeträge. Hierdurch wird gewährleistet, dass nur der bis zum Ausscheiden eines Vermögensgegenstands verbrauchte Nutzenvorrat auf die einzelnen Jahre des Abschreibungszeitraums verteilt wird.

In der Regel kann ein Restverkaufserlös vernachlässigt werden, da dieser allgemein nicht beträchtlich ist. Etwas anderes gilt hauptsächlich bei Gegenständen aus wertvollem Material oder von hohem Gewicht; so ist z. B. bei Schiffen der Schrottwert zu berücksichtigen (vgl. H 7.3 [Anschaffungskosten] EStH).

► **Abschreibungsbeginn**
Hinsichtlich des Abschreibungsbeginns ist in Anschaffungsfällen generell von dem Zeitpunkt der Lieferung und in Herstellungsfällen von dem Zeitpunkt der Fertigstellung auszugehen. Erfolgt die Anschaffung oder Herstellung im Laufe eines Jahres, sind die Abschreibungen demgemäß nur zeitanteilig vorzunehmen, und zwar mo-

natsbezogen für den Zeitraum zwischen der Anschaffung oder Herstellung und dem Ende des Geschäftsjahrs. Diese Vorgehensweise ist steuerlich verpflichtend (§ 7 Abs. 1 Satz 4 EStG).

Handelsrechtlich ist zudem folgende – den früheren steuerlichen Verwaltungsanweisungen entsprechende – Vereinfachungsregelung als zulässig anzusehen:

Im Falle der Anschaffung oder Herstellung in der ersten Jahreshälfte kann die gesamte Jahresabschreibung und bei Anschaffung oder Herstellung in der zweiten Jahreshälfte der halbe Jahresbetrag angesetzt werden.

► **Abschreibungsmethode**
Die bei der Aufstellung des Jahresabschlusses zu beachtenden GoB gelten auch für die Wahl der Abschreibungsmethode. Dementsprechend sind Verfahren unzulässig, bei denen der Abschreibungsverlauf dem Nutzungsverlauf offensichtlich widerspricht oder bei denen die Abschreibungen ergebnisabhängig bemessen werden.

Handelsrechtlich sind – anders als im Steuerrecht – keine bestimmten Abschreibungsmethoden vorgegeben. Besondere Bedeutung kommt regelmäßig folgenden Arten planmäßiger Abschreibungen zu:

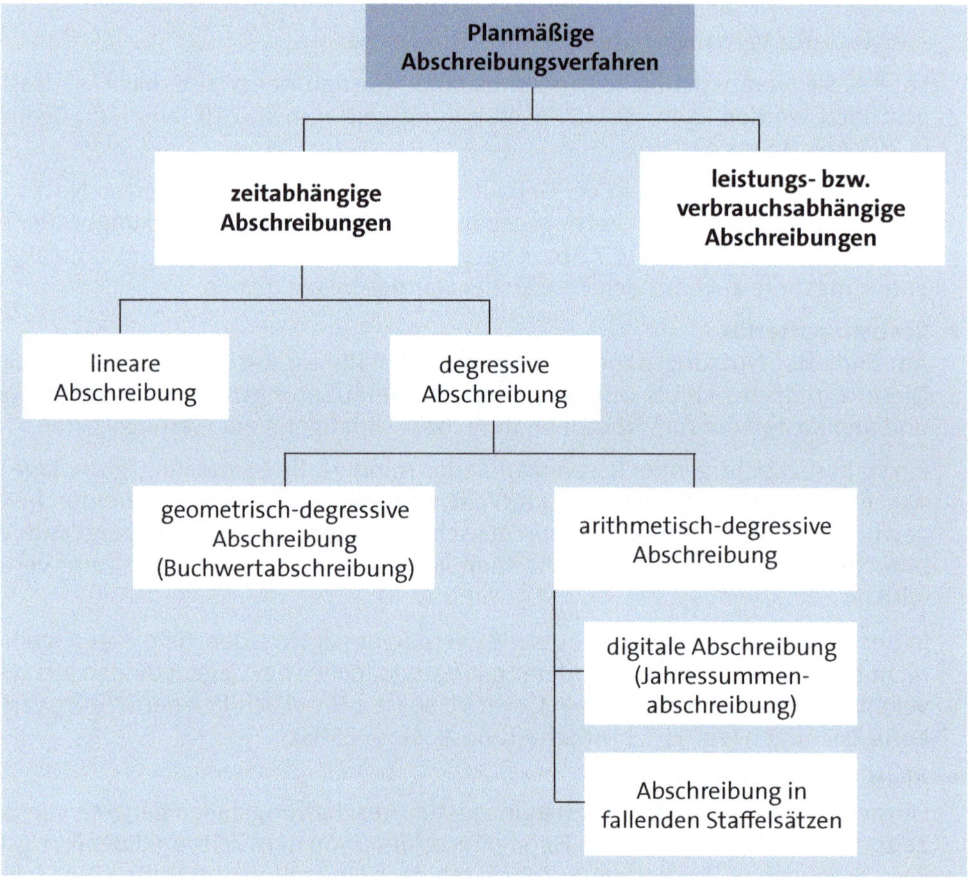

Hinsichtlich der einzelnen Arten planmäßiger Abschreibungsverfahren gilt im Einzelnen:

- **zeitabhängige Abschreibungen**
  - **lineare Abschreibung**
    Hierbei werden die Anschaffungs- oder Herstellungskosten gleichmäßig über die Nutzungsdauer verteilt. Steuerlich handelt es sich hierbei um die generell zulässige Methode bei allen abnutzbaren Anlagegegenständen, die den vorzunehmenden Mindestabschreibungen entspricht (§ 7 Abs. 1 Satz 1 EStG).

Aufgabe 20 > Seite 179

  - **degressive Abschreibung**
    Alternativ kommt handelsrechtlich eine degressive Abschreibung in Betracht. Hierbei ergeben sich im Zeitablauf fallende Jahresbeträge. Diese Methode der Aufwandsverrechnung basiert auf der Annahme, dass der Anlagegegenstand in den ersten Nutzungsjahren einem höheren Werteverzehr unterliegt.

    Folgende degressive Abschreibungsarten sind zu unterscheiden:

    Bei der **geometrisch-degressiven Abschreibung,** sogenannte **Buchwertabschreibung**, erfolgt die Ermittlung der jährlichen Abschreibungsbeträge durch Multiplikation des Buchwerts (Restwerts der vorangegangenen Periode) mit einem unveränderten Prozentsatz. Dieser ist unter Berücksichtigung der jeweiligen betrieblichen Gegebenheiten zu schätzen.

    Für in den Jahren 2020 bis 2022 angeschaffte oder hergestellte bewegliche Wirtschaftsgüter des Anlagevermögens war die geometrisch-degressive Methode auch steuerlich zulässig. Die Höhe des Abschreibungssatzes war allerdings wie folgt begrenzt (§ 7 Abs. 2 Satz 2 EStG a. F.): Zum einen durfte er das Zweieinhalbfache des linearen Satzes und zum anderen insgesamt 25 % nicht übersteigen. Welche dieser Beschränkungen galt, hing von der Länge der Nutzungsdauer ab:

Nutzungsdauer < 10 Jahre	Begrenzung auf 25 %
Nutzungsdauer ≥ 10 Jahre	Begrenzung auf das Zweieinhalbfache des linearen Satzes

    Die geometrisch-degressive Abschreibung war danach allgemein bei Wirtschaftsgütern mit einer Nutzungsdauer von mindestens vier Jahren wirtschaftlich sinnvoll.

    Die dargestellte steuerliche Begrenzung des degressiven Abschreibungssatzes war handelsrechtlich keineswegs bindend. Bei Nachweis einer höheren tatsächlichen Wertminderung waren entsprechend höhere Abschreibungssätze anzuwenden. Auch insoweit konnte die Abschreibungsberechnung folglich in Handels- bzw. Steuerbilanz differieren.

    Durch das sog. Wachstumschancengesetz (zum Schluss der Drucklegung in der Entwurfsfassung vorliegend) soll die Regelung auf Wirtschaftsgüter, vom 01.10.2023 bis zum 31.12.2024 angeschafft werden, ausgedehnt werden).

Bei Anwendung der degressiven Methode ergeben sich zum Ende des Abschreibungszeitraums nicht unbeträchtliche Restbuchwerte. Daher darf jederzeit von der degressiven auf die lineare Abschreibung übergegangen werden.

Ein derartiger Methodenwechsel empfiehlt sich im Hinblick auf eine möglichst hohe Aufwandsverrechnung regelmäßig in dem Jahr, in dem sich bei linearer Abschreibung des Restwerts höhere Abschreibungsbeträge als bei Fortführung der degressiven Abschreibung ergeben.

Bei der **arithmetisch-degressiven Abschreibung** vermindern sich die jährlichen Abschreibungsbeträge um den gleichen Betrag (Degressionsbetrag). Die Abschreibungssätze werden stets auf den Anschaffungsausgangsbetrag bezogen. Dadurch wird eine vollständige Verrechnung der Anschaffungs- oder Herstellungskosten am Ende der Nutzungsdauer erreicht. Als alternative Formen der arithmetisch-degressiven Abschreibung kommen in Betracht:

- **digitale Abschreibung** (Jahressummenabschreibung)
  Bei dieser Methode werden die jährlichen Abschreibungssätze aus einem Quotienten ermittelt. Der Zähler entspricht im ersten Abschreibungsjahr der Gesamtnutzungsdauer des betreffenden Gegenstands, in den Folgejahren der jeweiligen Restnutzungsdauer zum Periodenbeginn. Der Nenner ergibt sich aus der Addition der einzelnen Jahre der Nutzungsdauer. Die Differenz zwischen zwei aufeinander folgenden Abschreibungsbeträgen stimmt mit der letzten Abschreibungsrate überein.
- **Abschreibung in fallenden Staffelsätzen**
  Bei diesem Verfahren wird der gesamte Abschreibungszeitraum in verschiedene zeitliche Abschnitte (Staffeln) unterteilt, für die fallende Abschreibungssätze gelten. Während der einzelnen Perioden einer Staffel wird jeweils der gleiche Abschreibungssatz angewendet.

Aufgabe 21 > Seite 180

► **leistungs- bzw. verbrauchsabhängige Abschreibungen**
Bei diesen auch steuerlich zulässigen Verfahren schwanken die Abschreibungsbeträge entsprechend der Leistung bzw. dem Verbrauch. Zur Ermittlung der Abschreibungen werden die Anschaffungs- oder Herstellungskosten durch das gesamte Nutzungspotenzial (z. B. Stückzahlen, Maschinenstunden oder Abbaumenge) dividiert. Das Ergebnis entspricht dem je Leistungseinheit zu verrechnenden Betrag. Die Jahresabschreibungen ergeben sich aus der Multiplikation dieser Größe mit der Leistungs- bzw. Verbrauchsmenge der betreffenden Periode.

Die **Leistungsabschreibung** muss wirtschaftlich begründet sein (§ 7 Abs. 1 Satz 6 EStG). Diese Voraussetzung ist erfüllt bei Gegenständen mit erheblich schwankender Leistung und daraus resultierendem höchst unterschiedlichem Verschleiß. Ferner muss der in einer Periode erbrachte Leistungsumfang nachgewiesen werden, z. B. bei Spezialmaschinen mittels Zählwerken über die verrichteten Arbeitsvorgänge oder bei einem Kraftfahrzeug durch Kilometerzähler.

Eine verbrauchsabhängige Aufwandsverrechnung kommt bei Gewinnungsbetrieben (z. B. Bergbauunternehmen, Steinbrüche, Kiesgruben) in Betracht. Steuerlich handelt es sich um die **Absetzung für Substanzverringerung** nach § 7 Abs. 6 EStG.

Auf steuerlichen Sonderregelungen beruhende Abwertungen, insbesondere in Form von Sonderabschreibungen nach § 7g Abs. 5 EStG oder durch Übertragung stiller Reserven nach § 6b EStG, sind handelsrechtlich nicht zulässig. Diese wirtschafts- und strukturpolitisch begründeten Bestimmungen führen zu einer über den tatsächlichen Wertverzehr hinausgehenden Aufwandsverrechnung und damit zu Unterbewertungen. Entsprechende Wertansätze stehen im Widerspruch zu den Zielen der Rechnungslegung und haben daher in der Handelsbilanz keinen Platz.

2.3.1.2 Außerplanmäßige Abschreibungen

Während planmäßige Abschreibungen nur beim abnutzbaren Anlagevermögen erfolgen dürfen, sind außerplanmäßige Abschreibungen bei allen Gegenständen des Anlagevermögens zulässig. Als Ursachen für derartige Abschreibungen lassen sich insbesondere anführen:

- **außergewöhnliche technische Abnutzung**
  durch äußere Einwirkungen infolge höherer Gewalt (z. B. Brand, Wasser) oder durch innerbetriebliche Gründe (z. B. Nutzung in mehreren Schichten)
- **außergewöhnliche wirtschaftliche Abnutzung**
  durch Absatzrückgänge oder -verschiebungen sowie technischen Fortschritt.

Eine Abwertungspflicht auf den niedrigeren am Abschlussstichtag beizulegenden Wert besteht im Fall einer voraussichtlich dauernden Wertminderung (§ 253 Abs. 3 Satz 5 HGB). Die Beurteilung der Dauerhaftigkeit richtet sich in Abhängigkeit von der Art der Anlagegegenstände grundsätzlich nach folgenden Kriterien:

- Beim abnutzbaren Anlagevermögen ist maßgebend, ob der jeweilige Stichtagswert während der Hälfte der verbleibenden Nutzungsdauer („halbe Restnutzungsdauer") unter dem (Rest-)Buchwert bei planmäßiger Abschreibung liegt. Bei diesen Vermögensgegenständen wird die außerplanmäßige Abwertung durch die zwingend vorzunehmenden regelmäßigen Absetzungen im Zeitablauf ausgeglichen.
- Bei nicht abnutzbaren Anlagegütern ist kein laufender Wertverzehr zu berücksichtigen. Eine außerplanmäßige Abschreibung setzt voraus, dass die Gründe hierfür voraussichtlich anhalten werden. In diesem Zusammenhang ist nach herrschender Meinung auf einen Beurteilungszeitraum von maximal fünf Jahren abzustellen. Steuerrechtlich kommt hierbei eine Abschreibung nur bei einer voraussichtlich dauerhaften Wertminderung in Betracht.
- Bei einer nicht dauernden (= vorübergehenden) Wertminderung besteht nach dem gemilderten Niederstwertprinzip im Bereich des Finanzanlagevermögens ein Abwertungswahlrecht (§ 253 Abs. 3 Satz 6 HGB). Für das übrige Anlagevermögen scheidet bei einer voraussichtlich vorübergehenden Wertminderung eine außerplanmäßige Abschreibung aus.

Die unterschiedlichen Regelungen zur Berücksichtigung außerplanmäßiger Wertminderungen im Anlagevermögen sind nachfolgend im Überblick dargestellt:

Dauer der Wertminderung	**Vermögenskategorie**	
	Finanzanlagevermögen	**übriges Anlagevermögen**
voraussichtlich dauernd	Abschreibungspflicht	
voraussichtlich vorübergehend	Abschreibungswahlrecht	Abschreibungsverbot

Nach erfolgter außerplanmäßiger Abschreibung ist während der verbleibenden (unveränderten oder gegebenenfalls verkürzten) Restnutzungsdauer wieder planmäßig, d. h. in Höhe regelmäßiger Beträge abzuschreiben.

Die handelsrechtliche Abschreibung auf den niedrigeren beizulegenden Wert entspricht regelmäßig der steuerlichen Teilwertabschreibung (§ 6 Abs. 1 Nr. 1 Satz 2 und Nr. 2 Satz 2 EStG). Das diesbezügliche Abwertungswahlrecht ist ebenfalls an das Vorliegen einer voraussichtlich dauernden Wertminderung geknüpft.

Aufgabe 22 > Seite 180

Die handelsrechtlichen und damit korrespondierenden steuerlichen Abschreibungsarten sind in nachfolgender Übersicht zusammengefasst:

Abschreibungsarten – Anlagevermögen	
Handelsrecht	**Steuerrecht**
Planmäßige Abschreibungen (§ 253 Abs. 3 Satz 1 HGB)	Absetzungen für Abnutzung ► in gleichen Jahresbeträgen (§ 7 Abs. 1 Satz 1, § 7 Abs. 4 EStG) ► geom.-degressiv (§ 7 Abs. 2 EStG (temporäre Regelung)) ► nach Maßgabe der Leistung (§ 7 Abs. 1 Satz 6 EStG)
	Absetzungen für Substanzverringerung (§ 7 Abs. 6 EStG)
Außerplanmäßige Abschreibungen (§ 253 Abs. 3 Satz 5 und Satz 6 HGB)	Absetzungen für außergewöhnliche technische oder wirtschaftliche Abnutzung (§ 7 Abs. 1 Satz 7 EStG) Teilwertabschreibung (§ 6 Abs. 1 Nr. 1 Satz 2 und Nr. 2 Satz 2 EStG)
✕	Sonderabschreibungen (insbesondere § 7g Abs. 5 EStG) Bewertungsabschläge (z. B. § 6b EStG) Pauschalabschreibung (§ 6 Abs. 2a EStG)

2.3.2 Zuschreibungen

Sofern nach Vornahme außerplanmäßiger Abschreibungen in späteren Jahren die Gründe für diese Wertminderungen nicht mehr bestehen, darf der niedrigere Wertansatz nicht beibehalten werden (§ 253 Abs. 5 Satz 1 HGB). Es besteht also ein Wertaufholungsgebot; insoweit wird das Prinzip des Wertzusammenhangs durchbrochen.

Die Zuschreibung hat in der Periode zu erfolgen, in der die Gründe für eine frühere außerplanmäßige Abschreibung entfallen. Zu jedem Bilanzstichtag sind damit die Voraussetzungen für eine Wertaufholung zu überprüfen. Der Zuschreibungsbetrag ist in der Gewinn- und Verlustrechnung als „sonstige betriebliche Erträge" auszuweisen.

Bei nicht abnutzbaren Anlagegütern ist danach der Buchwert bis maximal zu den Anschaffungs- oder Herstellungskosten zu erhöhen. Beim abnutzbaren Anlagevermögen ist die Zuschreibung begrenzt auf die nach Maßgabe der – ursprünglichen – planmäßigen Abschreibungen ermittelten fortgeführten Anschaffungs- oder Herstellungskosten. Zur Veranschaulichung dient nachfolgende Abbildung:

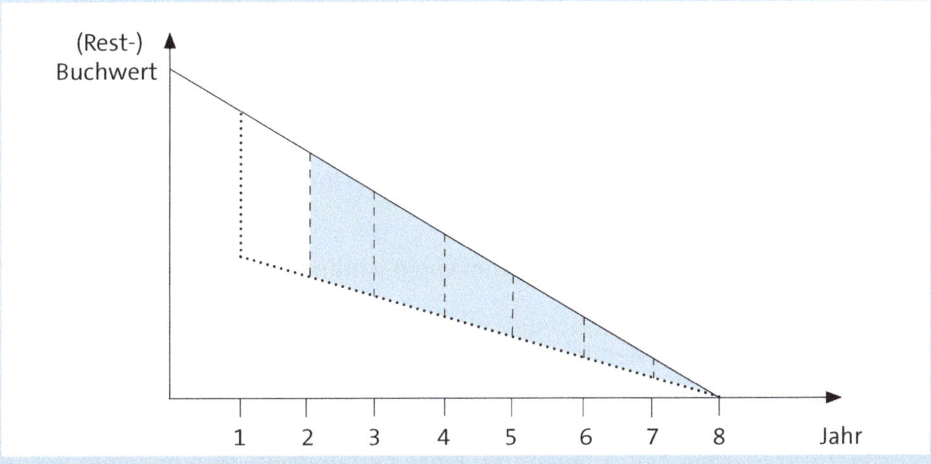

Symbole: ——— Wertentwicklung bei planmäßiger Abschreibung
········· Wertentwicklung bei außerplanmäßiger Abschreibung
- - - - - möglicher Zuschreibungsbetrag

Ebenso wie im Handelsrecht gilt im Steuerrecht eine generelle Zuschreibungspflicht, sofern ein niedrigerer Wertansatz aufgrund einer vorausssichtlich dauernden Wertminderung nicht nachgewiesen werden kann (§ 6 Abs. 1 Nr. 1 Satz 4 EStG).

Von diesem Wertaufholungsgebot ausgenommen sind außerplanmäßige Abschreibungen auf einen entgeltlich erworbenen Geschäfts- oder Firmenwert (§ 253 Abs. 5 Satz 2 HGB). Sofern sich in diesen Fällen Wertaufholungen ergeben, beruhen diese auf der Geschäfts- oder Betriebstätigkeit des Erwerbers. Damit käme es zu einer nach § 248 Abs. 2 Satz 2 HGB unzulässigen Aktivierung eines selbst geschaffenen Geschäfts- oder Firmenwerts.

Die handelsrechtlichen Regelungen zur Wertaufholung sind nachfolgend zusammengefasst:

<table>
<tr><th rowspan="2">Abschreibungsart</th><th colspan="2">Art des Vermögensgegenstands</th></tr>
<tr><th>Geschäfts- oder Firmenwert</th><th>übrige Anlagegegenstände</th></tr>
<tr><td>planmäßige Abschreibungen</td><td colspan="2">Zuschreibungsverbot</td></tr>
<tr><td>außerplanmäßige Abschreibungen</td><td>Zuschreibungsverbot</td><td>Zuschreibungspflicht</td></tr>
</table>

Aufgabe 23 > Seite 180

2.3.3 Bewertungsvereinfachungen

Grundsätzlich sind sämtliche Vermögensgegenstände einzeln für sich zu bewerten. Abweichungen hiervon werden aus Wirtschaftlichkeitsgründen zugelassen. Als Bewertungsvereinfachungen sind anzuführen:

► **Festbewertung** (§ 240 Abs. 3 HGB)
Gegenstände des Sachanlagevermögens können mit einem Festwert angesetzt werden. Hierdurch werden die Inventur- und Bewertungsarbeiten vereinfacht.

Eine Festbewertung kommt bei Sachanlagegütern in Betracht, wenn sie

- regelmäßig ersetzt werden
- ihr Gesamtwert für das Unternehmen von nachrangiger Bedeutung ist

  und
- ihr Bestand in Größe (Menge), Wert und Zusammensetzung nur geringen Veränderungen unterliegt.

Zudem muss grundsätzlich alle drei Jahre eine körperliche Bestandsaufnahme durchgeführt werden (vgl. zu weiteren Einzelheiten BMF-Schreiben vom 8.3.1993, BStBl 1993 I, S. 276).

Das Festwertverfahren basiert auf der Annahme, dass sich für eine gewisse Zeit Verbrauch und Zugänge in etwa entsprechen. Daher kann die Bilanzierung mit gleichbleibender Menge und gleichbleibendem Wert erfolgen. Zugänge werden sofort in voller Höhe aufwandswirksam verbucht. Typische Anwendungsfälle für die Festbewertung sind Gerüst- und Schalungsteile, Formen und Werkzeuge sowie Büroausstattungen.

Ergibt sich aufgrund der Inventur, dass der aktuelle Wert von dem bisherigen Festwert abweicht, gilt analog zur steuerrechtlichen Regelung nach R 5.4 Abs. 3 EStR allgemein Folgendes:

- **Abweichung nach oben**
  ≤ 10 %: Der bisherige (alte) Festwert kann beibehalten werden.
  > 10 %: Der bisherige Festwert ist auf den erhöhten neuen Wert anzupassen.

Zu diesem Zweck werden Ersatzbeschaffungen als Zugänge aktiviert, bis der neue Wert erreicht ist.

- **Abweichung nach unten**
  Anders als im Steuerrecht ist in diesem Fall für die Handelsbilanz von einer Abwertungspflicht auszugehen.

Aufgabe 24 > Seite 181

► **Gruppenbewertung** (§ 240 Abs. 4 HGB)
Gleichartige oder annähernd gleichwertige bewegliche Anlagegüter können zu einer Gruppe zusammengefasst und mit dem gewogenen Durchschnittswert angesetzt werden. Diese Durchbrechung des Grundsatzes der Einzelbewertung erleichtert und vereinfacht die Bewertung, nicht jedoch die Inventurarbeiten.

► **Sofortabschreibung geringwertiger Anlagegüter**
Geringwertige Anlagegegenstände können sofort im Jahr der Anschaffung oder Herstellung in voller Höhe abgeschrieben werden. Nach der einschlägigen steuerlichen Regelung des § 6 Abs. 2 EStG besteht diese Möglichkeit für abnutzbare bewegliche Anlagegüter, die selbstständig nutzungsfähig sind. Abweichend vom Steuerrecht greift dabei aber keine Beschränkung auf Vermögensgegenstände mit Anschaffungs- oder Herstellungskosten von nicht mehr als 800,00 €. Ein entsprechender Grenzwert ist für den Bereich der Handelsbilanz unter Berücksichtigung des Wesentlichkeitsgrundsatzes betriebsindividuell festzulegen. Durch das sog. Wachstumschancengesetz, das zum Schluss der Drucklegung in der Entwurfsfassung vorlag, soll die Grenze für Wirtschaftsgüter, die nach dem 31.12.2023 angeschafft werden, auf 1.000,00 € angehoben werden.

Erfolgt keine sofortige Aufwandsverrechnung im Zugangsjahr, sind die betreffenden Anlagegegenstände planmäßig abzuschreiben.

Die für das Anlagevermögen geltende Bewertungskonzeption ist in nachstehendem Überblick zusammengefasst:

<table>
<tr><th>Wertkomponente</th><th>abnutzbares Anlagevermögen</th><th>nicht abnutzbares Anlagevermögen</th></tr>
<tr><td>Ausgangswert/ Wertobergrenze</td><td>Anschaffungs-/ Herstellungskosten</td><td>Anschaffungs-/ Herstellungskosten</td></tr>
<tr><td rowspan="2">Abschreibungs-pflichten</td><td>planmäßige Abschreibungen</td><td></td></tr>
<tr><td colspan="2">außerplanmäßige Abschreibungen bei voraussichtlich dauernder Wertminderung</td></tr>
<tr><td>Abschreibungs-wahlrecht</td><td></td><td>außerplanmäßige Abschreibungen bei voraussichtlich nicht dauernder Wertminderung bei Finanzanlagen</td></tr>
<tr><td>Zuschreibung</td><td colspan="2">Zuschreibungspflicht (Ausnahme: entgeltlich erworbener Geschäfts- oder Firmenwert)</td></tr>
</table>

Die Wertveränderungen können bei Einzelunternehmen und Personengesellschaften mit einer natürlichen Person als Vollhafter aktivisch (direkt) oder passivisch (indirekt) berücksichtigt werden.

Beim aktivischen Ausweis werden die ursprünglichen Werte saldiert mit den zwischenzeitlich eingetretenen Wertänderungen ausgewiesen, d. h. auf der Aktivseite werden die fortgeführten Anschaffungs- oder Herstellungskosten angesetzt. Beim passivischen Ausweis erfolgt keine Saldierung. Hier wird auf der Aktivseite das Anlagevermögen mit den ursprünglichen Anschaffungs- oder Herstellungskosten gezeigt und auf der Passivseite für die Wertberichtigungen ein gesonderter Posten gebildet.

Für Kapitalgesellschaften und bestimmte Personengesellschaften kommt allein die direkte Abschreibung in Betracht. Die Entwicklung der einzelnen Posten ist in einer gesonderten Aufgliederung, dem sogenannten **Anlagespiegel**, im Anhang darzustellen (§ 284 Abs. 3 HGB). Kleine und kleinste Gesellschaften mit Haftungsbeschränkung sind von der Aufstellung eines Anlagespiegels befreit (§ 288 Abs. 1 Nr. 1 i. V. mit § 267a Abs. 2 HGB).

3. Bilanzierung des Umlaufvermögens

3.1 Begriff des Umlaufvermögens

Das Handelsrecht enthält keine Begriffsdefinition des Umlaufvermögens. Im Umkehrschluss zur Regelung des § 247 Abs. 2 HGB kann eine negative Abgrenzung erfolgen. Dementsprechend gehören zum Umlaufvermögen alle Gegenstände, die nicht dazu bestimmt sind, dauernd dem Geschäftsbetrieb zu dienen. Es handelt sich also um zur Verarbeitung, zum Verbrauch oder zur Veräußerung angeschaffte oder hergestellte Güter (vgl. R 6.1 Abs. 2 EStR).

3.2 Posten des Umlaufvermögens

Das Umlaufvermögen setzt sich aus folgenden Hauptposten zusammen:

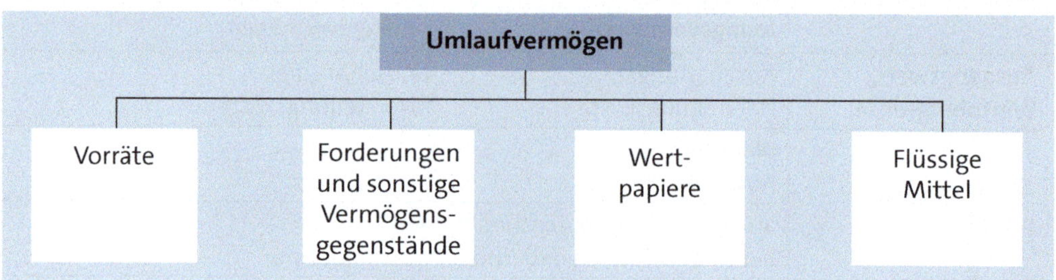

3.2.1 Vorräte

Bei den als Vorräte zu erfassenden Posten wird entsprechend dem Ablauf des Fertigungsprozesses in einem Industrieunternehmen wie folgt differenziert:

- **vor Beginn der Leistungserstellung**
  Die für den betrieblichen Leistungsprozess erforderlichen Güter sind als Roh-, Hilfs- und Betriebsstoffe auszuweisen.

  Rohstoffe gehen unmittelbar als Hauptbestandteile oder wesentliche Bestandteile in ein Produkt ein (z. B. Hölzer und Bezugstoffe zur Möbelproduktion; Bleche und Reifen zur Autoproduktion).

  Hilfsstoffe gehen zwar auch unmittelbar in betriebliche Erzeugnisse ein, sie sind allerdings von untergeordneter Bedeutung für die jeweiligen Endprodukte (z. B. Schrauben, Nägel, Farben, Klebstoffe).

  Betriebsstoffe werden für den Produktionsablauf benötigt, sie gehen selbst jedoch nicht in das Fertigprodukt ein (z. B. Schmiermittel, Brennstoffe, Werbematerialien, Reinigungsmittel).

- **während der Leistungserstellung**
  In der Zeit vom Beginn der Be- oder Verarbeitung bis zur Entstehung eines verkaufs- bzw. marktreifen Produkts liegen **unfertige Erzeugnisse** vor. Dabei handelt es sich um in Arbeit befindliche Produkte.

- **nach Beendigung der Leistungserstellung**
  Nach Beendigung des Fertigungsprozesses sind die verkaufs- bzw. marktfähigen Produkte als **fertige Erzeugnisse** auszuweisen.

  Bei **Waren** handelt es sich um von Dritten bezogene Handelsartikel, die ohne wesentliche Be- oder Verarbeitung zur Weiterveräußerung bestimmt sind.

  Die Unterscheidung zwischen fertigen Erzeugnissen und Waren hat für den anzuwendenden Wertansatz Bedeutung:

  - Herstellungskosten bei Fertigerzeugnissen
  - Anschaffungskosten bei Waren.

Entsprechend den verschiedenen Stufen des Leistungsprozesses erfolgen Umgliederungen zwischen den Einzelposten, und zwar zunächst von den Roh-, Hilfs- und Betriebsstoffen zu den unfertigen Erzeugnissen und danach von den unfertigen zu den fertigen Erzeugnissen.

Gesondert auszuweisen sind **geleistete Anzahlungen** für noch nicht bezogene Gegenstände des Vorratsvermögens. Hierdurch wird die wirtschaftliche Zugehörigkeit dieses Forderungsanspruchs zu der betreffenden Bilanzposition zum Ausdruck gebracht.

3.2.2 Forderungen und sonstige Vermögensgegenstände

Forderungen stellen schuldrechtlich begründete Ansprüche dar. Für die Bilanz können folgende Arten von Forderungen unterschieden werden:

- **Forderungen aus der eigentlichen Unternehmenstätigkeit**
  Die aus der eigentlichen unternehmerischen Betätigung resultierenden Ansprüche auf Geld-, Sach- bzw. Dienstleistungen sind als **Forderungen aus Lieferungen und Leistungen** zu erfassen. Grundlage hierfür bilden gegenseitige (Kauf-, Werk- oder Dienstleistungs-)Verträge, bei denen das bilanzierende Unternehmen seine Verpflichtung bereits erfüllt hat, die Leistung der Gegenseite jedoch noch aussteht.
- **Forderungen gegen finanziell verflochtene Unternehmen**
  Unabhängig von der Entstehungsursache (Lieferung und Leistung, Finanzierung, Unternehmensvertrag) sind stets gesondert auszuweisen **Forderungen gegen verbundene Unternehmen** sowie **Forderungen gegen Unternehmen, mit denen ein Beteiligungsverhältnis besteht**. Dies entspricht der Verfahrensweise im Bereich der Ausleihungen. Von dieser Position unterscheiden sich die Forderungen durch ihre kürzere Laufzeit.
- **sonstige Vermögensgegenstände**
  Hierbei handelt es sich um einen Misch- bzw. Sammelposten für alle Vermögensgegenstände des Umlaufvermögens, die keiner anderen Position zugeordnet werden können. Beispielhaft anzuführen sind kurzfristige Darlehen, Gehaltsvorschüsse, Schadenersatzansprüche, Steuererstattungsansprüche, Ansprüche auf Investitionszulagen.

Bei jedem der vorgenannten Posten ist der Betrag mit einer Restlaufzeit von mehr als einem Jahr gesondert zu vermerken (§ 268 Abs. 4 Satz 1 HGB).

Personengesellschaften ohne natürliche Person als Vollhafter haben Forderungen gegenüber Gesellschaftern i. d. R. jeweils gesondert auszuweisen oder im Anhang anzugeben (§ 264c Abs. 1 Satz 1 HGB). Sofern der Ausweis unter anderen Posten erfolgt, muss dies vermerkt werden (§ 264c Abs. 1 Satz 2 HGB).

Als Restlaufzeit gilt der Zeitraum zwischen dem Bilanzstichtag und dem Tag des voraussichtlichen tatsächlichen Forderungseingangs. Unerheblich ist diesbezüglich die vertraglich vereinbarte Laufzeit oder die rechtliche Restlaufzeit.

Aufgabe 25 > Seite 181

3.2.3 Wertpapiere

Wertpapiere des Umlaufvermögens sind allgemein dadurch charakterisiert, dass sie nicht auf Dauer gehalten werden sollen. Zu unterscheiden sind:

- **Anteile an verbundenen Unternehmen**
  Diese werden nur zu vorübergehenden Zwecken gehalten.

- **sonstige Wertpapiere**
  Hierzu zählen Wertpapiere zur kurzfristigen Kapitalanlage, die keinem anderen Posten zuzuordnen sind (z. B. öffentliche Anleihen, Pfandbriefe, Aktien, Industrieobligationen).

3.2.4 Flüssige Mittel

Sämtliche liquiden Mittel werden in einem Posten zusammengefasst. Im Einzelnen handelt es sich um:

- **Bestände aller Haupt- und Nebenkassen einschließlich fremder Währungen sowie Brief- oder andere Wertmarken**
- **Bundesbankguthaben**
- **Guthaben bei Kreditinstituten aus täglich fälligen Geldern sowie aus Festgeldern**
- **Schecks.**

3.3 Bewertung des Umlaufvermögens

Ausgangspunkt und Höchstbetrag für die Bewertung des Umlaufvermögens bilden die Anschaffungs- oder Herstellungskosten (§ 253 Abs. 1 Satz 1 HGB). Korrekturen ergeben sich aus Wertherabsetzungen (Abschreibungen) und Werterhöhungen (Zuschreibungen).

3.3.1 Abschreibungen

Anders als bei Anlagegütern sind bei Gegenständen des Umlaufvermögens keine laufenden, planmäßigen Abschreibungen vorzunehmen. Vielmehr werden dem jeweiligen Ausgangswert stichtagsbezogene Werte gegenübergestellt. Sofern die Stichtagswerte unter dem Basiswert liegen, haben zwangsläufig Abschreibungen zu erfolgen.

Diese nach § 253 Abs. 4 HGB obligatorischen Abwertungen beruhen auf dem sogenannten **strengen Niederstwertprinzip**. Danach besteht Abschreibungspflicht sowohl bei voraussichtlich dauernder wie auch bei nur vorübergehender Wertminderung. Das aus dem Imparitätsprinzip folgende strenge Niederstwertprinzip bewirkt, dass am Bilanzstichtag erkennbare, aber noch nicht realisierte Verluste bereits in der betreffenden Abrechnungsperiode berücksichtigt werden.

Steuerlich besteht nur im Falle einer voraussichtlich dauernden Wertminderung ein Abwertungswahlrecht (§ 6 Abs. 1 Nr. 2 Satz 2 EStG).

Als Vergleichswerte, auf die handelsrechtlich zwingend abzuwerten ist, kommen in Betracht:

- **Börsen- oder Marktpreis**
  Für die Bewertung ist vorrangig auf den Börsenkurs abzustellen. Sofern ein Gegenstand nicht an einer Börse gehandelt wird, ist zu prüfen, ob ein Marktpreis ermittelt werden kann.

Börsenpreis ist der an einer amtlichen Börse festgestellte Preis.

Als **Marktpreis** gilt der Preis, der für eine bestimmte Warengattung durchschnittlicher Art und Güte an einem Handelsplatz zu einem bestimmten Zeitpunkt im Durchschnitt gezahlt worden ist.

Vergleichswert ist der aus einem Börsen- oder Marktpreis sich ergebende Wert. Es erfolgt also keine Bewertung zum eigentlichen Börsen- oder Marktpreis. Hiervon ausgehend sind vielmehr noch folgende Korrekturen vorzunehmen:

	Beschaffungsmarkt		**Absatzmarkt (verlustfreie Bewertung)**
	Wiederbeschaffungspreis		voraussichtlicher Veräußerungspreis
+	Anschaffungsnebenkosten	-	Erlösminderungen
-	Abschläge für Wertminderungen und eingeschränkte Verwertbarkeit	-	noch anfallende Aufwendungen (Verwaltung, Vertrieb, Fracht, Verpackung)
=	**beschaffungsmarktbezogener Wert**	=	**absatzmarktbezogener Wert**

- **beizulegender Wert**
  Sofern kein Börsen- oder Marktpreis festgestellt werden kann, hat eine Abwertung auf den niedrigeren am Abschlussstichtag beizulegenden Wert zu erfolgen (§ 253 Abs. 4 Satz 2 HGB). Wie dieser Wert zu bestimmen ist, ergibt sich nicht aus dem Gesetz. Nach allgemeiner Auffassung sind Vergleichspreise heranzuziehen, also Preise für Produkte ähnlicher Art und Güte.

Ebenfalls nicht gesetzlich geregelt ist die Frage, ob bei der Bewertung auf den Beschaffungs- oder Absatzmarkt abzustellen ist. Diesbezüglich gelten nach herrschender Meinung folgende Grundsätze:

- **Beschaffungsmarkt** für
  - Roh-, Hilfs- und Betriebsstoffe
  - fremdbeziehbare fertige und unfertige Erzeugnisse
- **Absatzmarkt** für
  - Überbestände an Roh-, Hilfs- und Betriebsstoffen
  - Wertpapiere
  - nicht fremdbeziehbare fertige und unfertige Erzeugnisse
- **Beschaffungs- oder Absatzmarkt** für
  - Handelswaren
  - Überbestände an fertigen und unfertigen Erzeugnissen.

  Maßgebend ist dabei jeweils der niedrigere Wert vom Beschaffungs- oder Absatzmarkt.

Aufgabe 26 > Seite 181

3.3.2 Zuschreibungen

Ebenso wie im Bereich des Anlagevermögens besteht auch für Gegenstände des Umlaufvermögens eine Zuschreibungspflicht, sofern die Gründe für eine vorhergehende Wertminderung nicht mehr bestehen (§ 253 Abs. 5 Satz 1 HGB). Diese Regelung entspricht der steuerlichen Vorschrift in § 6 Abs. 1 Nr. 2 Satz 3 EStG.

Aufgabe 27 > Seite 182

Die für das Umlaufvermögen geltende Bewertungskonzeption ist nachfolgend im Überblick zusammengefasst:

Wertkomponente	Umlaufvermögen
Ausgangswert/Wertobergrenze	Anschaffungs-/Herstellungskosten
Abschreibungs-pflichten	Abschreibungen auf den niedrigeren ► Börsen- oder Marktpreis oder ► den am Abschlussstichtag beizulegenden Wert (strenges Niederstwertprinzip)
Zuschreibung	Zuschreibungspflicht

3.3.3 Bewertungsvereinfachungen

Bei Gegenständen des Umlaufvermögens erweist sich die Anwendung des Grundsatzes der Einzelbewertung in der Praxis oftmals als ebenso schwierig wie unwirtschaftlich. Daher bestehen insbesondere im Bereich des Vorratsvermögens gesetzliche Bewertungsvereinfachungen.

3.3.3.1 Sammelbewertung der Vorräte

Als vereinfachte Bewertungsverfahren kommen in Betracht:

- **Festbewertung** (§ 240 Abs. 3 HGB)
  Innerhalb des Umlaufvermögens können Roh-, Hilfs- und Betriebsstoffe mit einem Festwert angesetzt werden. Dabei gelten die gleichen Voraussetzungen wie für die Festbewertung von Gegenständen des Sachanlagevermögens. Auf die diesbezüglichen obigen Ausführungen wird verwiesen.
- **Gruppenbewertung** (§ 240 Abs. 4 HGB)
  Gleichartige Gegenstände des Vorratsvermögens können zu einer Gruppe zusammengefasst und mit dem gewogenen Durchschnittswert angesetzt werden.

  Als gleichartig gelten:

  - **artgleiche Gegenstände**
    d. h. Güter der gleichen Warengattung (z. B. Tischwäsche unterschiedlicher Formen und Farben, Schränke und Betten bestimmter Formen und Größen)

- **funktionsgleiche Gegenstände**
  d. h. Güter mit gleichem Verwendungszweck (z. B. Nägel, Schrauben, Transportbehälter aus unterschiedlichem Material).

Gleichartigkeit bedeutet mithin nicht Gleichheit.

Darüber hinaus wird allgemein eine annähernde Gleichwertigkeit verlangt. Als zulässig gilt nach herrschender Meinung ein Preisunterschied bis zu 20 % zwischen höchstem und niedrigstem Preis in einer Gruppe.

Die Durchschnittsbewertung ist das in der Praxis gebräuchlichste Verfahren. Durch Verzicht auf die Berücksichtigung von Einzelwerten je Vermögensgegenstand wird die Bewertung erheblich erleichtert; eine Vereinfachung der Inventur tritt demgegenüber nicht ein.

Für die **Ermittlung der Durchschnittspreise** sind alternativ folgende Methoden zulässig:

- **gewogener periodischer Durchschnitt**
  Die Durchschnittspreisermittlung erfolgt hier nur einmal jährlich, und zwar zum Ende eines Geschäftsjahrs. Dabei wird der – durch Multiplikation von Preis und Menge – ermittelte Wert des Anfangsbestands und der Zugänge auf die betreffende Gesamtmenge bezogen. Formelmäßig dargestellt gilt:

$$\text{gewogener Durchschnitt} = \frac{\text{Wert-Anfangsbestand} + \text{Wert-Zugänge}}{\text{Menge-Anfangsbestand} + \text{Menge-Zugänge}}$$

  Der so berechnete gewogene Durchschnittswert ist für die Bewertung des Schlussbestands sowie der Abgänge maßgebend.

Aufgabe 28 > Seite 182

- **gleitender (permanenter) Durchschnitt**
  Bei dieser Methode wird nach jedem Zugang ein neuer Durchschnittspreis ermittelt, der sodann für die Bewertung nachfolgender Abgänge bzw. des Jahresendbestands herangezogen wird. Die Bewertung erfolgt damit zeitnäher und entspricht eher den tatsächlichen Wertverhältnissen. Dem steht ein höherer Arbeitsaufwand gegenüber, da jeder einzelne Abgang erfasst werden muss.

Aufgabe 29 > Seite 182

► **Verbrauchsfolgeverfahren**
Für gleichartige Vermögensgegenstände des Vorratsvermögens können Anschaffungs- oder Herstellungskosten nach Maßgabe einer unterstellten Verbrauchs- oder Veräußerungsfolge ermittelt werden, sofern dies den GoB entspricht (§ 256 HGB). Folgende Verfahren sind handelsrechtlich zulässig:

- **Fifo-Verfahren** (**F**irst **i**n – **f**irst **o**ut)
  Bei der Fifo-Methode wird davon ausgegangen, dass die jeweils ältesten Bestände zuerst verbraucht bzw. veräußert werden. Der Jahresendbestand umfasst folg-

lich die zeitlich letzten Zugänge und wird dementsprechend mit aktuellen Preisen angesetzt. Die Verbrauchsbewertung erfolgt hingegen generell mit historischen Preisen.

Der Vorteil der Fifo-Methode besteht darin, dass sie relativ einfach zu handhaben ist.

Aufgabe 30 > Seite 183

- **Lifo-Verfahren** (**L**ast **i**n – **f**irst **o**ut)
  Dem Lifo-Verfahren liegt die Annahme zu Grunde, dass die zuletzt erfolgten Zugänge zuerst wieder verbraucht bzw. veräußert werden. Der Endbestand setzt sich demgemäß aus dem historischen Anfangsbestand sowie gegebenenfalls Zugängen vom Beginn des Geschäftsjahrs zusammen.

  Die Abgänge werden hier mit gegenwartsnahen Preisen bewertet, der Bestand hingegen tendenziell mit historischen Preisen. Daher kommt es in Zeiten steigender Preise unter sonst gleichen Verhältnissen zu einem geringeren Ergebnisausweis und damit zur Legung stiller Reserven. Insoweit trägt das Lifo-Verfahren zur Substanzerhaltung bei.

  Das Lifo-Verfahren ist als einziges Verbrauchsfolgeverfahren steuerlich zulässig (§ 6 Abs. 1 Nr. 2a EStG; vgl. zu Einzelheiten R 6.9 EStR sowie BMF-Schreiben vom 12.5.2015, BStBl 2015 I, S. 462).

  In der Praxis gebräuchlich ist die periodische Lifo-Methode, bei der die Bewertung einmal jährlich erfolgt.

Obwohl das Lifo-Verfahren grundsätzlich als einziges Verbrauchsfolgeverfahren steuerlich zulässig ist (§ 6 Abs. 1 Nr. 2a EStG; vgl. zu Einzelheiten R.6.9 EStR sowie BMF-Schreiben vom 12.05.2015, BStBl 2015 I, S. 462), kann in Ausnahmefällen auch steuerlich die Nutzung des FiFo-Verfahrens begründet werden, sofern dieses Verfahren der tatsächlichen Lagerbestandsentnahme entspricht (so auch *Beckscher Bilanzkommentar 2018*, § 256, Tz. 85). Als Beispiele können die Hochsilo-Vorratshaltung oder die Verbrauchsfolge bei leicht verderblichen Waren aufgeführt werden.

Aufgabe 31 > Seite 183

3.3.3.2 Einzel- und Pauschalbewertung der Forderungen

Forderungen sind grundsätzlich mit ihrem Nennbetrag einschließlich etwaiger Nebenkosten und Umsatzsteuer auszuweisen.

Bei der Bewertung von Forderungen kommt dem Grundsatz des § 252 Abs. 1 Nr. 4 HGB, der eine vorsichtige Bewertung unter Berücksichtigung aller vorhersehbaren Risiken und Verluste verlangt, besondere Bedeutung zu. Dementsprechend gilt:

- **uneinbringliche Forderungen**
  sind auszubuchen

- **zweifelhafte Forderungen**
  sind nach den Umständen des jeweiligen Einzelfalls mit dem voraussichtlich zu erwartenden Betrag anzusetzen
- **unverzinsliche bzw. besonders niedrig verzinsliche Forderungen**
  sind grundsätzlich mit dem Barwert zu bilanzieren.

Für das allgemeine Kreditrisiko ist eine pauschale Wertberichtigung vorzunehmen. Maßgebend sind dabei die branchentypischen Besonderheiten sowie die unternehmensspezifischen Gegebenheiten. Bezugsgröße bildet der gesamte Forderungsbestand abzüglich bereits einzelwertberichtigter Forderungen.

Einzel- und Pauschalwertberichtigungen sind bei Kapitalgesellschaften und Personengesellschaften ohne natürliche Person als Vollhafter unmittelbar vom Buchwert der Forderungen abzusetzen (aktivischer Ausweis). Bei Einzelunternehmen und Personengesellschaften ohne Haftungsbeschränkung kommt alternativ auch der Ausweis eines passiven Wertberichtigungspostens in Betracht.

Aufgabe 32 > Seite 183

3.3.3.3 Retrograde Bewertung

Anschaffungs- oder Herstellungskosten werden regelmäßig progressiv, also entsprechend dem fortschreitenden Ablauf des betrieblichen Leistungsprozesses ermittelt. Insbesondere bei der Bewertung von Warenbeständen im Einzelhandel wird auch eine retrograde, d. h. rückwärts gewandte Ermittlung der Anschaffungskosten als den GoB entsprechend und damit für zulässig erachtet.

Ausgangsgröße bildet der (voraussichtliche) Verkaufspreis. Nach Vornahme eines Abschlags für den Rohgewinn (so genannnte **Rohgewinnspanne**) ergeben sich die Anschaffungskosten. Für die Anwendung der retrograden Bewertung müssen folglich in der jeweiligen Warengruppe die anfallenden Erlösminderungen sowie die Rohgewinnspanne bekannt sein.

Die retrograde Wertermittlung entspricht grundsätzlich der Vorgehensweise im Rahmen der verlustfreien Bewertung.

Aufgabe 33 > Seite 184

4. Bilanzierung der Schulden

Den auf der Aktivseite der Bilanz auszuweisenden Vermögensgegenständen sind auf der Passivseite die Schulden gegenüberzustellen. Hierbei handelt es sich um das dem Unternehmen zeitlich befristet zur Verfügung stehende Fremdkapital.

Über die in der Bilanz auszuweisenden Schulden hinaus sind im Jahresabschluss weitere finanzielle Verpflichtungen zu erfassen. Deren Berücksichtigung korreliert wie folgt mit dem Grad an Sicherheit, mit dem die Inanspruchnahme betragsmäßig dem Grunde und der Höhe nach sowie hinsichtlich der Eintrittswahrscheinlichkeit vorherbestimmt werden kann:

<table>
<tr><th>Grund/Höhe der finanziellen Verpflichtungen</th><th>Art des Ausweises</th><th>Art der finanziellen Verpflichtungen</th></tr>
<tr><td rowspan="4">sicher
↑
unsicher</td><td rowspan="2">Posten in der Bilanz</td><td>Verbindlichkeiten</td></tr>
<tr><td>Rückstellungen</td></tr>
<tr><td>Vermerk unter der Bilanz</td><td>Haftungsverhältnisse</td></tr>
<tr><td>Angabe im Anhang</td><td>Sonstige finanzielle Verpflichtungen</td></tr>
</table>

Der bilanzielle Begriff der Schulden umfasst Verbindlichkeiten und Rückstellungen. Entsprechend der Reihenfolge im bilanziellen Gliederungsschema wird zunächst auf die Rückstellungen und danach auf die Verbindlichkeiten eingegangen.

4.1 Bilanzierung der Rückstellungen

4.1.1 Begriff und Arten der Rückstellungen

Rückstellungen werden für Verpflichtungen eines Unternehmens gebildet, die zum Abschlussstichtag dem Grund und/oder der Höhe nach ungewiss sind. Anlass bzw. Ursache der Schuld oder Last liegen im abgelaufenen Jahr, während die Erfüllung erst in einer nachfolgenden Rechnungsperiode erfolgt.

Dementsprechend sind für die Rückstellungsbilanzierung folgende Fälle zu unterscheiden:

Verpflichtungsgrund	Verpflichtungshöhe	Beispiel
gewiss	ungewiss	Verursachung eines Schadens in unbekannter Höhe
ungewiss	gewiss	Mögliche Zahlung einer fixierten Vertragsstrafe
ungewiss	ungewiss	Mögliche Garantieleistungen in unbekannter Höhe

Die Bildung von Rückstellungen bewirkt, dass künftige Vermögensminderungen bereits im Jahr ihrer rechtlichen Entstehung oder wirtschaftlichen Verursachung aufwandswirksam berücksichtigt werden. Durch die Verringerung des Periodenergebnisses und der daran anknüpfenden Zahlungsansprüche werden – bei ausreichend hohen Erlösen – bis zum Zeitpunkt der späteren Auszahlung folglich Finanzmittel an das Unternehmen gebunden. Hiermit sind Liquiditäts- und Zinsvorteile verbunden.

Aufgabe 34 > Seite 184

Die Rückstellungsbilanzierung kann aus bilanztheoretischer Sicht folgenden Zielen dienen:

- **zutreffender (Rein-)Vermögensausweis nach der statischen Bilanzauffassung**
  durch Ansatz sämtlicher Schulden entsprechend dem Vollständigkeitsgebot des § 246 Abs. 1 HGB

  sowie

- **periodengerechte Erfolgsermittlung nach der dynamischen Bilanzauffassung**
  durch Zuordnung von Aufwendungen zum Jahr ihrer rechtlichen Entstehung oder wirtschaftlichen Verursachung.

Die handelsrechtliche Rückstellungsbilanzierung berücksichtigt beide Bilanzauffassungen. Eine ausdrückliche Begriffsdefinition fehlt jedoch. Statt dessen werden einzelne Rückstellungsarten in § 249 HGB abschließend aufgeführt. Folglich können keine Rückstellungen für andere als die im Gesetz explizit genannten Zwecke gebildet werden (§ 249 Abs. 2 Satz 1 HGB); insofern besteht ein Passivierungsverbot. Bei den in der Bilanz anzusetzenden Rückstellungen ist hinsichtlich der Art der Verpflichtung zu differenzieren zwischen:

- **Außenverpflichtungen** (Verbindlichkeitsrückstellungen)
  Diese beruhen auf Verpflichtungen gegenüber Dritten.
- **Innenverpflichtungen** (Aufwandsrückstellungen)
  Gegenstand dieser Rückstellungen sind Selbstverpflichtungen des Unternehmens zur Durchführung bestimmter Maßnahmen in der Zukunft.

4.1.2 Ansatzregelungen

Nach § 249 Abs. 1 HGB besteht Passivierungspflicht für folgende Rückstellungsarten:

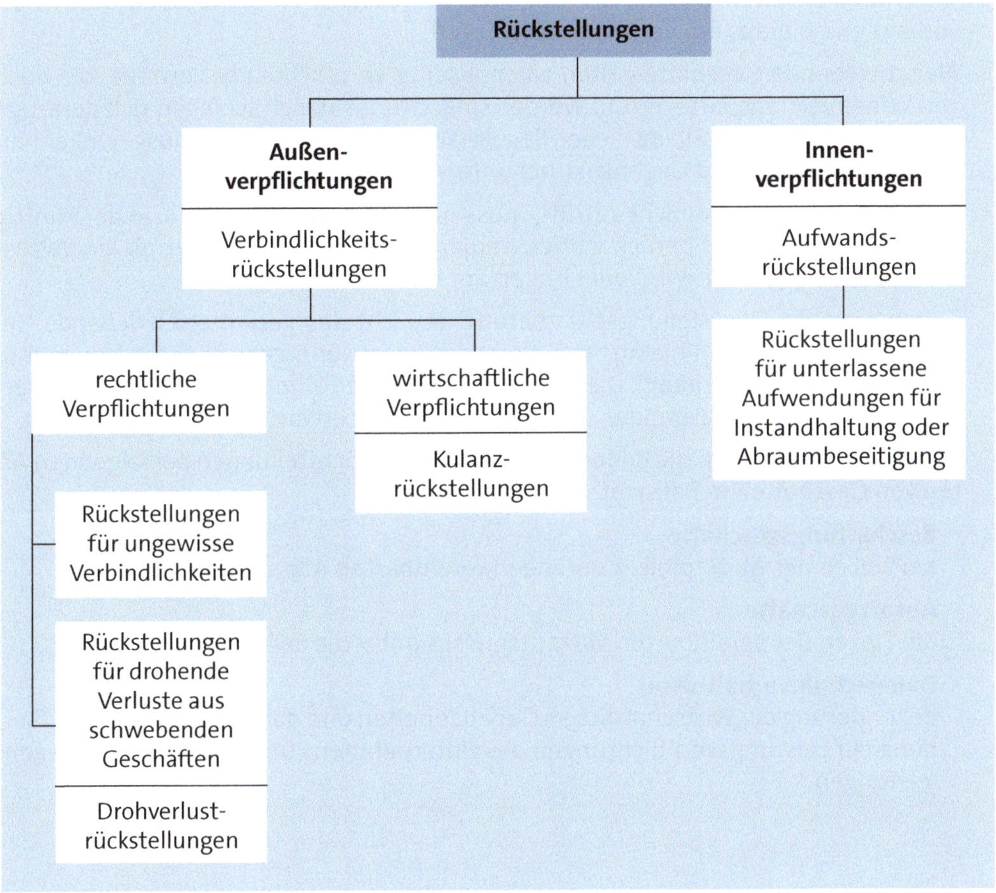

Zu den einzelnen Rückstellungsarten ist anzumerken:

- **Rückstellungen für ungewisse Verbindlichkeiten** (§ 249 Abs. 1 Satz 1 HGB)
  Bei dieser Rückstellungskategorie muss eine Verpflichtung gegenüber einem Dritten bis zum Bilanzstichtag entstanden sein. Alternativ können hierfür ursächlich sein:
  - **bürgerlich-rechtliche Verpflichtungen**
    z. B. künftige Pensionsleistungen, ausstehende Urlaubsansprüche, Garantieverpflichtungen, Patentverletzungen, Prozesskosten, Rekultivierungsverpflichtungen
  - **öffentlich-rechtliche Verpflichtungen**
    z. B. Nachzahlungen betrieblicher Steuern, Aufwendungen für die Erstellung und Prüfung des handelsrechtlich zwingend vorgeschriebenen Jahresabschlusses, Aufwendungen aufgrund von Umweltschutzauflagen.

► **Rückstellungen für drohende Verluste aus schwebenden Geschäften** (Drohverlustrückstellungen) [§ 249 Abs. 1 Satz 1 HGB]
Hierbei handelt es sich um einen speziellen Fall der Rückstellungen für ungewisse Verbindlichkeiten. Die Bilanzierung setzt voraus, dass ein schwebendes Geschäft vorliegt und hieraus ein Verlust erwartet wird.

Als schwebende Geschäfte gelten wechselseitig verpflichtende Verträge, die noch von keiner Vertragspartei erfüllt worden sind. Grundsätzlich schlagen sich derartige Vorgänge nicht in der Bilanz nieder. Regelmäßig wird nämlich eine Ausgewogenheit zwischen Leistung und Gegenleistung unterstellt.

Sofern diese Annahme nicht zutrifft, muss nach dem Imparitätsprinzip der künftig zu erwartende Verlust berücksichtigt werden. Unerheblich ist dabei, ob ein Verlust bewusst herbeigeführt wird oder ungeplant eintritt.

Gegenstand der Rückstellungsbilanzierung ist nicht das gesamte schwebende Geschäft, sondern nur ein hieraus resultierender negativer Ergebnisbeitrag (sogenannter **Verpflichtungsüberhang**). Dieser ergibt sich aus der Differenz zwischen dem Wert der Leistung des Bilanzierenden und dem Wert der zu erwartenden Gegenleistung.

Typischerweise kommt die Bildung von Drohverlustrückstellungen bei folgenden Arten von Geschäften in Betracht:

- **Beschaffungsgeschäfte**
  bei Sinken des Marktpreises unter den vereinbarten Abnahmepreis
- **Absatzgeschäfte**
  bei Sinken des vereinbarten Verkaufspreises unter die Selbstkosten
- **Dauerschuldverhältnisse**
  bei Änderung der wirtschaftlichen Gegebenheiten und damit verbundenem Überhang der Leistungsverpflichtungen des Unternehmens über den Wert der Gegenleistungen.

Aufgabe 35 > Seite 184

► **Kulanzrückstellungen** (§ 249 Abs. 1 Satz 2 Nr. 2 HGB)
Rückstellungen sind ferner für ohne rechtliche Verpflichtung erbrachte Gewährleistungen zu bilden. In diesen Fällen scheiden gesetzliche oder vertraglich vereinbarte Gewährleistungen aus, und zwar wegen Fristablaufs oder aufgrund der Art der aufgetretenen Mängel. Ersatzleistungen erfolgen aus Kulanzgründen zur Sicherung von Geschäftsbeziehungen, Erhaltung der Wettbewerbsposition oder Verbesserung der Reputation. Erforderlich ist damit ein unmittelbarer wirtschaftlicher Zusammenhang zwischen einem früheren Geschäftsvorgang und der späteren Ersatzleistung.

► **Rückstellungen für im Geschäftsjahr unterlassene Aufwendungen für Instandhaltung, die innerhalb der ersten drei Monate des folgenden Geschäftsjahrs nachgeholt werden, und für im nächsten Geschäftsjahr nachgeholte Aufwendungen für Abraumbeseitigung** (§ 249 Abs. 1 Satz 2 Nr. 1 HGB)

Rückstellungen für unterlassene Instandhaltung betreffen Maßnahmen zur Erhaltung der Betriebs- bzw. Funktionsfähigkeit von Vermögensgegenständen. Regelmäßig handelt es sich um Reparatur-, Inspektions- oder Wartungsarbeiten, durch die Abnutzungs- und Verschleißerscheinungen beseitigt werden. Eine Rückstellungsbildung scheidet aus für Herstellungsaufwand, also für die Erweiterung, Substanzvermehrung oder wesentliche Verbesserung eines Gegenstands.

Die Instandhaltungsarbeiten hätten in der abgelaufenen Periode durchgeführt werden müssen. Sie sind aber aus wirtschaftlichen oder technischen Gründen unterblieben. Die Nachholung erfolgt innerhalb der ersten drei Monate des nächsten Geschäftsjahrs.

Rückstellungen für unterlassene Abraumbeseitigung kommen insbesondere bei Substanzausbeutungsbetrieben (z. B. Steinbrüchen, Bergwerken) in Betracht. Gegenstand der Rückstellungsbildung sind Ausgaben für die Beseitigung von Erd- und Gesteinsmassen, die beim Abbau von Bodenschätzen angefallen sind. Der Nachholungszeitraum umfasst dabei das gesamte folgende Geschäftsjahr.

Wurden Rückstellungen bewusst oder unbewusst nicht bilanziert, ist die Nachholung zum nächstmöglichen Zeitpunkt zwingend vorzunehmen.

Gebildete Rückstellungen sind in jedem Geschäftsjahr daraufhin zu untersuchen, ob bzw. inwieweit ihre Bilanzierung noch gesetzlich zulässig ist. Eine Auflösung kommt nur bei Wegfall des Rückstellungsgrunds in Betracht (§ 249 Abs. 2 Satz 2 HGB); dann besteht Auflösungspflicht.

Die Rückstellungsbilanzierung im Zeitablauf wird nachfolgend veranschaulicht:

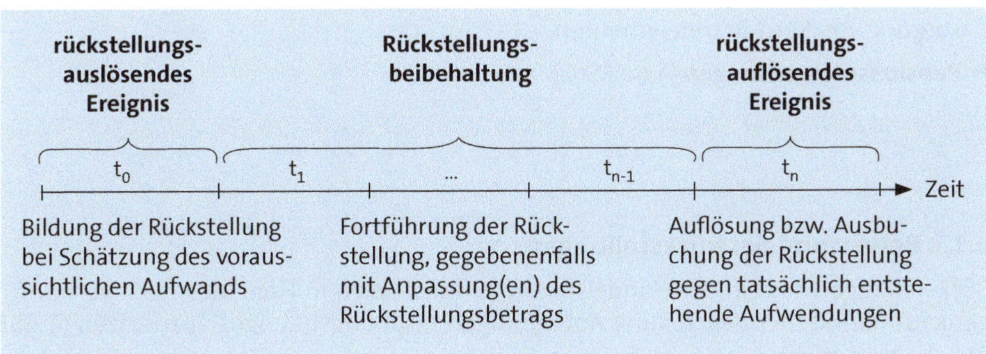

Die steuerliche Rückstellungsbildung basiert prinzipiell auf den handelsrechtlichen Regelungen (vgl. R 5.7 EStR). Bei einzelnen Merkmalen der Bilanzierung dem Grunde nach werden steuerlich aufgrund der Finanzrechtsprechung jedoch strengere Anforderungen gestellt. Dies gilt insbesondere hinsichtlich der Kriterien wirtschaftliche Verursachung vor dem Bilanzstichtag und Vorliegen einer wirtschaftlichen Verpflichtung (vgl. R 5.7 Abs. 5 und Abs. 6 EStR).

Soweit das Steuerrecht keine Sondervorschriften enthält, gelten nach dem Maßgeblichkeitsprinzip Passivierungspflichten des Handelsrechts gleichfalls für das Steuerrecht.

Branchenunabhängig bestehen darüber hinaus ertragsteuerliche Sonderregelungen für folgende Fälle (vgl. als branchenspezifische Vorschrift § 5 Abs. 4b Satz 2 EStG):

- **Rückstellungen für aus künftigen Erträgen zu tilgenden Verpflichtungen** (§ 5 Abs. 2a EStG)
  Betroffen sind bedingt rückzahlbare Zuwendungen, wie z. B. aus künftigen Veräußerungserlösen zurückzuzahlende Druckbeihilfen oder in Abhängigkeit vom Erreichen bestimmter wirtschaftlicher Größen zu tilgende öffentliche Forschungs- und Entwicklungszuwendungen.
- **Rückstellungen wegen Verletzung fremder Patent-, Urheber- oder ähnlicher Schutzrechte** (§ 5 Abs. 3 EStG; R 5.7 Abs. 10 EStR)
- **Rückstellungen für Dienstjubiläumsverpflichtungen** (§ 5 Abs. 4 EStG)
- **Rückstellungen für drohende Verluste aus schwebenden Geschäften** (§ 5 Abs. 4a EStG)
  Steuerlich dürfen keine Drohverlustrückstellungen gebildet werden. Hierdurch wird das nach § 249 Abs. 1 Satz 1 HGB bestehende handelsrechtliche Passivierungsgebot durchbrochen.

  Hiervon ausgenommen sind negative Ergebnisse aus Bewertungseinheiten zur Absicherung finanzwirtschaftlicher Risiken (§ 5 Abs. 4a Satz 2 i. V. mit § 5 Abs. 1a Satz 2 EStG). Ein verbleibendes negatives Ergebnis aus einer Bewertungseinheit, das in der Handelsbilanz als Rückstellung für drohende Verluste aus schwebenden Geschäften ausgewiesen wird, ist also auch steuerbilanziell zu berücksichtigen. Damit wird für diese Fälle das steuerliche Verbot von Drohverlustrückstellungen aufgehoben.
- **Rückstellungen für Anschaffungs- oder Herstellungskosten** (§ 5 Abs. 4b Satz 1 EStG)
  Gegenstand dieser Sonderregelung sind hauptsächlich Aufwendungen für die Entsorgung von Kern-Brennelementen.
- **Pensionsrückstellungen** (§ 6a EStG).

Aufgabe 36 > Seite 184

4.1.3 Bewertung der Rückstellungen

Rückstellungen sind in der Handelsbilanz grundsätzlich in Höhe des nach vernünftiger kaufmännischer Beurteilung notwendigen Erfüllungsbetrages anzusetzen (§ 253 Abs. 1 Satz 2 HGB).

Rückstellungen mit einer Restlaufzeit von mehr als einem Jahr sind in der Handelsbilanz laufzeitkongruent abzuzinsen (§ 253 Abs. 2 Satz 1 HGB). Dabei ist es unerheblich, ob es sich um Geld- oder Sachleistungsverpflichtungen handelt, diese einen Zinsanteil enthalten oder auf Euro bzw. Fremdwährung lauten.

Aus dem Gesetzeswortlaut folgt im Umkehrschluss, dass Rückstellungen mit einer Restlaufzeit bis zu einem Jahr nicht zu diskontieren, sondern in nomineller Höhe anzusetzen sind.

Das generelle Abzinsungsgebot zielt darauf, den Abschlussadressaten realitätsnahe Informationen über künftige Belastungen aus ungewissen Verpflichtungen zu geben und somit ein den tatsächlichen Verhältnissen entsprechendes Bild der wirtschaftlichen Lage zu vermitteln.

Die Abzinsung hat grundsätzlich mit dem der Restlaufzeit entsprechenden durchschnittlichen Marktzinssatz der vergangenen sieben Geschäftsjahre zu erfolgen. Bei Rückstellungen für Altersversorgungsverpflichtungen ist jedoch für nach dem 31.12.2015 endende Geschäftsjahre ein zehnjähriger Durchschnittszinssatz zu Grunde zu legen (§ 253 Abs. 2 Satz 1 HGB i. V. mit Art. 75 Abs. 6 EGHGB). Wahlweise kann ein Zeithorizont von 15 Jahren zur Anwendung kommen (§ 253 Abs. 2 S. 2 HGB). Für die hiermit verbundenen Bewertungsgewinne aufgrund des länger angenommen Zeithorizonts von zehn bzw. 15 Jahren gilt eine Ausschüttungssperre (§ 253 Abs. 6 HGB). Der Diskontierungsfaktor wird von der Deutschen Bundesbank nach Maßgabe einer Rechtsverordnung ermittelt und monatlich bekannt gegeben (§ 253 Abs. 2 Satz 4 HGB). Grundlage der Ermittlung bildet eine Zinsstrukturkurve, der sich der anzuwendende durchschnittliche Zinssatz für ganzjährige Restlaufzeiten zwischen einem und fünfzig Jahren entnehmen lässt. Die Zinsstrukturkurve wird aus auf Euro lautenden Festzinsswaps berechnet (vgl. *Rückstellungsabzinsungsverordnung, Gesetzesbegründung BilRUG*, S. 54).

Die betreffenden Zinssätze gelten aus Vereinfachungsgründen regelmäßig auch für in fremder Währung zu erfüllende Verpflichtungen. Diese Vorgehensweise scheidet jedoch aus, wenn bei betragsmäßig wesentlichen Rückstellungen die Zinsverhältnisse in dem Staat der Fremdwährung von denen des Euro-Raums erheblich abweichen und die Anwendung von Euro-Zinssätzen die Vermögens-, Finanz- und Ertragslage unzutreffend abbilden würde. Dann ist ein währungskongruenter Diskontierungsfaktor vom Bilanzierenden selbst zu ermitteln oder von einem privaten Anbieter zu beziehen.

Die Verwendung vorgegebener Marktzinssätze führt dazu, dass individuelle Gegebenheiten unberücksichtigt bleiben. Eine Veränderung der Bonität des jeweiligen Unternehmens und daraus folgend der Zinskonditionen hat damit keinen Einfluss auf die Bewertung. Die Standardisierung der Abzinsungssätze bewirkt eine Objektivierung der Rechnungslegung, verbessert die Vergleichbarkeit von Abschlüssen und vereinfacht zudem die Bilanzerstellung.

Erfolgt die Rückstellungsbilanzierung nach der **Bruttomethode**, werden in der Ergebnisrechnung die Nominalbeträge für die Erfüllung künftiger ungewisser Verpflichtungen und die Zinseffekte getrennt voneinander ausgewiesen; in der Bilanz wird der Saldo aus beiden Größen gezeigt. Bei der erstmaligen Bildung geht der nominelle Rückstellungsbetrag als „sonstige betriebliche Aufwendungen" in das Betriebsergebnis ein. Die im Zugangsjahr aus der Abzinsung resultierende Erfolgskomponente ist als „sonstige Zinsen und ähnliche Erträge" Teil des Finanzergebnisses.

Entsprechend werden bei Anwendung der **Nettomethode** beide Ergebnisgrößen gegeneinander verrechnet und lediglich der saldierte Wert im Betriebsergebnis ausgewiesen. In der Literatur wird überwiegend die sog. Nettomethode befürwortet (s. hierzu z. B. Schubert in *Beck'scher Bilanzkommentar 2018*, § 253, Rz. 181). Dabei hat der erstmalige

Ansatz einer Rückstellung ohne Buchung eines Zinsertrags und somit nur i. H. des abgezinsten Nettowertes zu erfolgen.

Im Rahmen der Folgebewertung führt die periodisch vorzunehmende Aufzinsung des Ausgangsbetrags sowohl bei der Brutto- als auch bei der Nettomethode zu laufenden Erhöhungen des Bilanzansatzes. Die entsprechenden Beträge werden in der Ergebnisrechnung als „Zinsen und ähnliche Aufwendungen“ erfasst.

Als wertverändernde Faktoren sind darüber hinaus zu berücksichtigen:

- **mit Auswirkung auf das Betriebsergebnis**
  Veränderungen des Erfüllungsbetrags
- **mit Auswirkung auf das Finanzergebnis**
  - Veränderungen der (Rest-)Laufzeit
  - Veränderungen des Abzinsungsfaktors
    Anzuwenden ist der für die entsprechende (Rest-)Laufzeit maßgebende Marktzinssatz zum jeweiligen Bilanzstichtag.

Die einzelnen Ergebnisdeterminanten der Rückstellungsbilanzierung sollen im Hinblick auf eine adäquate Informationsvermittlung offengelegt werden. Hierfür empfiehlt sich die Erstellung eines sogenannten **Rückstellungsspiegels** nach folgendem Schema:

Rückstellungsart	**Buchwert zum Beginn des Geschäftsjahrs**	**nominelle Rückstellungsbeträge**			**Zinsbeträge**		**Buchwert zum Ende des Geschäftsjahrs**
		Zuführung	**Inanspruchnahme**	**Auflösung**	**Abzinsung**	**Aufzinsung**	
gesondert für jede Kategorie von Rückstellungen mit einer Restlaufzeit von mehr als einem Jahr							
Summe							
		GuV-Ausweis [Betriebsergebnis]			GuV-Ausweis [Finanzergebnis]		Bilanz-Ausweis [Rückstellungen]

Aufgabe 37 > Seite 185

Bei bestimmten Altersversorgungsverpflichtungen kommen von vorstehenden Bewertungsgrundsätzen abweichende Regelungen in Betracht. Insbesondere anzuführen sind diesbezüglich:

- **unmittelbare Pensionsverpflichtungen**

  Auf unmittelbaren Zusagen beruhende Pensionsverpflichtungen sind in der Handelsbilanz – mit Ausnahme der Sonderfälle nach Art. 28 EGHGB – zwingend zu passivieren (§ 249 Abs. 1 Satz 1 HGB). Steuerlich besteht demgegenüber nach dem ausdrücklichen Gesetzeswortlaut ein Ansatzwahlrecht (§ 6a Abs. 1 EStG); von der Finanzverwaltung wird jedoch eine Passivierungspflicht unterstellt (vgl. R 6a Abs. 1 Satz 2 EStR).

  Die Höhe dieses Schuldpostens wird entscheidend geprägt durch das angewandte Bewertungsverfahren sowie die Bewertungsparameter.

  Hinsichtlich des Bewertungsverfahrens enthält das Handelsrecht keine konkrete Vorgabe. Sofern die tatsächlichen wirtschaftlichen Verhältnisse zutreffend abgebildet werden, besteht damit Methodenfreiheit. Entsprechend gängiger Praxis wird – in Anlehnung an die steuerliche Regelung des § 6a EStG – regelmäßig das Teilwertverfahren (= Anwartschaftsdeckungsverfahren) zur Anwendung gelangen. Alternativ kann jedoch auch das – international übliche – Anwartschaftsbarwertverfahren gewählt werden.

  Demgegenüber sind die Bewertungsparameter gesetzlich vorgegeben. Auf der Grundlage des gewählten Verfahrens hat die Bewertung mit dem nach vernünftiger kaufmännischer Beurteilung notwendigen Erfüllungsbetrag zu erfolgen. Dabei ist von den Wertverhältnissen zum Erfüllungszeitpunkt auszugehen. Folglich sind in diesem Zusammenhang zwingend Renten- und – soweit einschlägig – auch Gehalts- und gegebenenfalls Karrieretrends zu berücksichtigen.

  Aus dem Einzelbewertungsgrundsatz nach § 252 Abs. 1 Nr. 3 HGB folgt, dass der Barwert jeder Pensionsrückstellung unter Zugrundelegung eines individuellen Abzinsungszinssatzes zu ermitteln ist. War dabei bisher ein siebenjähriger Durchschnittszinssatz maßgebend, ist für nach dem 31.12.2015 endende Geschäftsjahre ein laufzeitkongruenter Marktzinssatz aus den vergangenen zehn Jahren anzuwenden (§ 253 Abs. 2 Satz 1 HGB i. V. mit Art. 75 Abs. 6 EGHGB). Vereinfachend darf bei dieser Rückstellungskategorie jedoch auch pauschal der durchschnittliche Marktzinssatz bei einer angenommenen Restlaufzeit von 15 Jahren angewandt werden (§ 253 Abs. 2 Satz 2 HGB). Hierdurch soll die allgemeine demographische Struktur mit einem Übergewicht älterer Arbeitnehmer Berücksichtigung finden, was zu einem Glättungseffekt aufgrund der längeren Laufzeit führt. Auch der Diskontierungssatz für Restlaufzeiten von 15 Jahren wird von der Deutschen Bundesbank ermittelt und monatlich bekannt gegeben.

  Die Entscheidung für den einheitlichen Abzinsungsfaktor unterliegt dem Grundsatz der Bewertungsstetigkeit (§ 252 Abs. 1 Nr. 6 HGB). Ein Verfahrenswechsel kommt daher nur in begründeten Ausnahmefällen in Betracht (§ 252 Abs. 2 HGB).

  Die Ausübung dieses Wahlrechts darf darüber hinaus nicht dazu führen, dass die Generalnorm des § 264 Abs. 2 Satz 1 HGB verletzt wird. Kein den tatsächlichen Verhältnissen entsprechendes Bild der Vermögens-, Finanz- und Ertragslage würde u. a. vermittelt, wenn der konkrete Personalbestand – entgegen der Annahme des Gesetzgebers – keinen Überhang älterer Arbeitnehmer aufweist oder lediglich Einzelzusagen, insbesondere an Gesellschafter-Geschäftsführer, mit einer kürzeren Restlaufzeit als 15 Jahre bestehen.

Das angewandte versicherungsmathematische Berechnungsverfahren und die Bewertungsparameter sind im Anhang anzugeben (§ 285 Nr. 24 HGB).

Die steuerliche Bilanzierung erfolgt im Rahmen des allein zulässigen Teilwertverfahrens auf Basis der Wertverhältnisse zum jeweiligen Bilanzstichtag (§ 6 Abs. 1 Nr. 3a Buchst. f EStG) sowie eines einheitlichen Abzinsungssatzes von 6 % (§ 6a Abs. 3 Satz 3 EStG). Diese divergierenden Berechnungsgrößen führen zwangsläufig zu unterschiedlichen Wertansätzen der Pensionsrückstellungen in Handels- bzw. Steuerbilanz. Für beide Bereiche sind damit eigenständige Pensionsgutachten zu erstellen. Eine Übernahme des steuerlichen Wertes in die Handelsbilanz scheidet damit aus.

Sofern die erstmalige Anwendung der durch das BilMoG geänderten handelsrechtlichen Bilanzierungsvorschriften in Jahresabschlüssen seit 2010 zu einer Erhöhung der Pensionsrückstellungen geführt hat, ist der Unterschiedsbetrag bis spätestens zum 31.12.2024 in jedem Geschäftsjahr zu mindestens 1/15 anzusammeln (Art. 67 Abs. 1 Satz 1 EGHGB). Der Ansammlungszeitraum kann vom Bilanzierenden individuell festgelegt werden. Aus Gründen der Vergleichbarkeit und der Stetigkeit ist dabei eine planmäßige Verteilung des Zuführungsbetrages mit gleichbleibenden Jahresraten (mindestens 1/15 des Gesamtbetrags) zu befürworten. Alternativ kann der Erhöhungsbetrag auch sofort in voller Höhe ergebniswirksam verrechnet werden. Unternehmen mit Haftungsbeschränkung müssen die Unterdeckungen, also die nicht in der Bilanz ausgewiesenen Rückstellungsbeträge für Pensionsverpflichtungen im Anhang angeben (Art. 67 Abs. 2 EGHGB).

Hatte die Anwendung der gesetzlichen Neuregelungen jedoch eine Minderung der Pensionsrückstellungen zur Folge, konnte eine Rückstellungsauflösung unterbleiben, soweit der aufzulösende Betrag bis spätestens zum 31.12.2024 wieder zugeführt werden müsste (Art. 67 Abs. 1 Satz 2 EGHGB). Für den Betrag der Überdeckung besteht eine Angabepflicht im Anhang (Art. 67 Abs. 1 Satz 4 EGHGB). Wurde diese Wahlmöglichkeit nicht genutzt, war der Auflösungsbetrag unmittelbar in die Gewinnrücklagen einzustellen (Art. 67 Abs. 1 Satz 3 EGHGB).

Die mit diesen Übergangsregelungen zusammenhängenden Erträge bzw. Aufwendungen sind in der Gewinn- und Verlustrechnung innerhalb der sonstigen betrieblichen Erträge bzw. Aufwendungen jeweils als „Erträge bzw. Aufwendungen nach Artikel 67 Absatz 1 und 2 EGHGB“ anzugeben (Art. 75 Abs. 5 EGHGB).

- **wertpapiergebundene Pensionszusagen**
  Bei wertpapiergebundenen Zusagen bestimmt sich die Höhe der Rückstellung nach dem beizulegenden Zeitwert der Wertpapiere, soweit dieser Wert einen garantierten Mindestbetrag übersteigt (§ 253 Abs. 1 Satz 3 HGB). Ein Pensionsgutachten braucht hier nicht erstellt zu werden.

Aufgabe 38 > Seite 185

Steuerlich sind Rückstellungen für (Sach- und Geldleistungs-)Verpflichtungen zwingend mit einem einheitlichen Satz von 5,5 % abzuzinsen (§ 6 Abs. 1 Nr. 3a Buchst. e EStG). Die hiervon allgemein bestehenden Ausnahmen entsprechen den für Verbindlichkeiten weiter oben bereits dargestellten Sonderregelungen. Der für die Abzinsung maßgebende Zeitraum ist für nachstehende Verpflichtungen ausdrücklich im Gesetz geregelt (§ 6 Abs. 1 Nr. 3a Buchst. e Satz 2 und Satz 3 EStG):

- **Sachleistungsverpflichtungen**
  Abzustellen ist auf den Zeitraum zwischen dem Bilanzstichtag und dem Beginn der Erfüllung der Sachleistung.
- **Verpflichtungen zur Stilllegung von Kernkraftwerken**
  Relevant ist der Zeitraum von der erstmaligen Nutzung bis zum Zeitpunkt, in dem mit der Stilllegung begonnen werden muss. Sofern der Zeitpunkt der Stilllegung nicht feststeht, ist eine Betriebsdauer von 25 Jahren anzunehmen.

Bei der steuerlichen Rückstellungsbewertung ist von den Preisverhältnissen am jeweiligen Bilanzstichtag auszugehen. Preis- und Kostensteigerungen bis zum späteren Erfüllungszeitpunkt bleiben unberücksichtigt (§ 6 Abs. 1 Nr. 3a Buchst. f EStG). Die in Vorperioden angesammelten Rückstellungsbeträge sind zum jeweiligen Bilanzstichtag auf das maßgebende Preisniveau dieses Stichtags anzupassen. Dieser Änderungsbetrag ist insgesamt ergebniswirksam (vgl. R 6.11 Abs. 2 Satz 5 und Satz 6 EStR).

Für den Bereich der Steuerbilanz sind branchenunabhängig folgende Grundsätze für die Bewertung von Rückstellungen in § 6 Abs. 1 Nr. 3a EStG kodifiziert worden (vgl. zu branchenspezifischen Regelungen § 6 Abs. 1 Nr. 3a Buchst. d Satz 3 EStG; § 20 Abs. 2, § 21a KStG):

- **Berücksichtigung von Erfahrungen in der Vergangenheit über die Wahrscheinlichkeit der Inanspruchnahme**
  bei Rückstellungen für gleichartige Verpflichtungen (z. B. Gewährleistungs- oder Garantieverpflichtungen)
- **Bewertung mit den Einzelkosten und den angemessenen Teilen der notwendigen Gemeinkosten**
  bei Rückstellungen für Sachleistungsverpflichtungen
- **wertmindernde Berücksichtigung künftiger Vorteile**
  Eine Saldierung hat zu erfolgen, wenn konkret – z. B. aufgrund abgeschlossener Verträge – Vorteile mit der Erfüllung einer Verpflichtung verbunden sind.
- **zeitanteilige Zuführung in gleichen Raten**
  bei Rückstellungen für Verpflichtungen, für deren Entstehen im wirtschaftlichen Sinne der laufende Betrieb ursächlich ist (z. B. Entsorgungs- oder Abbruchverpflichtungen).

4.1.4 Rückstellungsausweis

Einzelunternehmen und Personengesellschaften mit einer natürlichen Person als Vollhafter sowie kleine und kleinste Kapitalgesellschaften und Personengesellschaften mit Haftungsbeschränkung können die Rückstellungen insgesamt in einem Betrag ausweisen (§ 247 Abs. 1 HGB bzw. § 266 Abs. 1 Satz 3 und Satz 4 HGB). Mittelgroße und große Kapitalgesellschaften sowie Personengesellschaften i. S. des § 264a HGB haben zwischen folgenden Rückstellungsposten zu trennen:

- Rückstellungen für Pensionen und ähnliche Verpflichtungen
- Steuerrückstellungen
- sonstige Rückstellungen.

Die Zuordnung der einzelnen Rückstellungsarten zu diesen Einzelposten ist in nachfolgender Abbildung dargestellt:

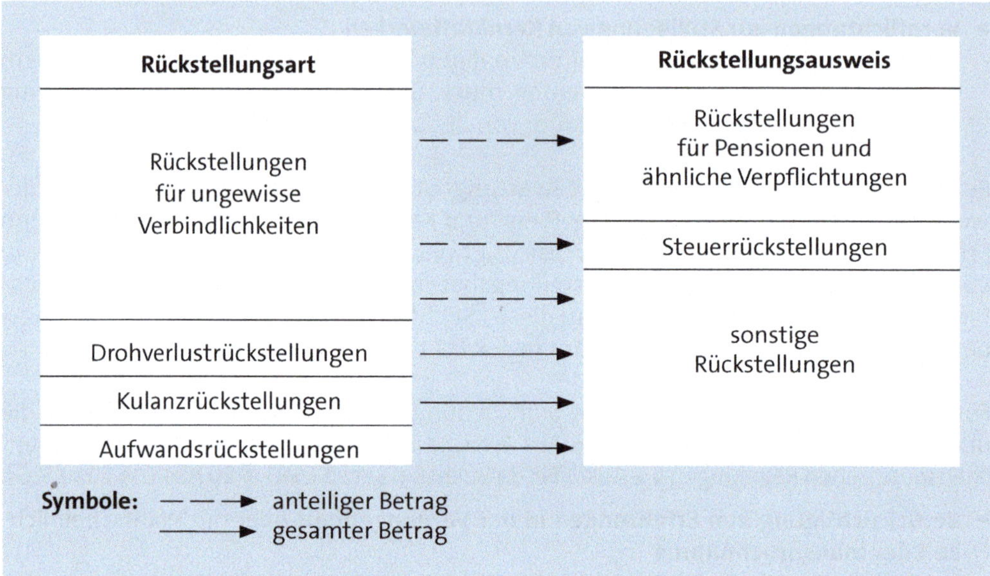

4.2 Bilanzierung der Verbindlichkeiten

4.2.1 Begriff der Verbindlichkeiten

Als Verbindlichkeiten gelten Verpflichtungen eines Unternehmens, die dem Grunde und der Höhe nach feststehen. Die entsprechenden Verpflichtungen in Form von Geldzahlungen, Warenlieferungen, Dienstleistungen oder Preisnachlässen führen künftig zu einer Vermögensminderung. Hierdurch wird das zur Schuldentilgung verfügbare Vermögen reduziert. Der Verbindlichkeitsausweis bewirkt damit eine zutreffende Darstellung der Vermögenslage.

Entscheidendes Merkmal der Verbindlichkeiten ist ein von einem Dritten einforderbarer Leistungsanspruch. Bei Personen- und Kapitalgesellschaften sind dabei auch schuldrechtliche Verpflichtungen gegenüber Gesellschaftern bilanziell zu berücksichtigen.

4.2.2 Posten der Verbindlichkeiten

Die Gliederung der Einzelposten der Verbindlichkeiten basiert auf unterschiedlichen, z. T. einander überschneidenden Systematisierungen. Als tragende Kriterien lassen sich anführen (vgl. *Baetge/Kirsch/Thiele*, S. 405 f.):

- **Art der einander gegenüberstehenden Leistung und Gegenleistung**
  Auf dem Kapitalmarkt aufgenommene langfristige Fremdmittel in verbriefter oder unverbriefter Form sind als **Anleihen** auszuweisen. Wichtige Beispiele sind:

- **(Teil-)Schuldverschreibungen (Obligationen)**
  mit ausschließlich fester Verzinsung
- **Gewinnschuldverschreibungen**
  ausgestattet mit einer festen und einer gewinnabhängigen Verzinsung
- **Wandelanleihen**
  neben einer Verzinsung wird ein Umtauschrecht in Aktien gewährt
- **Optionsanleihen**
  zusätzlich zur Verzinsung wird ein Bezugsrecht auf Aktien eingeräumt.

Gesondert auszuweisen in Form eines „davon"-Vermerks ist der Betrag der konvertiblen, d. h. der hinsichtlich Zins- und/oder Tilgungskonditionen wandelbaren Anleihen (§ 266 Abs. 3 HGB).

Nicht am öffentlichen Kapitalmarkt aufgenommene Darlehen (z. B. Schuldscheindarlehen) zählen nicht zu den Anleihen. Sie sind den sonstigen Verbindlichkeiten oder den Verbindlichkeiten gegenüber Kreditinstituten zuzuordnen. Von einem Vertragspartner im Rahmen eines schwebenden Geschäfts geleistete Vorauszahlungen sind als **erhaltene Anzahlungen auf Bestellungen** zu erfassen. Eine Saldierung mit nicht abgerechneten Leistungen ist unzulässig (§ 246 Abs. 2 Satz 1 HGB).

Sofern die Anzahlungen mit Posten des Vorratsvermögens in wirtschaftlichem Zusammenhang stehen, kommt alternativ auch ein aktivischer Ausweis durch offene Absetzung der erhaltenen Vorauszahlungen von den Vorräten in Betracht (§ 268 Abs. 5 Satz 2 HGB). Hierdurch wird eine Verkürzung der Bilanzsumme erreicht.

Die **Wechselverbindlichkeiten** betreffen Verpflichtungen aus der Annahme gezogener und der Ausstellung eigener Handels- und Finanzwechsel.

Alle nicht einer der bisherigen Positionen zuzuordnenden Verbindlichkeiten sind unter der Sammelposition **sonstige Verbindlichkeiten** auszuweisen. Hierunter fallen auch Verpflichtungen des Unternehmens, denen keine unmittelbaren Gegenleistungen gegenüberstehen (z. B. Schadenersatzleistungen). Gesondert zu vermerken sind Steuerverbindlichkeiten und Verpflichtungen im Rahmen der sozialen Sicherheit (z. B. Beiträge zur Sozialversicherung oder zur Berufsgenossenschaft).

► **Empfänger der zu erbringenden Leistung**
Verbindlichkeiten gegenüber Kreditinstituten umfassen alle Arten von Verpflichtungen gegenüber inländischen und ausländischen Banken. Ohne Bedeutung sind dabei die Laufzeit oder die Art der Besicherung der Fremdmittel.

Die **Verbindlichkeiten aus Lieferungen und Leistungen** beinhalten noch ausstehende Zahlungsverpflichtungen für bereits erhaltene Lieferungen und Leistungen im Zusammenhang mit der eigentlichen Geschäftstätigkeit.

Vertragliche Ansprüche aus Lieferungen bzw. Leistungen, Darlehen oder Unternehmensverträgen zwischen finanziell miteinander verbundenen Unternehmen sind entsprechend dem Grad der Verflechtung als **Verbindlichkeiten gegenüber verbundenen Unternehmen** oder als **Verbindlichkeiten gegenüber Unternehmen, mit denen ein Beteiligungsverhältnis besteht**, auszuweisen.

Personengesellschaften i. S. des § 264a HGB haben Verbindlichkeiten gegenüber Gesellschaftern regelmäßig als solche jeweils gesondert auszuweisen oder im Anhang anzugeben (§ 264c Abs. 1 Satz 1 HGB). Bei einem Ausweis unter anderen Posten ist ein entsprechender Vermerk erforderlich (§ 264c Abs. 1 Satz 2 HGB).

4.2.3 Bewertung der Verbindlichkeiten

Grundsätzlich sind Verbindlichkeiten mit dem Erfüllungsbetrag zu bewerten (§ 253 Abs. 1 Satz 2 HGB). Auszugehen ist mithin von dem Betrag, der zur Erfüllung der Verpflichtung benötigt wird. Dies gilt auch für unverzinsliche oder niedrig verzinsliche Verbindlichkeiten. Handelsrechtlich kommt eine Abzinsung – im Gegensatz zu langfristigen Forderungen oder Rückstellungen – nicht in Betracht. Auch Verbindlichkeiten sind grundsätzlich einzeln zu bewerten, allerdings sind auch hier die Vereinfachungsverfahren des § 240 Abs. 4 HGB anwendbar.

Auch steuerrechtlich entfällt für Wirtschaftsjahre, die nach dem 31.12.2022 enden und auf Antrag auch für die Vorjahre die Pflicht zur Abzinsung. Dies gilt allerdings sowohl handels- als auch steuerrechtlich NICHT für Rückstellungen.

Rentenverpflichtungen sind mit dem Barwert der künftigen Auszahlungen zu passivieren (§ 253 Abs. 2 Satz 3 HGB).

Ändert sich die Höhe der Verbindlichkeit, ist das sogenannte **Höchstwertprinzip** zu beachten. Danach bleiben grundsätzlich Minderungen des Erfüllungsbetrags unberücksichtigt, während Erhöhungen zwingend eine Aufstockung des Bilanzansatzes erfordern.

Aufgabe 39 > Seite 185

Insbesondere bei Darlehen und Anleihen weichen Auszahlungs- und Rückzahlungsbetrag häufig voneinander ab. Man unterscheidet grundsätzlich Disagio (Damnum oder Abgeld) und Agio (Aufgeld), wenn der Auszahlungsbetrag kleiner bzw. größer dem Rückzahlungsbetrag der Verbindlichkeit ist. In diesen Fällen gilt:

- **Auszahlungsbetrag < Erfüllungsbetrag** (§ 250 Abs. 3 HGB)
  Für den auf einem Rückzahlungsagio oder (Auszahlungs-)Disagio beruhenden Differenzbetrag besteht ein Wahlrecht zwischen
  - sofortiger erfolgswirksamer Verbuchung

    und
  - Aktivierung (im Jahr der Aufnahme) als aktiver Rechnungsabgrenzungsposten und Abschreibung über die Laufzeit.

- **Auszahlungsbetrag > Erfüllungsbetrag**
  Der als (Auszahlungs-)Agio bezeichnete Unterschiedsbetrag stellt wirtschaftlich ein vom Gläubiger gewährtes Entgelt für künftige, die marktübliche Verzinsung übersteigende Zinszahlungen dar.

Das Agio darf nicht sofort ergebniswirksam vereinnahmt werden; dies würde gegen das Realisationsprinzip verstoßen. Vielmehr hat ein Ausweis unter den passiven Rechnungsabgrenzungsposten und eine Verteilung auf die einzelnen Jahre der Laufzeit zu erfolgen.

4.2.4 Verbindlichkeitsausweis

Einzelunternehmen und Personengesellschaften ohne Haftungsbeschränkung können die Verbindlichkeiten insgesamt in einem Posten zusammenfassen. Gleiches gilt für kleine und kleinste Kapitalgesellschaften bzw. Personengesellschaften i. S. des § 264a HGB (§ 266 Abs. 1 Satz 3 und Satz 4 HGB). Diese müssen jedoch den Betrag der Verbindlichkeiten mit einer Restlaufzeit bis zu einem Jahr und den Betrag der Verbindlichkeiten mit einer Restlaufzeit von mehr als einem Jahr vermerken (§ 268 Abs. 5 Satz 1 HGB).

Bei mittelgroßen und großen Kapitalgesellschaften sowie Personengesellschaften ohne natürliche Person als Vollhafter bezieht sich die Vermerkpflicht auf alle auszuweisenden Einzelposten. Darüber hinaus ist im Anhang jeweils der Gesamtbetrag der Verbindlichkeiten mit einer Restlaufzeit von mehr als fünf Jahren anzugeben (§ 285 Nr. 1 Buchst. a HGB).

Die Restlaufzeit umfasst den Zeitraum zwischen Abschlussstichtag und dem vertraglich festgelegten Fälligkeitszeitpunkt der Verbindlichkeit bei planmäßiger Abwicklung.

5. Sonstige Bilanzposten

5.1 Eigenkapital

5.1.1 Merkmale des Eigenkapitals

Auf der Passivseite der Bilanz wird das dem Unternehmen zur Verfügung gestellte Kapital ausgewiesen. Dabei handelt es sich um von Dritten gewährtes Fremdkapital sowie Eigenkapital der Eigentümer bzw. Gesellschafter. Beide Kapitalkategorien können anhand folgender Merkmale generell gegeneinander abgegrenzt werden:

Merkmal	Eigenkapital	Fremdkapital
Rechtsstellung des Kapitalgebers	Eigentümer/Gesellschafter	Gläubiger
Dauer der Kapitalüberlassung	unbefristet	befristet
Haftung	haftendes Kapital	kein haftendes Kapital
Vergütungsanspruch	ergebnisabhängig	ergebnisunabhängig

Das Eigenkapital ergibt sich grundsätzlich als rechnerische Differenzgröße zwischen dem Wert der Vermögensgegenstände und der Schulden.

Der Ausweis des Eigenkapitals ist aufgrund unterschiedlicher rechtlicher Anforderungen (z. B. durch das Bürgerliche Gesetzbuch oder das Handelsgesetzbuch) abhängig von der Rechtsform der Unternehmung. Abhängig davon erfolgt der Ausweis mittels variabler bzw. konstanter Kapitalkonten:

- **variables Eigenkapital(-konto)**
  Bei Einzelunternehmen und Personengesellschaften werden regelmäßig variable Kapitalkonten geführt. Deren im Zeitablauf wechselnde Bestände resultieren aus
  - **Eigenkapitalerhöhungen**
    durch Einlagen oder erwirtschaftete Gewinne
  - **Eigenkapitalminderungen**
    durch Entnahmen oder eingetretene Verluste.
- **konstantes Eigenkapital(-konto)**
  Bei Unternehmen mit beschränkt haftenden Gesellschaftern, insbesondere also bei Kapitalgesellschaften, wird auf konstanten Kapitalkonten das gesellschaftsvertraglich festgelegte Haftungskapital ausgewiesen. Veränderungen dieser Größe beruhen grundsätzlich auf Beschlüssen der Gesellschafter zur Erhöhung oder Herabsetzung des Kapitals.

  Aus der Unternehmenstätigkeit stammende Eigenkapitalmehrungen bzw. -minderungen werden auf variablen Kapitalkonten (Rücklagen, [Vorjahres-/Jahres-] Ergebnis) erfasst.

Die rechtsformspezifischen Formen des Eigenkapitalausweises sind nachfolgend im Überblick zusammengefasst:

<table>
<tr><th rowspan="2">Rechtsform</th><th colspan="2">Eigenkapitalkonto</th></tr>
<tr><th>konstant</th><th>variabel</th></tr>
<tr><td>Einzelunternehmen</td><td rowspan="2">X</td><td>Kapital-/Privatkonto des Einzelunternehmers</td></tr>
<tr><td>Personengesellschaft
► OHG</td><td>Kapital-/Privatkonten der Gesellschafter</td></tr>
<tr><td>► KG</td><td>Kapitalkonten der Kommanditisten</td><td>Kapital-/Privatkonten der Komplementäre</td></tr>
<tr><td>Kapitalgesellschaft
► AG</td><td>Grundkapital</td><td rowspan="2">Kapitalrücklage
Gewinnrücklagen
Ergebnisvortrag
Jahresergebnis</td></tr>
<tr><td>► GmbH</td><td>Stammkapital</td></tr>
</table>

5.1.2 Posten des Eigenkapitals

Einzelunternehmen und Personengesellschaften mit einer natürlichen Person als Vollhafter haben das Eigenkapital „gesondert auszuweisen und hinreichend aufzugliedern“ (§ 247 Abs. 1 HGB).

Bei Kapitalgesellschaften und bestimmten Personengesellschaften i. S. des § 264a HGB setzt sich das bilanzielle Eigenkapital nach § 266 Abs. 3 HGB aus folgenden Hauptgrößen zusammen:

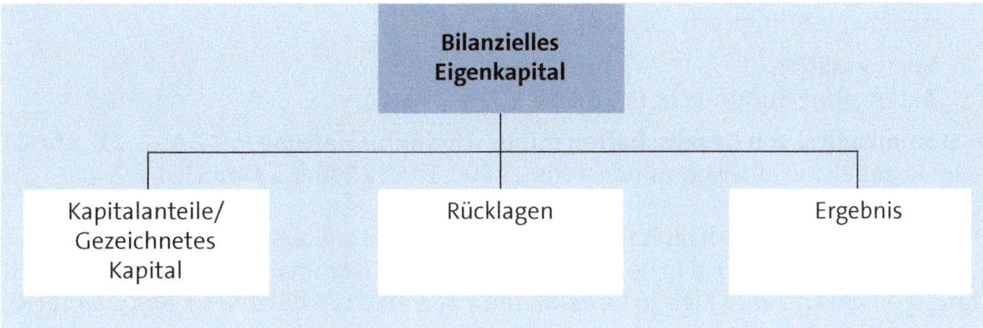

Auf diese für Unternehmen mit Haftungsbeschränkung verbindlich geregelten Bestandteile des Eigenkapitals beziehen sich die weiteren Ausführungen vor dem Hintergrund des deutschen Handelsrechts.

5.1.2.1 Kapitalanteile / Gezeichnetes Kapital

Personengesellschaften ohne natürliche Person als Vollhafter haben für die jeweilige Gesellschaftergruppe auszuweisen (§ 264c Abs. 2 HGB):

- **Kapitalanteile der persönlich haftenden Gesellschafter**
  gesondert nach Gesellschaftern oder in einem Betrag zusammengefasst
- **Kapitalanteile der Kommanditisten.**

Bei **Kapitalgesellschaften** umfasst das gezeichnete Kapital die Beträge, auf die „die Haftung der Gesellschafter für die Verbindlichkeiten der Kapitalgesellschaft gegenüber den Gläubigern beschränkt ist" (§ 272 Abs. 1 Satz 1 HGB). Das gezeichnete Kapital entspricht dem

- **Grundkapital von Aktiengesellschaften** (§ 152 Abs. 1 AktG)
  in Höhe von mindestens 50.000,00 € (§ 7 AktG). Das Grundkapital ist in Aktien zerlegt (§ 1 Abs. 2 AktG). Dabei kann es sich um Nennbetragsaktien oder Stückaktien handeln (§ 8 Abs. 1 AktG).

  Nennbetragsaktien müssen auf mindestens 1,00 € lauten (§ 8 Abs. 2 AktG).

  Stückaktien haben keinen Nennbetrag. Der auf die einzelne Aktie entfallende anteilige Betrag des Grundkapitals darf jedoch den rechnerischen Nennbetrag von 1,00 € nicht unterschreiten (§ 8 Abs. 3 AktG).

  Die Ausgabe von Aktien hat in Höhe des Nennbetrags bzw. des auf die einzelne Aktie entfallenden anteiligen Betrags am Grundkapital zu erfolgen. Eine Ausgabe unter dem gesetzlichen Mindestbetrag, sogenannte **Unterpariemission**, ist ausgeschlossen. Zulässig ist jedoch eine Ausgabe zu einem höheren Betrag, sogenannte **Überpariemission** (§ 9 AktG).

Die auf einzelne Aktiengattungen entfallenden Kapitalbeträge sind gesondert auszuweisen. Aktien einer Gattung zeichnen sich dadurch aus, dass sie mit gleichen Rechten ausgestattet sind (§ 11 AktG). Als Aktiengattungen kommen in Betracht:

- **Stammaktien**
  Aktien mit Stimmrecht (§ 12 Abs. 1 Satz 1 AktG)
- **Vorzugsaktien**
  Aktien ohne Stimmrecht (§ 12 Abs. 1 Satz 2 AktG).

► **Stammkapital von Gesellschaften mit beschränkter Haftung** (§ 42 Abs. 1 GmbHG) im Regelfall in Höhe von mindestens 25.000,00 € (§ 5 Abs. 1 GmbHG).

Das Grund- bzw. Stammkapital ist mit dem Nennbetrag auszuweisen (§ 272 Abs. 1 Satz 2 HGB). Dies gilt auch in den Fällen, in denen das Nominalkapital nicht sofort vollständig eingezahlt wird (vgl. zu Einzelheiten § 36a Abs. 1 AktG bzw. § 7 Abs. 2 GmbHG).

Die positive Differenz zwischen Nennbetrag und tatsächlich geleisteter Zahlung ist als ausstehende Einlage zu bilanzieren. Der Ausweis erfolgt gem. § 272 Abs. 1 Satz 3 HGB nach der Nettomethode. Dementsprechend sind die nicht eingeforderten ausstehenden Einlagen vom gezeichneten Kapital offen abzusetzen. Der verbleibende Betrag wird in der Hauptspalte der Passivseite als „Eingefordertes Kapital" gezeigt. Die eingeforderten, aber noch nicht eingezahlten Beträge sind auf der Aktivseite unter dem Posten „Forderungen und sonstige Vermögensgegenstände" gesondert auszuweisen und entsprechend zu bezeichnen.

Aufgabe 40 > Seite 186

Einen weiteren Korrekturposten zum Eigenkapital bilden eigene Anteile. Dabei handelt es sich um Wertpapiere, die eine Gesellschaft an sich selbst hält. Einschlägige Rechtsgrundlagen hierfür sind die §§ 71 ff. AktG bzw. § 33 GmbHG. Für die Bilanzierung ist zwischen dem Erwerb und der Veräußerung eigener Anteile zu unterscheiden:

► **Erwerb eigener Anteile** (§ 272 Abs. 1a HGB)
Unabhängig von der jeweiligen Erwerbsabsicht ist dieser Vorgang im Ergebnis wie eine Kapitalherabsetzung zu behandeln. Das an die Gesellschafter beim Kauf der Anteile gezahlte Entgelt ist gegen folgende Eigenkapitalpositionen zu verrechnen:

- in Höhe des Nennbetrags bzw. des rechnerischen Werts der Anteile gegen das gezeichnete Kapital
- in Höhe des darüber hinausgehenden Betrags gegen frei verfügbare Rücklagen Hierbei handelt es sich um nicht gebundene Teile der Gewinnrücklagen (insbesondere „andere Gewinnrücklagen") sowie der Kapitalrücklage.

  Entstehende Erwerbsnebenkosten werden unmittelbar ergebnismindernd erfasst.

► **Veräußerung eigener Anteile** (§ 272 Abs. 1b HGB)
Analog zu einer Kapitalerhöhung sind in diesem Fall die beim Erwerb der eigenen Anteile vorgenommenen Kürzungen des gezeichneten Kapitals sowie der frei ver-

fügbaren Rücklagen in entsprechender Höhe wieder rückgängig zu machen. Der die Anschaffungskosten übersteigende Teil des Veräußerungspreises ist in die Kapitalrücklage einzustellen.

Etwaige Veräußerungsnebenkosten stellen Aufwand der betreffenden Periode dar.

Aufgabe 41 > Seite 186

5.1.2.2 Rücklagen

Bei **Personengesellschaften mit Haftungsbeschränkung** dürfen nur aufgrund einer gesellschaftsrechtlichen Vereinbarung gebildete Rücklagen ausgewiesen werden (§ 264c Abs. 2 Satz 8 HGB).

Bei **Kapitalgesellschaften** sind folgende Arten von offen in der Bilanz auszuweisenden Rücklagen zu unterscheiden:

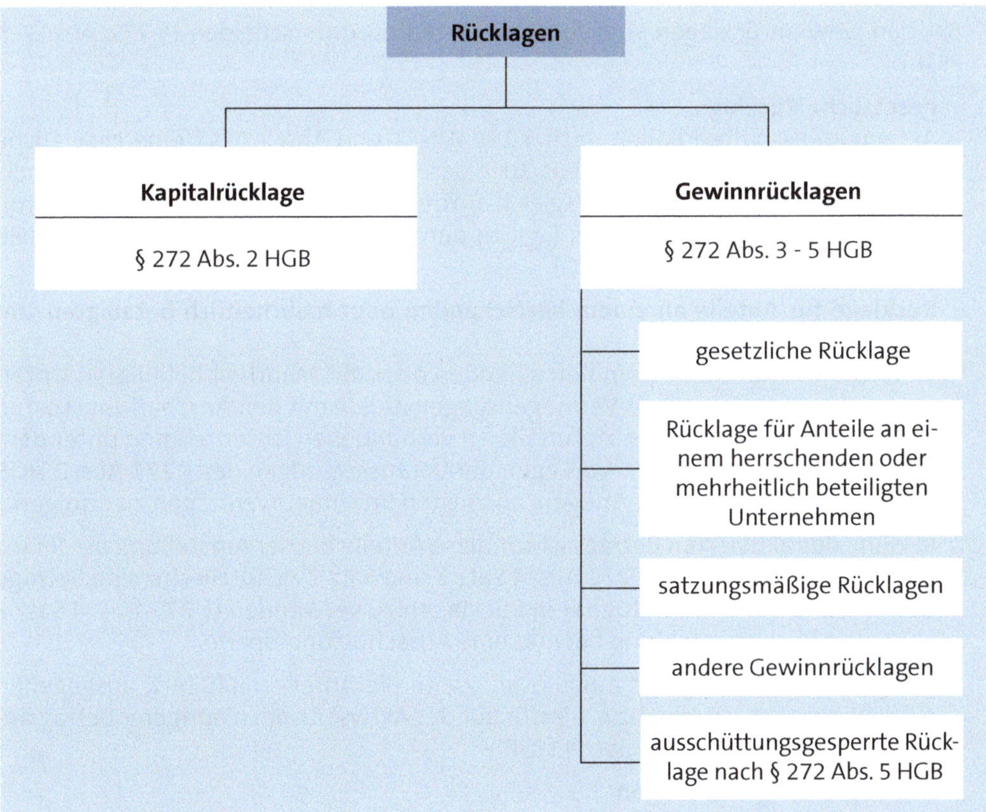

- **Kapitalrücklage**
  Die Kapitalrücklage umfasst alle einer Kapitalgesellschaft von außen zugeflossenen Beträge, die keine Forderungsrechte begründen und nicht auf das Grund- bzw.

Stammkapital erfolgen. Die hierunter fallenden Sachverhalte sind in § 272 Abs. 2 HGB abschließend aufgeführt.

Größte praktische Bedeutung kommt dabei dem Ausgabeaufgeld (Agio) zu, das bei der Ausgabe von Aktien über den Nennbetrag bzw. den rechnerischen Wert hinaus erzielt wird.

Die als Kapitalrücklage auszuweisenden Vermögensmehrungen sind gesellschaftsrechtlich begründet; sie stammen nicht aus der laufenden Geschäftstätigkeit.

► **Gewinnrücklagen**
Gewinnrücklagen entstehen durch Einbehaltung (Thesaurierung) erwirtschafteter Gewinne (§ 272 Abs. 3 Satz 1 HGB). Die Bildung aus dem versteuerten Ergebnis stellt Ergebnisverwendung dar.

Insofern unterscheiden sich offene Rücklagen von **stillen Rücklagen**, sogenannten **stillen Reserven**. Diese werden aus dem unversteuerten Gewinn gebildet, und zwar durch Unterbewertung von Aktiva bzw. Überbewertung von Passiva. Es handelt sich folglich um Vorgänge im Rahmen der Ergebnisermittlung. Stille Reserven sind nicht direkt aus der Bilanz ersichtlich.

Bei den Gewinnrücklagen sind folgende Arten zu unterscheiden (§ 272 Abs. 3 - 5 HGB):

- **gesetzliche Rücklage**
  Aktiengesellschaften haben nach § 150 Abs. 1 und Abs. 2 AktG eine gesetzliche Rücklage in Höhe von mindestens 10 % des Grundkapitals zu bilden. Diese Rücklage dient vornehmlich zum Ausgleich auftretender Verluste, bevor auf das Nominalkapital zurückgegriffen wird (vgl. zu den einzelnen Verwendungsmöglichkeiten § 150 Abs. 3 und Abs. 4 AktG).

- **Rücklage für Anteile an einem herrschenden oder mehrheitlich beteiligten Unternehmen**
  Erworbene Anteile an einem herrschenden oder mit Mehrheit beteiligten Unternehmen sind prinzipiell als Vermögensgegenstände mit den Anschaffungskosten zu aktivieren. Der Ausweis als Anteile an verbundenen Unternehmen unter dem Posten Wertpapiere hat bei Vorliegen der Voraussetzungen des § 271 Abs. 2 HGB grundsätzlich im Anlagevermögen, ansonsten im Umlaufvermögen zu erfolgen.

  In Höhe des aktivierten Betrags ist für diese Anteile bei der Aufstellung der Bilanz eine Rücklage zu bilden (§ 272 Abs. 4 Satz 1 und Satz 2 HGB). Hierfür sind Beträge aus vorhandenen frei verfügbaren Rücklagen zu verwenden (§ 272 Abs. 4 Satz 3 HGB). Die Rücklagenbildung bewirkt eine Ausschüttungssperre.

  Die gebildete Rücklage ist aufzulösen, wenn die Anteile veräußert, ausgegeben oder eingezogen werden bzw. hierfür auf der Aktivseite ein niedrigerer Betrag angesetzt wird (§ 272 Abs. 4 Satz 4 HGB).

- **satzungsmäßige Rücklagen**
  Diese Rücklagenkategorie beruht auf einer zwingenden Regelung in der Satzung bzw. im Gesellschaftsvertrag (§ 58 Abs. 4 AktG; § 29 Abs. 1 GmbHG). Die Rücklagenbildung kann zweckfrei oder zweckgebunden (z. B. zur Substanzerhaltung oder Werkerneuerung) erfolgen.

- **andere Gewinnrücklagen**
  Die anderen Gewinnrücklagen enthalten alle freiwillig gebildeten, nicht unter einer der vorstehenden Positionen auszuweisenden Rücklagenbeträge. Diese beruhen regelmäßig auf von den zuständigen Gremien getroffenen Beschlüssen über die Gewinnverwendung (vgl. § 58 AktG; § 29 GmbHG).
- **ausschüttungsgesperrte Rücklage nach § 272 Abs. 5 HGB**
  Aus Gläubigerschutzgründen ist nunmehr die Bildung einer Rücklage i. H. des Unterschiedsbetrags zwischen den erfassten Beteiligungsergebnissen und den zugegangenen Dividenden oder den entstandenen Dividendenansprüchen vorgeschrieben. Für diese Rücklage gilt eine Ausschüttungssperre. Bei Vereinnahmung der jeweiligen Beträge oder bei Erwerb entsprechender Zahlungsansprüche ist die Rücklage aufzulösen.

  Grundsätzlich sind Anteile am Jahresergebnis von Beteiligungsgesellschaften erst im Jahr der Beschlussfassung über die Gewinnverwendung, also phasenverschoben (zeitlich inkongruent), zu erfassen. Hiervon abweichend besteht – nach unverändert fortgeltender Rechtslage – jedoch in bestimmten Fällen, insbesondere bei Mutter-Tochter-Verhältnissen, eine Verpflichtung zu einer phasengleichen (zeitlich kongruenten) Bilanzierung von Gewinnansprüchen. Entscheidend ist dabei ein Anspruch im bilanzrechtlichen, nicht im zivilrechtlichen Sinne.

  Nach herrschender Meinung besteht kein Anwendungsbereich für die Aussschüttungssperre – die Neuregelung läuft aufgrund der phasengleichen Gewinnvereinnahmung und des Realisationsprinzips ins Leere.

Aktiengesellschaften haben in der Bilanz oder im Anhang gesondert anzugeben

- **den Betrag der Kapitalrücklage** (§ 152 Abs. 2 AktG)
  - der während des Geschäftsjahrs eingestellt wurde
  - der für das Geschäftsjahr entnommen wurde.
- **die Beträge der Gewinnrücklagen** (§ 152 Abs. 3 AktG)
  - die die Hauptversammlung aus dem Bilanzgewinn des Vorjahrs eingestellt hat
  - die aus dem Jahresüberschuss des Geschäftsjahrs eingestellt werden
  - die für das Geschäftsjahr entnommen werden.

5.1.2.3 Ergebnis

Die Art des Ausweises dieser Eigenkapitalkomponente hängt davon ab, unter welcher Annahme über die Ergebnisverwendung die Bilanz aufgestellt wird (§ 266 Abs. 3 und § 268 Abs. 1 Satz 1 HGB). Diesbezüglich bestehen handelsrechtlich folgende Alternativen:

- **Bilanzaufstellung vor Ergebnisverwendung**
  Auf dieser Annahme basiert der Eigenkapitalausweis im Gliederungsschema der Bilanz nach § 266 Abs. 3 HGB. Hierbei erfolgen weder Zuführungen noch Auflösungen der Rücklagen.

Im Eigenkapital sind dann gesondert auszuweisen:

- **Gewinnvortrag/Verlustvortrag**
  Der Gewinnvortrag resultiert aus dem nach Rücklagendotierung bzw. Ausschüttung verbleibenden Teil des Bilanzgewinns des Vorjahrs. Der Verlustvortrag entspricht dem Bilanzverlust des vorangegangenen Geschäftsjahrs.
- **Jahresüberschuss/Jahresfehlbetrag**
  Das Jahresergebnis – als Saldogröße zwischen Erträgen und Aufwendungen – wird aus der Gewinn- und Verlustrechnung in die Bilanz übernommen.

► **Bilanzaufstellung nach teilweiser Ergebnisverwendung**
Bei dieser Alternative wird davon ausgegangen, dass die geschäftsführenden Organe aufgrund gesetzlicher oder gesellschaftsvertraglicher Regelungen zu Rücklagenveränderungen verpflichtet bzw. berechtigt sind. Über die Verwendung des danach verbleibenden Betrags entscheidet die Gesellschafterversammlung.

Zuführungen bzw. Auflösungen von Rücklagen sind in der Gewinn- und Verlustrechnung nach der Position Jahresüberschuss/-fehlbetrag darzustellen; alternativ können diese Angaben auch im Anhang erfolgen (§ 158 Abs. 1 AktG).

In der Bilanz werden die Posten Jahresüberschuss/-fehlbetrag sowie Gewinn-/Verlustvortrag durch die Größe Bilanzgewinn/Bilanzverlust ersetzt (§ 268 Abs. 1 Satz 2 HGB). Der hierin enthaltene Gewinn- bzw. Verlustvortrag ist in der Bilanz gesondert anzugeben. Wahlweise kann diese Angabe auch im Anhang erfolgen (§ 268 Abs. 1 Satz 3 HGB).

► **Bilanzaufstellung nach vollständiger Ergebnisverwendung**
In diesem – in der Praxis nur ausnahmsweise anzutreffenden – Fall enthält die Bilanz keine Ergebnisposition. Vielmehr sind die im Unternehmen verbleibenden Teile des Jahresergebnisses bereits unter der(n) betreffenden Rücklagenposition(en) erfasst. Für Ausschüttungen vorgesehene Beträge sind als sonstige Verbindlichkeiten passiviert.

Die für die Praxis bedeutsamen Ausweisalternativen vor bzw. nach teilweiser Ergebnisverwendung sind nachfolgend im Überblick dargestellt:

Ergebnisausweis	Bilanz	Gewinn- und Verlustrechnung
vor Ergebnisverwendung	Gewinn-/Verlustvortrag Jahresüberschuss/-fehlbetrag	Jahresüberschuss/-fehlbetrag
nach teilweiser Ergebnisverwendung	Bilanzgewinn/-verlust (davon Gewinn-/Verlustvortrag)	Jahresüberschuss/-fehlbetrag ± Gewinn-/Verlustvortrag + Entnahmen aus Rücklagen - Einstellungen in Rücklagen = Bilanzgewinn/-verlust

Sofern bei Personengesellschaften mit Haftungsbeschränkung eingetretene Verluste die Kapitalanteile übersteigen, gelten folgende Ausweisregeln (§ 264c Abs. 2 Satz 4 und Satz 5 HGB):

- **bei bestehender Zahlungsverpflichtung**
  ist der übersteigende Betrag auf der Aktivseite unter den Forderungen als **„Einzahlungsverpflichtungen persönlich haftender Gesellschafter bzw. von Kommanditisten“** in die Bilanz aufzunehmen
- **bei fehlender Zahlungsverpflichtung**
  ist der übersteigende Betrag am Schluss der Bilanz als **„Nicht durch Vermögenseinlagen gedeckter Verlustanteil persönlich haftender Gesellschafter bzw. von Kommanditisten“** auszuweisen.

Sofern bei Kapitalgesellschaften eingetretene Verluste das gezeichnete Kapital sowie die übrigen Eigenkapitalpositionen übersteigen und sich dadurch ein Überschuss der Passivposten über die Aktivposten ergibt, ist der Unterschiedsbetrag auf der Aktivseite als letzter Posten unter der Bezeichnung **„Nicht durch Eigenkapital gedeckter Fehlbetrag“** auszuweisen (§ 268 Abs. 3 HGB).

Die Entwicklung der verschiedenen Eigenkapitalpositionen innerhalb eines Geschäftsjahrs kann mithilfe eines sogenannten **Eigenkapitalspiegels** veranschaulicht werden. Dieser bildet bei kapitalmarktorientierten, nicht konzernrechnungslegungspflichtigen Kapitalgesellschaften einen Pflichtbestandteil des Jahresabschlusses (§ 264 Abs. 1 Satz 2 HGB). Mangels gesetzlicher Regelungen hinsichtlich Struktur und Inhalt ist diesbezüglich auf die Empfehlungen des DRS 22 zurück zu greifen.

Aufgabe 42 > Seite 187

5.2 Rechnungsabgrenzungsposten

Die Bildung von Rechnungsabgrenzungsposten dient dem Zweck einer periodengerechten Erfolgsermittlung. Hierdurch werden Aufwendungen und Erträge derjenigen Periode zugeordnet, zu der sie wirtschaftlich gehören. Bei den Rechnungsabgrenzungsposten handelt sich weder um Vermögensgegenstände noch um Schulden.

Handels- und steuerbilanziell sind nur sogenannte **transitorische Rechnungsabgrenzungsposten** zulässig (§ 250 Abs. 1 und Abs. 2 HGB; § 5 Abs. 5 Satz 1 EStG). Diese Posten beziehen sich auf Zahlungen vor dem Abschlussstichtag für wirtschaftliche Gegenleistungen in späterer Zeit. Der erforderliche Zeitbezug muss von vornherein eindeutig festliegen, d. h. Anfang und Ende des Zeitraums der Gegenleistungen müssen kalendermäßig bestimmt sein.

Kennzeichen der abzubildenden Vorgänge sind für

- **aktive Rechnungsabgrenzungsposten**
  Ausgabe jetzt, Aufwand später
- **passive Rechnungsabgrenzungsposten**
  Einnahme jetzt, Ertrag später.

Aufgabe 43 > Seite 187

Unter den aktiven Rechnungsabgrenzungsposten darf auch ein Disagio oder Damnum, also der Unterschiedsbetrag zwischen Ausgabe- und Erfüllungsbetrag von Verbindlichkeiten, aufgenommen werden (§ 250 Abs. 3 HGB). Steuerlich besteht diesbezüglich Aktivierungspflicht (vgl. H 6.10 [Damnum] EStH).

Kapitalgesellschaften und Personengesellschaften ohne natürliche Person als Vollhafter haben generell den entsprechenden Betrag gesondert auszuweisen oder im Anhang anzugeben (§ 268 Abs. 6 HGB). Hiervon ausgenommen sind kleine und kleinste Gesellschaften (§ 274a Nr. 3 i. V. mit § 267a Abs. 2 HGB).

Aufgabe 44 > Seite 187

5.3 Latente Steuern

Handels- und steuerrechtliche Gewinnermittlung sind allgemein durch den Maßgeblichkeitsgrundsatz des § 5 Abs. 1 Satz 1 EStG miteinander verbunden. Hieraus folgt im Wesentlichen aber lediglich die Beachtung der Grundsätze ordnungsmäßiger Buchführung. Demgegenüber führen zahlreiche Einzelregelungen zu unterschiedlichen Bilanzierungsweisen dem Grunde nach (Bilanzansatz) wie auch der Höhe nach (Bilanzbewertung) zwischen der handels- und steuerrechtlichen Gewinnermittlung. Zudem dürfen steuerliche Wahlrechte unabhängig vom Handelsrecht ausgeübt werden.

Vorstehende Sachverhalte begründen zeitliche und/oder betragsmäßige Abweichungen zwischen dem in der Handels- und in der Steuerbilanz ausgewiesenen Vermögen sowie den betreffenden Jahresergebnissen. Daher können die auf Basis steuerlicher Größen ermittelten tatsächlichen (Ertrag-)Steuern im Verhältnis zum Handelsbilanzergebnis zu hoch oder zu niedrig ausfallen.

Die aus unterschiedlichen Bilanzierungsvorschriften resultierenden Wertdifferenzen gleichen sich regelmäßig in der Zukunft wieder aus (Periodenverschiebung). Hiermit verbunden sind steuerliche Be- bzw. Entlastungen, die als sogenannte **latente Steuern** zu bilanzieren sind (§ 274 HGB). Diese Verpflichtung besteht für mittelgroße und große Kapitalgesellschaften und Personengesellschaften ohne eine natürliche Person als Vollhafter, nicht jedoch für kleine Gesellschaften und Kleinstgesellschaften (§ 274a Nr. 4 i. V. mit § 267a Abs. 2 HGB).

Die Berücksichtigung latenter Steuern dient primär dem Ziel einer zutreffenden Darstellung der Vermögenslage. Zudem soll eine weitestgehende Kongruenz zwischen den im Jahresabschluss ausgewiesenen (Ertrag-)Steuern und dem handelsrechtlichen Ergebnis erreicht werden.

Die Ermittlung latenter Steuern erfolgt bilanzorientiert nach dem sogenannten **Temporary-Konzept**. Jeder einzelne Posten der Handels- bzw. Steuerbilanz ist danach im Hinblick auf bestehende Ansatz- und Bewertungsunterschiede zu beurteilen. Neben unmittelbar ergebniswirksamen Differenzen sind auch erfolgsneutral direkt im Eigenkapital erfasste Abweichungen zu berücksichtigen (vgl. *BilRUG*, S. 67).

Folgende Arten von Abweichungen sind grundsätzlich zu unterscheiden:

- **permanente Differenzen**
  Maßgebend für permanente Differenzen sind Erfolgskomponenten, die ausschließlich handels- oder steuerbilanziell erfasst werden. Ein Ausgleich der Ergebnisunterschiede findet im Zeitablauf nicht statt.

  Typischerweise beruhen permanente Differenzen auf handelsrechtlichen Erträgen, die steuerfrei gestellt werden (z. B. steuerfreie Investitionszulagen [§ 13 InvZulG], steuerfreie ausländische Einkünfte) oder auf handelsrechtlichen Aufwendungen, die steuerlich (ganz oder teilweise) nicht ergebnismindernd sind. Beispielhaft anzuführen sind nicht abziehbare Betriebsausgaben (u. a. 30 % der angemessenen Bewirtungsaufwendungen [§ 4 Abs. 5 Satz 1 Nr. 2 EStG], die Hälfte der Aufsichtsratsvergütungen [§ 10 Nr. 4 KStG]) oder auch zulässige und anerkannte Abschreibungen auf Beteiligungen, die nach § 8b Abs. 3 KStG bei der Ermittlung der steuerlichen Bemessungsgrundlage außerbilanziell wieder hinzugerechnet werden und damit nicht zu einer Steuerminderung führen.

  In obigen Fällen ergeben sich keine Rückwirkungen auf Ergebnisse späterer Abrechnungsperioden. Für permanente Differenzen sind daher keine latenten Steuern zu bilden.

- **temporäre Differenzen**
  Bei temporären Differenzen kann es sich um zeitliche oder quasi-permanente Differenzen handeln.

  Zeitliche Differenzen sind dadurch gekennzeichnet, dass sie sich im Zeitablauf von selbst wieder ausgleichen. Einschlägig sind u. a. folgende Sachverhalte:

Wertansatz-Handelsbilanz < Wertansatz-Steuerbilanz	**Wertansatz-Handelsbilanz > Wertansatz-Steuerbilanz**
- handelsrechtliche Abschreibung eines derivativen Firmenwerts über den normierten Zeitraum von 10 Jahren - außerplanmäßige handelsbilanzielle Abschreibungen auf Finanzanlagen bei nur vorübergehender Wertminderung - Vorratsbewertung (bei steigenden Preisen) in der Handelsbilanz nach dem Lifo-Verfahren, in der Steuerbilanz nach dem Durchschnittsverfahren - handelsrechtliche Bildung einer Drohverlustrückstellung - Berücksichtigung künftiger Preis- und Kostensteigerungen bei der handelsrechtlichen Rückstellungsbewertung	- Aktivierung selbst geschaffener immaterieller Vermögensgegenstände in der Handelsbilanz - steuerliche „Mehrabschreibung" durch Übertragung stiller Reserven - Vorratsbewertung (bei steigenden Preisen) in der Handelsbilanz nach dem Fifo-Verfahren, in der Steuerbilanz nach dem Durchschnittsverfahren - Abzinsung von Rückstellungen mit einem über 5,5 % liegenden Marktzins

Nach dem Temporary-Konzept sind auch **quasi-permanente Differenzen** zu berücksichtigen. Deren Auflösung erfolgt nicht zwangsläufig innerhalb einer bestimmten

Zeitspanne, sondern vornehmlich auf der Grundlage einer unternehmerischen (Verkaufs-)Entscheidung bzw. spätestens bei Liquidation.

Exemplarisch anzuführen sind Abwertungen bei nicht abnutzbaren Anlagegütern (unbebaute Grundstücke oder Beteiligungen), die lediglich handelsrechtlich, nicht aber steuerrechtlich anerkannt worden sind.

Die Frage, ob ein Wertunterschied sich voraussichtlich ausgleichen wird, ist unter Beachtung des handelsrechtlichen Vorsichtsprinzips auf der Grundlage von Wahrscheinlichkeitsüberlegungen zu klären (vgl. *BilRUG*, S. 67).

Ausgehend von den für sämtliche Vermögensgegenstände, Schulden sowie Rechnungsabgrenzungsposten festgestellten bilanziellen Unterschiedsbeträgen sind die hiermit verbundenen steuerlichen Be- bzw. Entlastungen zu ermitteln. Zwischen beiden Determinanten für die Abbildung latenter Steuern besteht folgender grundsätzlicher Zusammenhang:

	aktive latente Steuern	**passive latente Steuern**
Vermögensgegenstände	Handelsbilanzwert < Steuerbilanzwert	Handelsbilanzwert > Steuerbilanzwert
Schulden	Handelsbilanzwert > Steuerbilanzwert	Handelsbilanzwert < Steuerbilanzwert

Die jeweiligen Differenzbeträge sind mit den maßgebenden unternehmensindividuellen (Ertrag-)Steuersätzen im Zeitpunkt des Abbaus der Differenzen zu bewerten (§ 274 Abs. 2 Satz 1 HGB). Künftige Steuersatzänderungen sind daher zu berücksichtigen, sofern den gesetzlichen Neuregelungen bereits auch vom Bundesrat zugestimmt worden ist.

Eine Abzinsung der so ermittelten Beträge erfolgt nicht (§ 274 Abs. 2 Satz 1 HGB).

Aufgabe 45 > Seite 188

In die Ermittlung aktiver latenter Steuern sind auch bestehende steuerliche Verlustvorträge einzubeziehen (§ 274 Abs. 1 Satz 4 HGB). Dabei ist auf den innerhalb der nächsten fünf Jahre zu erwartenden Betrag der Verlustverrechnung abzustellen. In analoger Weise zu berücksichtigen sind potenzielle Steueransprüche aus vergleichbaren Sachverhalten; hierunter fallen nach derzeitigem Recht Zinsvorträge nach der Zinsschrankenregelung (§ 4h EStG, § 8a KStG).

Die aus unterschiedlichen Wertansätzen resultierenden Steuerlatenzbeträge sind aufzulösen, sobald die Steuerbe- oder -entlastung eintritt oder mit ihr nicht mehr zu rechnen ist (§ 274 Abs. 2 Satz 2 HGB).

Aus der Gegenüberstellung der jeweiligen Gesamtdifferenz aktiver bzw. passiver latenter Steuern folgt für die Bilanzierung:

Im Falle eines Überhangs der passiven latenten Steuern besteht Bilanzierungspflicht (§ 274 Abs. 1 Satz 1 HGB). Für einen Aktivüberhang gilt hingegen ein Ansatzwahlrecht (§ 274 Abs. 1 Satz 2 HGB). Die Ausübung dieses Wahlrechts unterliegt dem Stetigkeitsgrundsatz (§ 246 Abs. 3 HGB). In Höhe aktiver latenter Steuern greift eine Ausschüttungssperre (§ 268 Abs. 8 Satz 2 HGB).

Der Bilanzausweis kann alternativ saldiert (= Nettomethode) oder unsaldiert (= Bruttomethode) erfolgen (§ 274 Abs. 1 Satz 3 HGB).

Aufgabe 46 > Seite 188

Bei den in der Bilanz ausgewiesenen aktiven bzw. passiven latenten Steuern handelt es sich um Sonderposten eigener Art, also nicht um Vermögensgegenstände oder Schulden. Daher scheidet eine Übernahme in die Steuerbilanz aus. Der Ermittlung latenter Steuern kommt somit nur handelsrechtliche Bedeutung zu.

Erträge bzw. Aufwendungen aus der Veränderung bilanzierter latenter Steuern sind in der Gewinn- und Verlustrechnung gesondert unter dem Posten „Steuern vom Einkommen und vom Ertrag“ auszuweisen (§ 274 Abs. 2 Satz 3 HGB). Im Anhang müssen die Ursachen für Wertdifferenzen sowie die Berücksichtigung steuerlicher Verlustvorträge bei der Ermittlung latenter Steuern angegeben werden; Gleiches gilt für die bei der Bewertung angewandten Steuersätze (§ 285 Nr. 29 HGB). Die Angabepflichten bestehen für aktive latente Steuern unabhängig davon, ob das Ansatzwahlrecht tatsächlich ausgeübt wird.

Die allgemeine Bilanzierungskonzeption der latenten Steuern ist nachfolgend zusammengefasst:

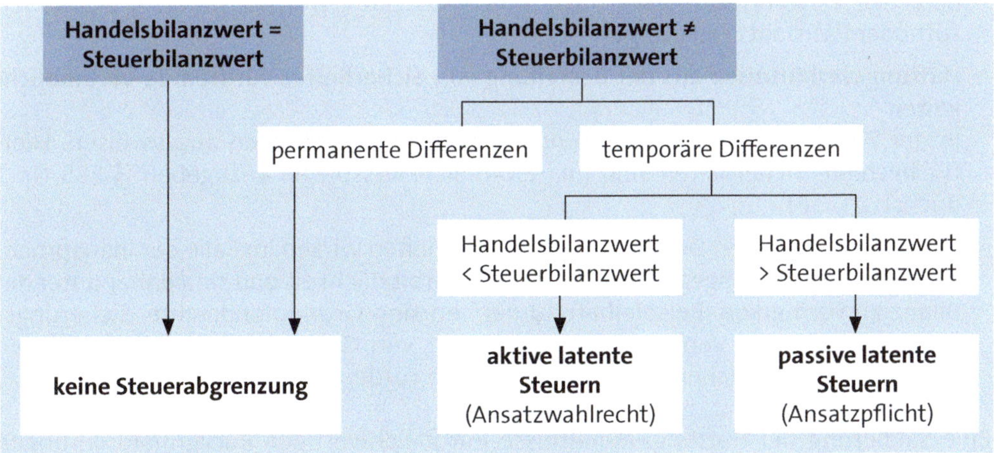

5.4 Eventualverbindlichkeiten

Unter der Bilanz („unter dem Strich") sind bestimmte Haftungsverhältnisse zu vermerken (§ 251 HGB). Diese erfüllen nicht die Voraussetzungen für eine Passivierung als Verbindlichkeit oder Rückstellung. Vielmehr handelt es sich um Verpflichtungen, die nur unter ganz bestimmten Bedingungen (eventuell) zu erfüllen sind, sogenannte **Eventualverbindlichkeiten**. Eine tatsächliche Inanspruchnahme erscheint wenig wahrscheinlich.

Folgende Arten von Haftungsverhältnissen sind unter der Bilanz zu vermerken:

- **Verbindlichkeiten aus der Begebung und Übertragung von Wechseln**
  Als sogenanntes **Wechselobligo** zu berücksichtigen sind alle weitergegebenen, am Bilanzstichtag aber noch nicht eingelösten und noch nicht fälligen Wechsel. Abzustellen ist auf die Gesamthöhe der Wechsel – regelmäßig also die Wechselsumme ohne Nebenkosten, für die der bilanzierende Kaufmann im Regressfall haftet. Der Bonität des Akzeptanten kommt in diesem Zusammenhang keine Bedeutung zu.
- **Verbindlichkeiten aus Bürgschaften, Wechsel- und Scheckbürgschaften**
  Rechtliche Grundlagen für Bürgschaften bilden §§ 765 ff. BGB, Art. 30 ff. Wechselgesetz sowie Art. 25 ff. Scheckgesetz.

  Der Umfang sämtlicher Arten von Bürgschaften ist zu erfassen. Voraussetzung hierfür ist, dass die für die Verpflichtung des Bürgen maßgebende Hauptverbindlichkeit zum Bilanzstichtag besteht.
- **Verbindlichkeiten aus Gewährleistungsverträgen**
  Unter diesen – rein bilanzrechtlichen – Begriff fallen vertragliche Verpflichtungen des Bilanzierenden gegenüber einem Dritten für den Eintritt bestimmter Ergebnisse. Dabei kann es sich um die Garantie für eine bestimmte Leistung, für einen bestimmten Erfolg oder für den Nichteintritt eines bestimmten Nachteils oder Schadens im eigenen oder fremden Bereich handeln. Wichtige praktische Beispiele für derartige Gewährleistungsverträge sind Freistellungsverpflichtungen, Schuldbeitritt oder Patronatserklärungen.
- **Haftungsverhältnisse aus der Bestellung von Sicherheiten für fremde Verbindlichkeiten**
  In der Bilanz hat der Kaufmann nur seine eigenen Schulden auszuweisen. Hierfür bestellte Sicherheiten sind im Verbindlichkeitsspiegel anzugeben (§ 285 Nr. 1 Buchst. b HGB).

  Für Verbindlichkeiten Dritter gestellte Sicherheiten wirken im Falle der Inanspruchnahme des Haftungsgegenstands wie eine Verbindlichkeit und sind daher unter der Bilanz zu vermerken. Beispielhaft zu nennen sind Grundpfandrechte, Sicherungsübereignungen von Vermögensgegenständen, Verpfändungen beweglicher Sachen und Rechte sowie Sicherungsabtretungen von Forderungen.

Eine Saldierung der Haftungsverhältnisse mit gleichwertigen Rückgriffsforderungen ist nicht zulässig. In diesen Fällen hat eine gesonderte Angabe ohne Berücksichtigung entsprechender Rückgriffsmöglichkeiten zu erfolgen (§ 251 Satz 2 HGB).

Einzelunternehmen und Personengesellschaften mit einer natürlichen Person als Vollhafter dürfen alle vorstehend aufgeführten Haftungsverhältnisse zusammen in einem Betrag angeben.

Für Kapitalgesellschaften und Personengesellschaften i. S. des § 264a HGB wird ein gesonderter Ausweis der jeweiligen Haftungsverhältnisse im Anhang gefordert (§ 268 Abs. 7 HGB).

Aufgabe 47 > Seite 188

C. Gewinn- und Verlustrechnung

1. Gegenstand und Struktur

In der Gewinn- und Verlustrechnung (GuV) sind für den Schluss eines jeden Geschäftsjahrs die Aufwendungen und Erträge der betreffenden Periode gegenüberzustellen (§ 242 Abs. 2 HGB). Nach dem Bruttoprinzip dürfen Erträge und Aufwendungen generell nicht miteinander verrechnet werden (§ 246 Abs. 2 Satz 1 HGB). Die GuV ist regelmäßig in Staffelform aufzustellen (§ 275 Abs. 1 Satz 1 HGB), und zwar alternativ nach dem Gesamtkostenverfahren oder nach dem Umsatzkostenverfahren. Durch die Zulässigkeit des im angelsächsischen Raums gebräuchlichen Umsatzkostenverfahrens soll die internationale Vergleichbarkeit von Abschlüssen ermöglicht werden.

Hinsichtlich Form und Verfahren der GuV ist damit festzuhalten:

Form / Verfahren	Staffelform	Kontoform
Gesamtkostenverfahren	alle Rechtsformen	nicht publizitätspflichtige Einzelunternehmen/ Personengesellschaften mit natürlicher Person als Vollhafter
Umsatzkostenverfahren		

Die GuV bildet bei allen Kaufleuten neben der Bilanz den zweiten Pflichtbestandteil des Jahresabschlusses (§ 242 Abs. 3 HGB). Beiden im System der doppelten Buchführung unmittelbar miteinander verbundenen Rechenwerken liegen jedoch unterschiedliche Konzeptionen zu Grunde.

So ist die Bilanz zeitpunktbezogen und beinhaltet Bestandsgrößen, insbesondere Vermögensgegenstände und Schulden. Der Erfolg wird summarisch als Reinvermögensänderung zwischen zwei Stichtagen (Eröffnungs-/Schlussbilanz) ermittelt.

Demgegenüber handelt es sich bei der GuV um eine zeitraumbezogene Rechnung, die Art, Höhe und Quellen des Periodenergebnisses darlegt. Abgestellt wird dabei auf Erträge (= periodisierte Einnahmen) und Aufwendungen (= periodisierte Ausgaben). Deren zeitliche Zuordnung richtet sich nicht nach Zahlungsvorgängen, sondern nach der wirtschaftlichen Zugehörigkeit der jeweiligen Geschäftsvorfälle (§ 252 Abs. 1 Nr. 5 HGB). Maßgebend sind diesbezüglich die GoB zur Abgrenzung der Sache und der Zeit nach.

Erträge und Aufwendungen haben stets Veränderungen von Aktiva bzw. Passiva zur Folge, wie nachstehende Beispiele verdeutlichen:

- **Aufwand jetzt, Ausgabe jetzt**
  Auszahlung von Löhnen und Gehältern
- **Aufwand jetzt, Ausgabe früher**
  Verteilung der Anschaffungskosten einer im Vorjahr erworbenen Maschine auf die Jahre der Nutzungsdauer im Wege der Abschreibungen
- **Aufwand jetzt, Ausgabe später**
  Bildung einer Rückstellung für einen später verlorenen Rechtsstreit.

Der Saldo aus Erträgen und Aufwendungen spiegelt den Erfolg eines Geschäftsjahrs wider. Das Ergebnis wird als Gesamtgröße im Eigenkapital der Bilanz als Jahresüberschuss/-fehlbetrag bzw. bei teilweiser Ergebnisverwendung als Bilanzgewinn/-verlust ausgewiesen. Aus der GuV kann eine Ergebnisaufgliederung nach folgenden Komponenten abgeleitet werden:

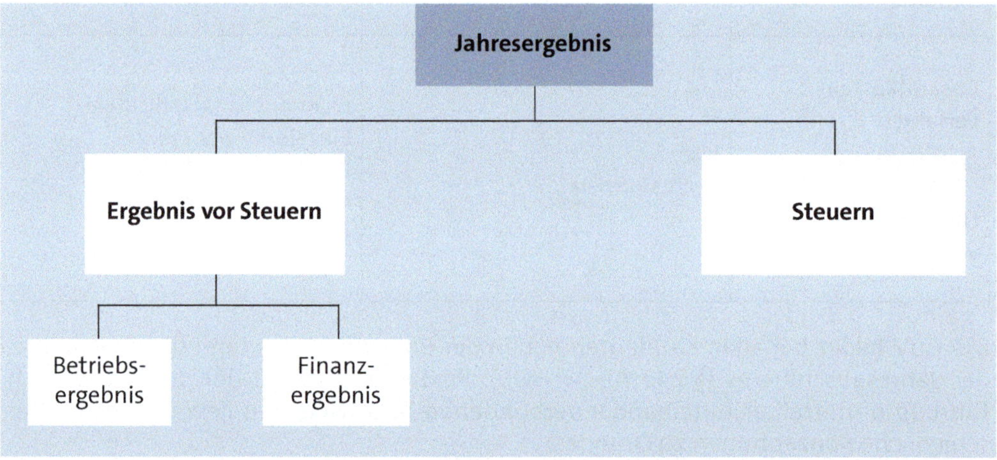

Eine zutreffende Erfolgsermittlung setzt voraus, dass Erträge und Aufwendungen auf dasselbe Mengengerüst bezogen werden. Diese Bedingung ist erfüllt, wenn sich ausnahmsweise Produktions- und Absatzmenge einer Periode genau entsprechen und damit keine Bestandsveränderungen eingetreten sind. Dann ist eine einfache Subtraktion der Aufwendungen von den Erträgen sachgerecht.

In der Praxis weichen jedoch Leistungs- und Absatzmenge regelmäßig voneinander ab. Die dann notwendigen rechnerischen Angleichungen erfolgen bei den für die Aufstellung der GuV alternativ in Betracht kommenden Verfahren vom Grundsatz her in folgender Weise:

- **Gesamtkostenverfahren** (Produktionserfolgsrechnung)
  Beim Gesamtkostenverfahren werden den Umsatzerlösen sämtliche im Geschäftsjahr entstandenen Aufwendungen gegenübergestellt. Dabei ist unerheblich, ob die Aufwendungen am Markt bereits abgesetzte oder auf Lager genommene Produkte

betreffen. Folglich sind die Erträge an das Mengengerüst der Periodenaufwendungen anzupassen.

Eigenleistungen sowie Erhöhungen des Bestands an unfertigen und fertigen Erzeugnissen werden den Umsatzerlösen hinzugerechnet, Bestandsminderungen von den Umsatzerlösen subtrahiert.

Diese Gliederung der GuV erfolgt primär nach Aufwandsarten (insbesondere Material- und Personalaufwendungen, Abschreibungen, sonstige betriebliche Aufwendungen).

- **Umsatzkostenverfahren** (Absatzerfolgsrechnung)
  Hierbei werden den Umsatzerlösen nur die für die tatsächlich abgesetzten Produkte bzw. realisierten Leistungen entstandenen Aufwendungen gegenübergestellt. In welchem Geschäftsjahr die betreffenden Aufwendungen angefallen sind, ist in diesem Zusammenhang ohne Bedeutung. Mithin erfolgt eine Angleichung der Aufwendungen an das Mengengerüst der Erträge.

  Diese GuV ist nach Funktionsbereichen gegliedert (Herstellung, Vertrieb, allgemeine Verwaltung).

Beide Verfahren führen betragsmäßig zum gleichen Periodenerfolg. Auf nähere Einzelheiten wird an späterer Stelle eingegangen.

Die strukturellen Unterschiede der verfahrensmäßigen Zuordnung sind nachstehend zusammengefasst:

	Gesamtkostenverfahren	**Umsatzkostenverfahren**
Erträge	Umsatzerlöse der Periode ± Veränderungen des Bestands an fertigen und unfertigen Erzeugnissen + andere aktivierte Eigenleistungen	Umsatzerlöse der Periode
Aufwendungen	Produktionsaufwendungen der Periode	Produktionsaufwendungen ± Veränderungen des Bestands an fertigen und unfertigen Erzeugnissen - Aufwendungen für andere aktivierte Eigenleistungen

2. Posten der Gewinn- und Verlustrechnung

Die GuV setzt sich bei großen Kapitalgesellschaften und Personengesellschaften i. S. des § 264a HGB aus den nachfolgend aufgeführten (Haupt-)Posten zusammen:

Gesamtkostenverfahren	**Umsatzkostenverfahren**	**Ergebnis-komponenten**
§ 275 Abs. 2 HGB	**§ 275 Abs. 3 HGB**	
1. Umsatzerlöse 2. Erhöhung oder Verminderung des Bestands an fertigen oder unfertigen Erzeugnissen 3. andere aktivierte Eigenleistungen 4. sonstige betriebliche Erträge 5. Materialaufwand 6. Personalaufwand 7. Abschreibungen 8. sonstige betriebliche Aufwendungen	1. Umsatzerlöse 2. Herstellungskosten der zur Erzielung der Umsatzerlöse erbrachten Leistungen 3. Bruttoergebnis vom Umsatz 4. Vertriebskosten 5. allgemeine Verwaltungskosten 6. sonstige betriebliche Erträge 7. sonstige betriebliche Aufwendungen	Betriebs-ergebnis
9. Erträge aus Beteiligungen 10. Erträge aus anderen Wertpapieren und Ausleihungen des Finanzanlagevermögens 11. sonstige Zinsen und ähnliche Erträge 12. Abschreibungen auf Finanzanlagen und auf Wertpapiere des Umlaufvermögens 13. Zinsen und ähnliche Aufwendungen	8. Erträge aus Beteiligungen 9. Erträge aus anderen Wertpapieren und Ausleihungen des Finanzanlagevermögens 10. sonstige Zinsen und ähnliche Erträge 11. Abschreibungen auf Finanzanlagen und auf Wertpapiere des Umlaufvermögens 12. Zinsen und ähnliche Aufwendungen	Finanz-ergebnis
14. Steuern vom Einkommen und vom Ertrag 15. Ergebnis nach Steuern 16. sonstige Steuern	13. Steuern vom Einkommen und vom Ertrag 14. Ergebnis nach Steuern 15. sonstige Steuern	Steuern
17. Jahresüberschuss/Jahresfehlbetrag	16. Jahresüberschuss/Jahresfehlbetrag	Jahresergebnis

Kleinstgesellschaften können die GuV alternativ wie folgt gliedern:

GuV-Gliederung von Kleinstgesellschaften
§ 275 Abs. 5 HGB
1. Umsatzerlöse
2. sonstige Erträge
3. Materialaufwand
4. Personalaufwand
5. Abschreibungen
6. sonstige Aufwendungen
7. Steuern
8. Jahresüberschuss/Jahresfehlbetrag

Bei Verwendung dieses vereinfachten Gliederungsschemas dürfen die ersten drei Positionen nicht als „Rohergebnis" zusammengefasst werden (§ 276 Satz 2 HGB).

Im Rahmen der weiteren Darstellung wird allein auf die GuV-Gliederungen nach § 275 Abs. 2 und Abs. 3 HGB Bezug genommen.

2.1 Betriebsergebnis

Ausgangsgröße für die Ermittlung des Betriebsergebnisses bilden die **Umsatzerlöse**. Nach der durch das BilRUG geänderten gesetzlichen Definition fallen hierunter „Erlöse aus dem Verkauf und der Vermietung oder Verpachtung von Produkten sowie aus der Erbringung von Dienstleistungen" (§ 277 Abs. 1 HGB). Die im bisherigen Recht enthaltene Bezugnahme auf den gewöhnlichen Geschäftsbetrieb ist aufgegeben. Umsatzerlöse resultieren nunmehr nicht allein aus wirtschaftlichen Betätigungen im Rahmen des eigentlichen Geschäftszwecks, sondern auch aus solchen außerhalb dieses Kernbereichs. Als Beispiele für derartige betriebliche Rand- oder Nebenaktivitäten können bei Industrieunternehmen angeführt werden: Erlöse aus der Vermietung von Werkswohnungen, in Eigenregie geführten Kantinen, abgeschlossenen Patent- bzw. Lizenzverträgen oder der Überlassung von Personal. Ohne Bedeutung ist dabei, ob es sich um einmalige oder laufende bzw. außergewöhnliche Vorgänge handelt.

Die erzielten Umsatzerlöse sind zu einer Nettogröße weiter zu entwickeln. Von den Bruttobeträgen müssen Erlösschmälerungen (z. B. Skonti, Rabatte, Boni) abgesetzt werden. Gleiches gilt hinsichtlich der Umsatzsteuer, sofern der Unternehmer zum Vorsteuerabzug berechtigt ist, sowie sonstiger direkt mit dem Umsatz verbundener Steuern. Letzterer Abzugsbetrag betrifft insbesondere Verbrauchsteuern, wie beispielsweise Tabak- oder Biersteuer. Diese stellen wirtschaftlich betrachtet lediglich durchlaufende Posten dar.

2.1.1 Gesamtkostenverfahren

Nach den Umsatzerlösen ist die **Erhöhung oder Verminderung des Bestands an fertigen und unfertigen Erzeugnissen** zu berücksichtigen. Die Bestandsbewertung hat mit den Herstellungskosten zu erfolgen.

Ursächlich für Bestandsveränderungen können nach § 277 Abs. 2 HGB sein:

- **Mengenänderungen** aufgrund von
  - **Abweichungen zwischen Produktions- und Absatzmenge**
    und dadurch begründetem Bestandsaufbau bzw. -abbau
  - **Bestandsminderungen**
    durch Schwund, Verderb oder Diebstahl.
- **Wertänderungen** aufgrund von
  - **Veränderungen der Herstellungskosten**
    z. B. durch Lohnerhöhungen oder Preiserhöhungen für Rohstoffe
  - **Abwertungen in Höhe der üblichen Abschreibungen**
    z. B. wegen Qualitätsmängeln oder schlechter Verkäuflichkeit
  - **Zuschreibungen.**

Ebenso wie die Berücksichtigung der Bestandsveränderungen dient auch der Ansatz der **anderen aktivierten Eigenleistungen** zur Angleichung der Umsatzgröße an die insgesamt im Geschäftsjahr entstandenen Aufwendungen. Unter dieser Position sind vornehmlich unternehmensinterne Leistungen zu erfassen für

- selbsterstellte Sachanlagegüter
- Großreparaturen (Herstellungsaufwand).

In dem Sammelposten **sonstige betriebliche Erträge** sind hauptsächlich mit der Geschäftstätigkeit zusammenhängende aperiodische (periodenfremde) sowie außergewöhnliche (unternehmensfremde) Erträge auszuweisen. Beispielhaft anzuführen sind Erträge aus

- Abgang bzw. Verkauf von Anlagegegenständen
- Zuschreibungen zu Gegenständen des Anlagevermögens
- Herabsetzung von Pauschalwertberichtigungen
- Auflösung von Rückstellungen
- Versicherungsleistungen für außerordentliche Schadensfälle
- Gewinne im Zusammenhang mit Sanierungsmaßnahmen oder Umstrukturierungen.

Erträge aus der Währungsumrechnung sind gesondert auszuweisen (§ 277 Abs. 5 Satz 2 HGB).

Der **Materialaufwand** umfasst

- **Aufwendungen für Roh-, Hilfs- und Betriebsstoffe sowie für bezogene Waren** für den Fertigungs-, Verwaltungs- und Vertriebsbereich
- **Aufwendungen für bezogene Leistungen** u. a. für Lohnbe- und -verarbeitungen, Fremdreparaturen, Fertigungslizenzen.

Der **Personalaufwand** wird untergliedert nach

- **Löhne und Gehälter**
  Zu berücksichtigen sind die jeweiligen Bruttobeträge (einschließlich Steuern und Arbeitnehmeranteile zur Sozialversicherung)
- **soziale Abgaben und Aufwendungen für Altersversorgung und für Unterstützung**
  Soziale Abgaben umfassen insbesondere Arbeitgeberanteile zur Sozialversicherung, Beiträge zur Berufsgenossenschaft sowie zur Insolvenzversicherung für Versorgungszusagen an Arbeitnehmer.

  Zu den **Aufwendungen für Altersversorgung** gehören geleistete Pensionszahlungen, Zuführungen zu Pensionsrückstellungen sowie Zuweisungen zu anderen Versorgungseinrichtungen (Unterstützungs- und Pensionskassen).

  Aufwendungen für Unterstützung beinhalten z. B. Krankheits- und Unfallunterstützungen, übernommene Kur- und Arztkosten, Erholungsbeihilfen, Heirats- und Geburtsbeihilfen.

Bei den **Abschreibungen** ist nach der Art der Vermögensgegenstände zu trennen zwischen Absetzungen auf

- **immaterielle Vermögensgegenstände des Anlagevermögens und Sachanlagen**
  Hierunter zu berücksichtigen sind sowohl planmäßige wie auch außerplanmäßige Abschreibungen.
- **Vermögensgegenstände des Umlaufvermögens, soweit diese die üblichen Abschreibungen überschreiten**
  Für den Bereich des Umlaufvermögens sind nur die „unüblichen" Abschreibungen zu erfassen. Hierunter fallen Abwertungen, die auf ungewöhnlichen und seltenen Vorgängen beruhen. Zur Beurteilung ist im Rahmen eines (internen) Zeitvergleichs dabei abzustellen auf den besonderen Anlass der Wertminderung (z. B. Brand- oder Wasserschaden) bzw. auf die außergewöhnliche Höhe des Wertverlustes (z. B. Forderungsausfall aufgrund der Insolvenz eines Hauptkunden).

  Der geforderte Ausweis betrifft allein die die üblichen Abschreibungen wesentlich übersteigenden Beträge.

Die Beträge der außerplanmäßigen Abschreibungen sind jeweils gesondert auszuweisen oder alternativ im Anhang anzugeben (§ 277 Abs. 3 Satz 1 HGB).

Bei den **sonstigen betrieblichen Aufwendungen** handelt es sich um einen Sammelposten für die mit der Geschäftstätigkeit regelmäßig zusammenhängenden ordentlichen und außerordentlichen Aufwendungen, wie z. B.

- Verluste aus dem Abgang von Gegenständen des Anlage- oder Umlaufvermögens
- übliche Abschreibungen auf Forderungen (Einzelwertberichtigungen, Einstellungen in Pauschalwertberichtigung)
- Bildung von Rückstellungen
- Aufsichtsrats-/Beiratsvergütungen
- Rechts-/Beratungskosten, Mieten/Pachten, Gebühren/Beiträge
- Verluste aus der Veräußerung von Gesamtbetrieben oder Betriebsteilen
- Aufwendungen für Stilllegungen oder in Katastrophenfällen.

Aufwendungen aus der Währungsumrechnung sind gesondert auszuweisen (§ 277 Abs. 5 Satz 2 HGB).

Aufgabe 48 > Seite 189

2.1.2 Umsatzkostenverfahren

Den Umsätzen des Geschäftsjahrs werden die **Herstellungskosten der zur Erzielung der Umsatzerlöse erbrachten Leistungen** gegenübergestellt, und zwar sowohl für Leistungen im Rahmen des unternehmerischen Kerngeschäfts wie auch für betriebliche Rand- bzw. Nebenaktivitäten. Hierunter fallen insbesondere anteilige Material- und Personalaufwendungen, anteilige Abschreibungen auf das Anlage- und Umlaufvermögen sowie anteilige betriebliche Steuern.

Der Saldo aus beiden Größen ergibt das **Bruttoergebnis vom Umsatz**.

Als **Vertriebskosten** sind sämtliche im Geschäftsjahr in diesem Funktionsbereich entstandene Aufwendungen zu erfassen. Eine Aktivierung von Vertriebskosten scheidet nach § 255 Abs. 2 Satz 4 HGB aus.

Sofern auf die Möglichkeit der Einbeziehung in die Herstellungskosten verzichtet wird, sind sodann die **allgemeinen Verwaltungskosten** auszuweisen. Hierzu zählen insbesondere Aufwendungen für zentrale Funktionen (z. B. Unternehmensleitung, Rechts- und Steuerabteilung) oder für Spenden und Beiträge.

Der Inhalt des Postens **sonstige betriebliche Erträge** entspricht im Wesentlichen dem beim Gesamtkostenverfahren.

Als **sonstige betriebliche Aufwendungen** sind alle Geschäftsaufwendungen zu erfassen, die nicht einem speziellen Funktionsbereich (Herstellung, Vertrieb, Verwaltung) zugeordnet werden. Insofern besteht ein gravierender Unterschied zum Gesamtkostenverfahren.

Aufgabe 49 > Seite 189

2.2 Finanzergebnis

Das Finanzergebnis bildet die zweite Komponente des Ergebnisses der gewöhnlichen Geschäftstätigkeit.

Als **Erträge aus Beteiligungen** sind alle laufenden Ergebnisse zu erfassen, wie beispielsweise Gewinnanteile von Personengesellschaften, Gewinne aus stillen Beteiligungen oder Dividendenerträge aus Beteiligungen an Kapitalgesellschaften. Erträge aus verbundenen Unternehmen sind gesondert zu vermerken.

Abzustellen ist stets auf Bruttoerträge. Diese ermitteln sich bei inländischen Dividendenzahlungen wie folgt:

	Auszahlungs-/Gutschriftsbetrag
+	Kapitalertragsteuer zuzüglich Solidaritätszuschlag (26,38 : 73,62 • Auszahlungs-/Gutschriftsbetrag)
=	**Bruttodividende**

Gewinne aus der Veräußerung von Beteiligungen stellen keine Bestandteile des laufenden Ergebnisses dar und sind daher als sonstige betriebliche Erträge zu erfassen. Gleiches gilt für Zuschreibungen (Wertaufholungen).

Sofern keine Beteiligung i. S. des § 271 Abs. 1 HGB vorliegt, handelt es sich in entsprechenden Fällen um **Erträge aus anderen Wertpapieren und Ausleihungen des Finanzanlagevermögens**. Die aus verbundenen Unternehmen stammenden Erträge sind wiederum gesondert zu vermerken.

Erträge aus Wertpapieren des Umlaufvermögens sind als **sonstige Zinsen und ähnliche Erträge** auszuweisen. Dies gilt auch für Zinsen aus Bankguthaben oder aus Darlehen. Ebenso wie Erträge aus verbundenen Unternehmen sind auch Erträge aus der Abzinsung von Rückstellungen gesondert auszuweisen (§ 277 Abs. 5 Satz 1 HGB).

Das Finanzergebnis wird gemindert durch **Abschreibungen auf Finanzanlagen und auf Wertpapiere des Umlaufvermögens.** Hier sind alle den Finanzbereich betreffenden Abschreibungen des Anlage- und Umlaufvermögens zu erfassen. Eine Unterscheidung zwischen üblichen und unüblichen Abwertungen erfolgt nicht.

Abzuziehen sind ferner **Zinsen und ähnliche Aufwendungen**. Hierunter fallen insbesondere

- Zinsen für jede Art von Verbindlichkeiten
- Kredit-/Bürgschaftsprovisionen, Überziehungs-/Kreditbereitstellungsgebühren
- Abschreibungen auf ein aktiviertes Disagio.

Neben den an verbundene Unternehmen geleisteten Aufwendungen sind Aufwendungen aus der Aufzinsung von Rückstellungen gesondert auszuweisen (§ 277 Abs. 5 Satz 1 HGB).

2.3 Steuern

Bei den bisher ermittelten Ergebnissen handelt es sich jeweils um Bruttogrößen, also um Beträge vor Berücksichtigung von Steuern. Das ausgewiesene Jahresergebnis ist jedoch eine Nettogröße, d. h. ein Ergebnis nach Abzug von Steuern.

Relevant sind allein die Steuern, für die das Unternehmen selbst Steuerschuldner ist. Für Dritte (z. B. Arbeitnehmer oder Anteilseigner) einzubehaltene und abzuführende Steuern sind den entsprechenden Aufwandspositionen (Personalaufwand, Zinsaufwand) zuzuordnen.

Zunächst sind die **Steuern vom Einkommen und vom Ertrag** auszuweisen. Bei Einzelunternehmen und Personengesellschaften ist diesbezüglich allein die Gewerbesteuer relevant. Bei Kapitalgesellschaften sind zusätzlich die Körperschaftsteuer sowie der Solidaritätszuschlag zu berücksichtigen. Der Art der Gewinnverwendung (Ausschüttung/Thesaurierung) kommt angesichts des einheitlichen Körperschaftsteuersatzes von 15 % der Bemessungsgrundlage keine Bedeutung zu.

Neben entsprechenden Zahlungen bzw. Zahlungsverpflichtungen sind auch die im Wege des Steuerabzugs von Dritten für das Unternehmen einbehaltenen Steuern (Kapitalertragsteuer zuzüglich Solidaritätszuschlag, anrechenbare ausländische Steuern) zu erfassen.

Der aus der Veränderung bilanzierter latenter Steuern resultierende Aufwand oder Ertrag ist gesondert auszuweisen (§ 274 Abs. 2 Satz 3 HGB).

Aus dem Abzug der Steuern vom Einkommen und vom Ertrag resultiert ein Zwischenergebnis mit der irritierenden Bezeichnung **Ergebnis nach Steuern**. Diese Größe ist letztlich noch um **sonstige Steuern** zu mindern. Hierunter fallen alle übrigen den Betrieb betreffenden Steuern, wie insbesondere Grundsteuer, Versicherungsteuer oder Kraftfahrzeugsteuer.

2.4 Jahresergebnis

Nach Abzug der Steuern ergibt sich als Nettogröße der **Jahresüberschuss/Jahresfehlbetrag.**

Sofern sich bei **Kapitalgesellschaften** hieran die Verwendung des Ergebnisses anschließt, bildet die Größe Bilanzgewinn/Bilanzverlust den letzten Posten der Gewinn- und Verlustrechnung.

	Jahresüberschuss/Jahresfehlbetrag
±	Gewinnvortrag/Verlustvortrag aus dem Vorjahr
+	Entnahmen aus der Kapitalrücklage
+	Entnahmen aus Gewinnrücklagen
-	Einstellungen in Gewinnrücklagen
=	**Bilanzgewinn/Bilanzverlust**

Personengesellschaften ohne natürliche Person als Vollhafter dürfen nach dem Posten „Jahresüberschuss/Jahresfehlbetrag“ einen Steueraufwand der Gesellschafter in Höhe des Körperschaftsteuersatzes offen absetzen oder hinzurechnen (§ 264c Abs. 3 Satz 2 HGB). Hierdurch soll eine Vergleichbarkeit der (Netto-)Ergebnisse unterschiedlicher Rechtsformen ermöglicht werden.

Aufgabe 50 > Seite 190

D. Anhang

1. Bedeutung und Funktionen

Bei Kapitalgesellschaften und Personengesellschaften mit Haftungsbeschränkung bildet der Anhang generell den dritten Pflichtbestandteil des Jahresabschlusses (§ 264 Abs. 1 Satz 1 HGB). Kleinstgesellschaften brauchen keinen Anhang aufzustellen, wenn sie unter der Bilanz Haftungsverhältnisse sowie Mitgliedern der Organe der Gesellschaft gewährte Vorschüsse und Kredite angeben (§ 264 Abs. 1 Satz 5 Nr. 1 und Nr. 2 HGB). Von Aktiengesellschaften wird darüber hinaus eine Angabe über den Bestand eigener Aktien verlangt (§ 264 Abs. 1 Satz 5 Nr. 3 HGB).

Der Anhang dient vorrangig Informationszwecken. Zur Vermittlung eines den tatsächlichen Verhältnissen entsprechenden Bildes i. S. der Generalnorm des § 264 Abs. 2 Satz 1 HGB kommen dem Anhang folgende Funktionen zu:

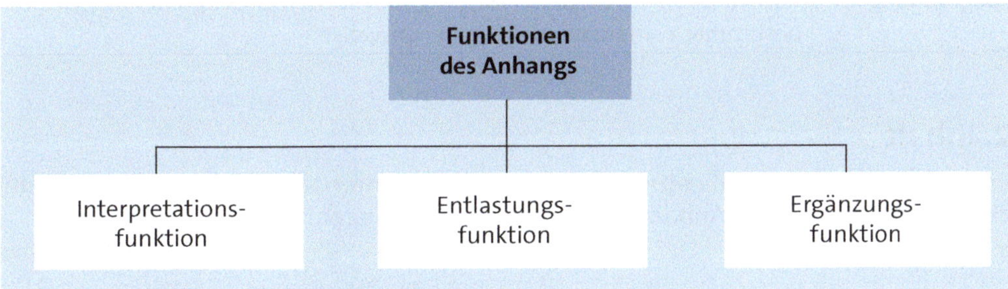

Hierzu ist allgemein festzuhalten:

- **Interpretationsfunktion**
  Die quantitativen Informationen über Bestandswerte in der Bilanz und über Stromgrößen in der GuV werden im Anhang kommentiert bzw. analysiert und damit qualitativ ergänzt.

  Hierdurch soll bei den Adressaten des Jahresabschlusses das Verständnis für das Zahlenmaterial verbessert und möglichen Fehlbeurteilungen vorgebeugt werden.

- **Entlastungsfunktion**
  Zusätzliche bzw. detaillierte Informationen können vielfach statt in der Bilanz oder in der GuV alternativ im Anhang erfolgen. Die Nutzung entsprechender Ausweiswahlrechte ermöglicht eine straffe formelle Gestaltung des Jahresabschlusses. Hierdurch wird regelmäßig die Übersichtlichkeit und Klarheit gefördert und damit letztlich die Aussagefähigkeit von Bilanz und GuV verbessert.

- **Ergänzungsfunktion**
  Der Anhang liefert zudem Informationen über nicht bilanzierungsfähige oder bilanzierungspflichtige Vorgänge sowie nicht in der Geschäftsbuchhaltung erfassbare Sachverhalte (z. B. Informationen zum Personalbereich, über Organe der Gesellschaft, oder Informationen zu wesentlichen Ereignissen nach dem Jahresabschlussstichtag). Hierdurch werden die in der Bilanz und GuV abgebildeten Transaktionen ergänzt.

Für den Anhang finden sich im Gesetz vor allem folgende nach Art und Umfang unterschiedlichen Berichtspflichten:

Art der Berichtspflicht	Umfang der Berichtspflicht
Ausweis	quantitative Nennung
Angabe	verbale oder quantitative Nennung ohne weitere Zusätze
Aufgliederung	quantitative Aufteilung (Segmentierung) einer Größe in einzelne Komponenten
Erläuterung	verbale Kommentierung und Interpretation von Inhalt, Zustandekommen bzw. Verursachung
Darstellung	verbale bzw. quantitative Angaben, verbunden mit Aufgliederungen oder Erläuterungen
Begründung	nachvollziehbare verbale Darlegung von Motiven und Argumenten für eine bestimmte Verhaltens- oder Vorgehensweise

2. Inhalt

Entsprechend dem Verpflichtungscharakter zur Berichterstattung lassen sich die einzelnen Bestandteile des Anhangs wie folgt systematisieren:

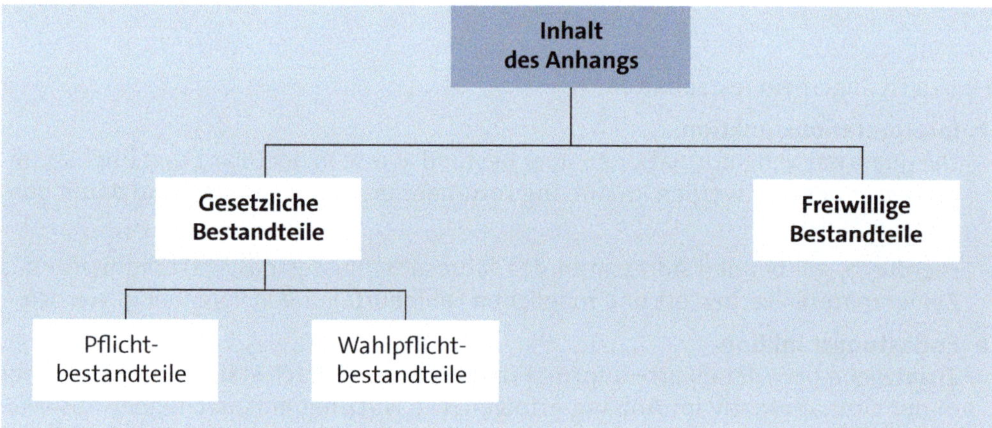

Die Wahlpflichtangaben, die nur alternativ im Anhang erfolgen, sind jeweils bereits im Zusammenhang mit den entsprechenden Posten der Bilanz und GuV behandelt worden. Daher beschränkt sich die nachfolgende Betrachtung auf die gesetzlichen Pflichtbestandteile und freiwilligen Informationen. Bezug genommen wird auf Berichtspflichten großer Kapitalgesellschaften bzw. Personengesellschaften i. S. des § 264a HGB. Die für kleine und mittelgroße Gesellschaften geltenden Erleichterungen nach § 288 HGB bleiben unberücksichtigt. Für Kleinstgesellschaften wird unterstellt, dass auf die Aufstellung eines Anhangs verzichtet wird (§ 264 Abs. 1 Satz 5 HGB).

Aufbau bzw. Gliederung des Anhangs sind im Gesetz nicht geregelt. Üblicherweise ist von folgender Struktur auszugehen:

Gliederungsschema
1. **Allgemeine Informationen** zu den angewandten Bilanzierungs- und Bewertungsmethoden sowie den Grundlagen der Währungsumrechnung
2. **Spezielle Informationen** zu einzelnen Posten der Bilanz und GuV
3. **Sonstige Informationen**

2.1 Pflichtbestandteile

Die Pflichtbestandteile des Anhangs lassen sich folgendermaßen strukturieren:

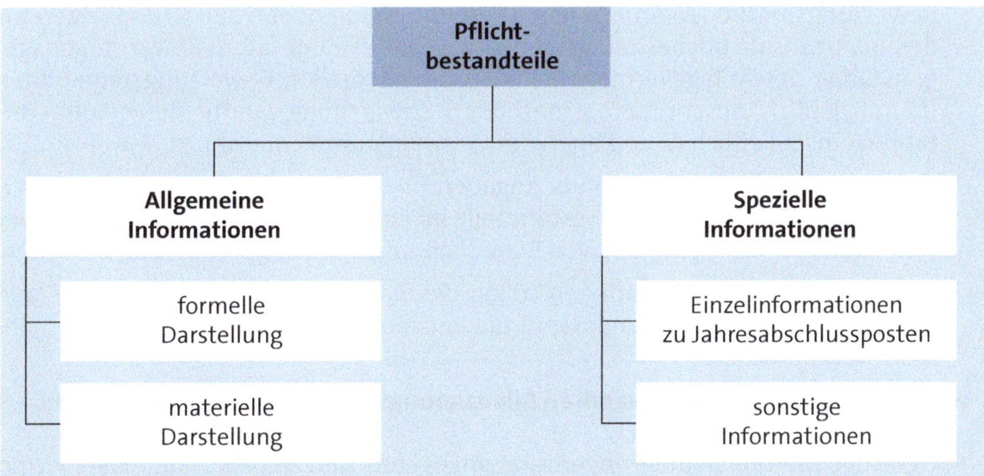

2.1.1 Allgemeine Informationen

- **Formelle Darstellung**
  Bezüglich Ausweis und Gliederung des Jahresabschlusses ist hauptsächlich zu informieren über
  - **Abweichungen der Darstellungsform, insbesondere bei der Gliederung des Jahresabschlusses** (§ 265 Abs. 1 Satz 2 HGB)
  - **fehlende Vergleichbarkeit von Posten sowie Anpassung von Vorjahresbeträgen** (§ 265 Abs. 2 Satz 2 und Satz 3 HGB)
- **Materielle Darstellung**
  Zum Bilanzinhalt bestehen folgende bedeutsame Berichtspflichten, denen unter Beachtung der Postenreihenfolge der Gliederungsschemata nachzukommen ist (§ 284 Abs. 1 Satz 1 Halbsatz 2 HGB):

- **zusätzliche Angaben, sofern Bilanz und GuV aufgrund besonderer Umstände kein den tatsächlichen Verhältnissen entsprechendes Bild der Vermögens-, Finanz- und Ertragslage vermitteln** (§ 264 Abs. 2 Satz 2 HGB)

  Relevant sind allein außergewöhnliche betriebliche Verhältnisse bzw. Gegebenheiten, nicht jedoch Auswirkungen aufgrund gesetzlicher Bilanzierungs- und Bewertungswahlrechte.

  Kleinstgesellschaften, die keinen Anhang aufstellen, haben diesbezügliche Angaben unter der Bilanz zu machen (§ 264 Abs. 2 Satz 4 HGB). Allerdings gilt für einen von diesen Gesellschaften aufgestellten vereinfachten Jahresabschluss die gesetzliche Vermutung, dass der Generalnorm des § 264 Abs. 2 Satz 1 HGB entsprochen wird (§ 264 Abs. 2 Satz 5 HGB). Daher wird diese Angabepflicht nur ausnahmsweise zum Tragen kommen.

- **angewandte Bilanzierungs- und Bewertungsmethoden**
  (§ 284 Abs. 2 Nr. 1 und Nr. 4 HGB)
  Für die Posten der Bilanz und GuV sind die maßgebenden Bilanzierungs- und Bewertungsmethoden anzugeben. Diese umfassen neben den Grundsätzen für den Bilanzansatz (insbesondere selbst geschaffene immaterielle Vermögensgegenstände des Anlagevermögens) auch die generellen Bewertungsregelungen (hauptsächlich Abschreibungsmethoden sowie angewandte Bewertungsverfahren einschließlich Grundlagen der Währungsumrechnung).

  Verlangt werden darüber hinaus Angaben über die Art der Ermittlung der Herstellungskosten, d. h. welche Bestandteile im Einzelnen einbezogen werden. Über die etwaige Berücksichtigung von Fremdkapitalzinsen ist gesondert zu berichten.

  Die vorstehenden Informationen sollen die Inanspruchnahme von Ansatz- und Bewertungswahlrechten und damit die Rechnungslegungspolitik des Unternehmens verdeutlichen.

- **Abweichungen von angewandten Bilanzierungs- und Bewertungsmethoden**
  (§ 284 Abs. 2 Nr. 2 HGB)
  Derartige Methodenänderungen sind anzugeben und zu begründen; die hiermit verbundenen Auswirkungen auf die Vermögens-, Finanz- und Ertragslage sind gesondert darzustellen.

- **Entwicklung der einzelnen Posten des Anlagevermögens** (§ 284 Abs. 3 HGB)
  Die Darstellung der Entwicklung des Anlagevermögens erfolgt mithilfe eines **Anlagespiegels** (Anlagegitters). Dieser ist nach dem Prinzip der direkten Bruttomethode wie folgt aufgebaut (§ 284 Abs. 3 Satz 2 HGB):

Bilanzposten	historische Anschaffungs-/Herstellungskosten zum Beginn des Geschäftsjahrs	Zugänge – Geschäftsjahr	Abgänge – Geschäftsjahr	Umbuchungen – Geschäftsjahr	historische Anschaffungs-/Herstellungskosten zum Ende des Geschäftsjahrs	kumulierte Abschreibungen zum Ende des Geschäftsjahrs	Restbuchwert zum Ende des Geschäftsjahrs	Restbuchwert – Vorjahr[1]
gesondert für jeden Posten des Anlagevermögens								

[1] Angabe der Vorjahreswerte ist gesetzlich nicht zwingend, entspricht jedoch gängiger Praxis.

Bilanz-Ausweis

Die im Unternehmen vorhandenen Vermögensgegenstände werden bis zu ihrem Ausscheiden mit den historischen Ausgangswerten berücksichtigt.

Die Zu- bzw. Abgänge beziehen sich auf die mit Anschaffungs- oder Herstellungskosten zu erfassenden Anlagegüter des laufenden Jahres.

Umbuchungen sind erforderlich zur Darstellung von Umgliederungen vorhandener Anlagewerte. Hiermit ist keine Mengen- oder Wertänderung des Anlagevermögens verbunden. Typische Beispiele sind Umbuchungen geleisteter Anzahlungen oder von Anlagen im Bau auf die entsprechende Einzelposition. Insgesamt müssen sich die Umbuchungen eines Geschäftsjahrs ausgleichen.

Die Zuschreibungen des Geschäftsjahrs sind nicht als eigenständige Position im Anlagespiegel, sondern zweckmäßigerweise im Zusammenhang mit der Aufgliederung der kumulierten Abschreibungen zu berücksichtigen (vgl. *Theile,* S. 2835). Zuschreibungen sind Korrekturen von in früheren Jahren erfolgten (außerplanmäßigen) Wertherabsetzungen und daher mit den Abschreibungen zu saldieren. Hierdurch wird eine jahresweise Überleitung der Bestandswerte der kumulierten Abschreibungen wie auch der Restbuchwerte ermöglicht.

Die kumulierten Abschreibungen umfassen alle Abschreibungsarten. Dabei sind die außerplanmäßigen Abschreibungen, sofern nicht bereits in der GuV gesondert ausgewiesen, im Anhang gesondert anzugeben (§ 277 Abs. 3 Satz 1 HGB). Zu den Abschreibungen werden – alternativ im Anlagespiegel oder in einer gesonderten Aufstellung (= **Abschreibungsspiegel**) – folgende Angaben verlangt (§ 284 Abs. 3 Satz 3 HGB):

Bilanzposten	kumulierte Abschreibungen zum Beginn des Geschäftsjahrs	kumulierte Abschreibungen auf ...			Zuschreibungen – Geschäftsjahr	Abschreibungen – Geschäftsjahr	kumulierte Abschreibungen zum Ende des Geschäftsjahrs
		Zugänge – Geschäftsjahr	Abgänge – Geschäftsjahr	Umbuchungen – Geschäftsjahr			
gesondert für jeden Posten des Anlagevermögens							

GuV-Ausweis

Der Position „kumulierte Abschreibungen auf Zugänge im Geschäftsjahr“ kommt nach Literaturmeinung nur in Sonderfällen Bedeutung zu. Beispielhaft angeführt wird die Übernahme von Sachgesamtheiten im Rahmen von Verschmelzungen oder Spaltungen.

Ansonsten werden die für angeschaffte oder hergestellte Anlagegüter im Zugangsjahr vorzunehmenden Wertberichtigungen gesondert als „Abschreibungen des Geschäftsjahrs“ ausgewiesen.

Sind Zinsen für Fremdkapital in die Herstellungskosten einbezogen worden, ist für jeden Posten des Anlagevermögens der im Geschäftsjahr aktivierte Betrag anzugeben (§ 284 Abs. 3 Satz 4 HGB). Diese Verpflichtung besteht folglich allein für die Zugänge der jeweiligen Berichtsperiode. Die Angabe kann als „davon“-Vermerk im Anlagespiegel oder separat an anderer Stelle, z. B. bei den Erläuterungen der einzelnen Posten des Anlagevermögens, erfolgen.

Aufgabe 51 > Seite 191

- **Bildung von Bewertungseinheiten** (§ 285 Nr. 23 HGB)
  Sofern die betreffenden Informationen nicht im Lagebericht gegeben werden, sind im Falle der Bildung von Bewertungseinheiten folgende Anhangsangaben vorgeschrieben:
  - bezogen auf die gebildete Bewertungseinheit
    Art der Bewertungseinheit, der Betrag der hierin einbezogenen Grundgeschäfte, Art und Höhe der abgesicherten Risiken

- bezogen auf die abgesicherten Risiken
  Grund, Umfang und Zeitraum, in dem sich die gegenläufigen Wertänderungen oder Zahlungsströme voraussichtlich ausgleichen, einschließlich der Methode der Ermittlung
- bezogen auf antizipative Bewertungseinheiten
  hierin einbezogene Transaktionen.

Diese Angaben können zweckmäßigerweise in einem sogenannten **Hedge-Spiegel** zusammengefasst werden.

2.1.2 Spezielle Informationen

2.1.2.1 Einzelinformationen zu Jahresabschlussposten

In entsprechender Reihenfolge von Bilanz und GuV (§ 284 Abs. 1 Satz 1 Halbsatz 2 HGB) bestehen zu einzelnen Posten des Jahresabschlusses rechtsformunabhängig folgende wesentlichen Berichtspflichten:

► **Bilanz**

- **Forschungs- und Entwicklungskosten** (§ 285 Nr. 22 HGB)
  Bei Ausübung des Aktivierungswahlrechts nach § 248 Abs. 2 HGB ist der Gesamtbetrag der Forschungs- und Entwicklungskosten des Geschäftsjahrs anzugeben sowie der hiervon auf selbst geschaffene immaterielle Vermögensgegenstände des Anlagevermögens entfallende Betrag.
- **Erläuterung des Zeitraums für die Abschreibung eines entgeltlich erworbenen Geschäfts- oder Firmenwerts** (§ 285 Nr. 13 HGB)
- **Anteile an Investmentvermögen** (§ 285 Nr. 26 HGB)
  Sofern Anteile oder Anlageaktien an bestimmten inländischen Investmentvermögen oder vergleichbaren ausländischen Investmentanteilen von mehr als 10 % gehalten werden, sind im Einzelnen anzugeben:
  - Anlageziele
  - Wert der Anteile
  - Differenz zum Buchwert (= stille Reserven bzw. stille Lasten)
  - für das Geschäftsjahr erfolgte Ausschüttung
  - Beschränkungen in der Möglichkeit der täglichen Rückgabe.

  Falls von dem Abschreibungswahlrecht nach § 253 Abs. 3 Satz 4 HGB kein Gebrauch gemacht wird, sind die Gründe hierfür anzugeben und die Anhaltspunkte für das Vorliegen einer voraussichtlich nicht dauernden Wertminderung.
- **Ausweis erheblicher Unterschiedsbeträge aus der Anwendung einer Gruppenbewertung oder Verbrauchsfolgefiktion gegenüber dem Börsenkurs oder Marktpreis bei der Bewertung des Umlaufvermögens** (§ 284 Abs. 2 Nr. 3 HGB)

- **Altersversorgungsverpflichtungen**
  - Angabepflichtig zu den Pensionsrückstellungen sind das angewandte versicherungsmathematische Berechnungsverfahren sowie die grundlegenden Annahmen, insbesondere Zinssatz, erwartete Lohn- und Gehaltsentwicklungen, zu Grunde gelegte Sterbetafel (§ 285 Nr. 24 HGB).
  - Bei Saldierung von Altersversorgungsverpflichtungen mit hierfür reservierten Vermögenswerten gem. § 246 Abs. 2 Satz 2 HGB sind die Anschaffungskosten und der beizulegende Zeitwert der Vermögenswerte sowie der Erfüllungsbetrag der Schulden anzuführen und ebenfalls die diesbezüglichen miteinander verrechneten Aufwendungen und Erträge (§ 285 Nr. 25 HGB).
- **Aufgliederung der Verbindlichkeiten** (§ 285 Nr. 1 und Nr. 2 HGB)
  Zusätzlich zu der Vermerkpflicht der Verbindlichkeiten mit einer Restlaufzeit von bis zu einem Jahr und von mehr als einem Jahr in der Bilanz nach § 268 Abs. 5 Satz 1 HGB ist für jeden Posten nach dem vorgeschriebenen Gliederungsschema auch der Gesamtbetrag der Verbindlichkeiten mit einer Restlaufzeit von mehr als fünf Jahren anzugeben.

  Neben der Gliederung nach Fristigkeit sind auch die durch Pfandrechte oder ähnliche Rechte gesicherten Verbindlichkeiten – unter Angabe von Art und Form der Sicherheiten – anzuführen (§ 285 Nr. 1 Buchst. b HGB). Relevant sind diesbezüglich insbesondere folgende Arten von Sicherheiten (vgl. *Baetge/Kirsch/Thiele*, S. 407 f.):

  - Grundpfandrechte (Hypotheken, Grundschulden, Rentenschulden)
  - Pfandrechte an beweglichen Sachen
  - Pfandrechte an Rechten
  - Sicherungsübereignungen
  - Sicherungsabtretungen.

  Vorstehenden Angabepflichten wird regelmäßig durch die Aufstellung eines sogenannten **Verbindlichkeitsspiegels** entsprochen. Dieser kann wie folgt aufgebaut sein:

Art der Verbindlichkeit	**Gesamtbetrag**	**davon mit einer Restlaufzeit**			**gesicherte Beträge**	**Art der Sicherheit**
		bis zu einem Jahr	**von mehr als einem Jahr**	**von mehr als 5 Jahren**		
gesondert für jeden Posten der Verbindlichkeiten						
Summe						

- **Erläuterung der Beträge größeren Umfangs von Vermögensgegenständen bzw. Verbindlichkeiten, die erst nach dem Abschlussstichtag rechtlich entstehen** (§ 268 Abs. 4 Satz 2 bzw. Abs. 5 Satz 3 HGB)
  Hierbei handelt es sich um sogenannte **antizipative Rechnungsabgrenzungsposten**. Diese sind dadurch gekennzeichnet, dass vor dem Abschlussstichtag erbrachte bzw. erhaltene zeitraumbezogene Leistungen erst in einer nachfolgenden Periode zahlungswirksam werden (z. B. Mieten für Dezember 01 werden erst im Februar 02 gezahlt).
- **Erläuterung von Rückstellungen von nicht unerheblichem Umfang, die in dem Posten sonstige Rückstellungen enthalten sind** (§ 285 Nr. 12 HGB)
- **Erläuterung latenter Steuern**
  - Anzugeben sind die für latente Steuern ursächlichen Wertdifferenzen sowie die Berücksichtigung steuerlicher Verlustvorträge und zudem die bei der Bewertung angewandten Steuersätze. Diese Angabepflichten bestehen unabhängig vom Ausweis latenter Steuern in der Bilanz (§ 285 Nr. 29 HGB).
  - Für bilanzierte latente Steuerschulden sind die latenten Steuersalden zum Ende des Geschäftsjahrs und deren Änderungen im Laufe der Berichtsperiode anzugeben (§ 285 Nr. 30 HGB). Dies kann sinnvollerweise im Rahmen einer Überleitung von den Anfangs- zu den Endbeständen erfolgen.
- **Risiken aus Eventualverbindlichkeiten** (§ 285 Nr. 27 HGB)
  Darzulegen sind die Gründe der Einschätzung des Risikos der Inanspruchnahme. Damit wird im Ergebnis erläutert, warum ein Ausweis unter der Bilanz und nicht als Verbindlichkeit in der Bilanz erfolgt ist.

► **Gewinn- und Verlustrechnung**

- **Aufgliederung der Umsatzerlöse** (§ 285 Nr. 4 HGB)
  - nach Tätigkeitsbereichen (Sparten)
  - nach geografisch bestimmten Märkten (Inland, Ausland [gegebenenfalls weiter unterteilt nach Kontinenten, Regionen, Staatengemeinschaften bzw. Einzelstaaten]).
- **Aufgliederung des Material- und Personalaufwands bei Anwendung des Umsatzkostenverfahrens** (§ 285 Nr. 8 HGB)
- **Angabe außergewöhnlicher Erträge und Aufwendungen** (§ 285 Nr. 31 HGB)
  Berichtspflichtig sind Betrag und Art einzelner Erträge und Aufwendungen von außergewöhnlicher Größenordnung oder außergewöhnlicher Bedeutung, sofern die Beträge nicht von untergeordneter Bedeutung sind. Die außergewöhnliche Größenordnung einzelner Sachverhalte ist anhand der für das Unternehmen prägenden Größenmerkmale zu beurteilen – also unter Bezugnahme auf Umsatz oder Bilanzsumme wie auch auf übliche Geschäftsvorfälle. Als Beispiele können angeführt werden:
  - außergewöhnlich hohe Erträge aus dem Verkauf von Anlagegegenständen
  - außergewöhnlich hohe Umsatzsteigerung durch einen Großauftrag.

Vorgänge von außergewöhnlicher Bedeutung sind dadurch gekennzeichnet, dass sie selten bzw. unregelmäßig auftreten. Als mögliche Anwendungsfälle kommen u. a. in Betracht:

- Ergebnisse aus der Veräußerung von Gesamtbetrieben oder Betriebsteilen
- Aufwendungen für Stilllegungen oder in Katastrophenfällen.

- **Erläuterung periodenfremder (aperiodischer) Erträge und Aufwendungen hinsichtlich Betrag und Art, sofern die Beträge nicht von untergeordneter Bedeutung sind** (§ 285 Nr. 32 HGB)

Für Aktiengesellschaften werden darüber hinaus rechtsformspezifische Angabepflichten durch § 160 AktG begründet.

2.1.2.2 Sonstige Informationen

Als über das eigentliche Zahlenwerk hinausgehende Informationen sind festzuhalten:

► **Angaben zu nicht in der Bilanz enthaltenen Geschäften** (§ 285 Nr. 3 HGB)
Bei außerbilanziellen Geschäften handelt es sich um Transaktionen, „die von vornherein dauerhaft keinen Eingang in die Handelsbilanz finden oder einen dauerhaften Abgang von Vermögensgegenständen oder Schulden aus der Handelsbilanz nach sich ziehen" (*BilRUG*, S. 69). Als Belegfälle anzuführen sind insbesondere Vorgänge im Zusammenhang mit der Errichtung bzw. Nutzung von Zweckgesellschaften oder mit Offshore-Geschäften.

Neben Art und Zweck entsprechender Transaktionen sind auch die hiermit jeweils verbundenen Risiken, Vorteile und finanziellen Auswirkungen gesondert anzugeben. Dabei müssen die Risiken und Vorteile wesentlich und die Offenlegung für die Beurteilung der Finanzlage erforderlich sein.

► **Gesamtbetrag der sonstigen finanziellen Verpflichtungen** (§ 285 Nr. 3a HGB)
Diese Angabe betrifft bedeutsame künftige Zahlungsverpflichtungen, die nicht zu einem entsprechenden Passivposten führen und auch nicht als Haftungsverhältnisse nach § 251 HGB oder als außerbilanzielle Geschäfte nach § 285 Nr. 3 HGB anzugeben sind. Eine Berichtspflicht besteht nur, wenn der Gesamtbetrag für die Beurteilung der Finanzlage von Bedeutung ist.

Zu berücksichtigen sind sowohl Verpflichtungen gegenüber Dritten als auch Verpflichtungen des Unternehmens gegenüber sich selbst (Innenverpflichtungen).

Anzuführen sind beispielsweise

- mehrjährige Verpflichtungen aus Miet- oder Leasingverträgen
- Verpflichtungen aus begonnenen Investitionsvorhaben
- Verpflichtungen aus langfristigen Abnahmeverträgen.

Die Altersversorgung betreffende Verpflichtungen sowie Verpflichtungen gegenüber verbundenen oder assoziierten Unternehmen sind jeweils gesondert anzugeben.

► **Mitarbeiter** (§ 285 Nr. 7 HGB)
Durchschnittliche Zahl der während des Geschäftsjahrs beschäftigten Arbeitnehmer getrennt nach Gruppen.

► **Organe der Gesellschaft**

- Mitglieder der Geschäftsführung und des Aufsichtsrats (§ 285 Nr. 10 HGB)
- Gesamtbezüge (einschließlich nicht ausgezahlter, sondern in Ansprüche anderer Art umgewandelter oder zur Erhöhung anderer Ansprüche verwendeter Bezüge), gewährte Vorschüsse und Kredite sowie eingegangene Haftungsverhältnisse für Organmitglieder bzw. frühere Organmitglieder (§ 285 Nr. 9 HGB).

  Börsennotierte Aktiengesellschaften i. S. des § 3 Abs. 2 AktG müssen die Vorstandsbezüge namentlich für jedes einzelne Vorstandsmitglied gesondert angeben (§ 285 Nr. 9 Buchst. a Satz 5 HGB).

  Die Bezüge sind aufzuteilen nach erfolgsunabhängigen Komponenten (Festgehalt/Fixum), erfolgsbezogenen Komponenten (Bonus/Tantieme/Gratifikation) sowie Komponenten mit langfristiger Anreizwirkung (z. B. Aktienoptionen). Neben den laufenden Vergütungen sind auch etwaige einmalige Leistungen offenzulegen, die für den Fall der Beendigung der Tätigkeit eines Vorstandsmitglieds zugesagt sind. Dabei ist der wesentliche Inhalt entsprechender Versorgungs- und Abfindungszusagen darzustellen, sofern deren rechtliche Ausgestaltung von den üblicherweise Arbeitnehmern erteilten Zusagen nicht unerheblich abweicht. Ebenfalls anzugeben sind zugesagte Leistungen von Dritten, d. h. von natürlichen oder juristischen Personen außerhalb des den Jahresabschluss aufstellenden Unternehmens (§ 285 Nr. 9 Buchst. a Satz 7 HGB).

  Angabepflichtig sind allein die Bezüge von Vorstandsmitgliedern, nicht aber von Mitgliedern eines Überwachungsgremiums (insbesondere Aufsichtsrat oder Beirat). Für letztgenannte Gruppe verbleibt es bei einer fakultativen Offenlegung.

  Die für den Vorstandsbereich verlangten Individualangaben können durch Beschluss der Hauptversammlung unterbleiben (§ 286 Abs. 5 HGB). Ein entsprechender Befreiungsbeschluss, der mit satzungsändernder Mehrheit von mindestens drei Viertel des bei der Beschlussfassung vertretenen Grundkapitals gefasst werden muss, kann für höchstens fünf Jahre gelten. Er wirkt immer erst für das auf die Beschlussfassung folgende Geschäftsjahr.

  Auch im Falle einer derartigen Befreiung besteht die allgemeine Pflicht zur Angabe der Gesamtbeträge der Vergütungen der Organmitglieder je Gremium unverändert fort.

► **Beteiligungen**

- Aufstellung über vom Unternehmen selbst oder von einem Dritten für Rechnung des Unternehmens gehaltene Beteiligungen i. S. des § 271 Abs. 1 HGB (§ 285 Nr. 11 HGB)
- Börsennotierte Kapitalgesellschaften haben zusätzlich alle Beteiligungen an großen Kapitalgesellschaften mit mehr als 5 % der Stimmrechte anzugeben (§ 285 Nr. 11b HGB).

- Name, Sitz und Rechtsform der Unternehmen, bei denen eine Kapitalgesellschaft unbeschränkt haftender Gesellschafter ist (§ 285 Nr. 11a HGB).

► **Angaben zu Genussscheinen, Genussrechten und vergleichbaren Wertpapieren oder Rechten** (§ 285 Nr. 15a HGB)

► **Entsprechenserklärung zum Corporate Governance Kodex** (§ 285 Nr. 16 HGB)
Nach § 161 AktG müssen börsennotierte Gesellschaften sowie Gesellschaften, deren Aktien auf eigene Veranlassung über ein multilaterales Handelssystem – in Deutschland im Freiverkehr – gehandelt werden und die ausschließlich andere Wertpapiere – insbesondere Schuldverschreibungen – zum Handel an einem organisierten Markt ausgegeben haben, erklären, ob und in welchem Umfang die vom Bundesministerium der Justiz bekannt gemachten Empfehlungen der „Regierungskommission Deutscher Corporate Governance Kodex" beachtet sind. Die entsprechende Angabe bezieht sich darauf, dass diese Erklärung abgegeben und wo sie öffentlich zugänglich gemacht worden ist. Der Inhalt selbst braucht nicht im Anhang aufgenommen zu werden.

► **Honorar für Abschlussprüfer** (§ 285 Nr. 17 HGB)
Soweit nicht in einem das Unternehmen einbeziehenden Konzernabschluss enthalten, ist das von dem Abschlussprüfer für das Geschäftsjahr berechnete Gesamthonorar anzugeben. Der Betrag ist aufzugliedern nach folgenden Leistungsarten:

- Abschlussprüfung
- andere Bestätigungsleistungen
- Steuerberatungsleistungen
- sonstige Leistungen.

► **Finanzinstrumente des Finanzanlagevermögens, die über ihrem beizulegenden Wert ausgewiesen werden** (§ 285 Nr. 18 HGB)
Für Gegenstände des Finanzanlagevermögens besteht bei einer voraussichtlich nicht dauernden Wertminderung ein Abwertungswahlrecht (§ 253 Abs. 3 Satz 6 HGB). Sofern bei – zu diesem Bereich gehörenden – Finanzinstrumenten demnach keine außerplanmäßigen Abschreibungen vorgenommen worden sind und der Bilanzansatz damit den beizulegenden Wert übersteigt, muss berichtet werden über

- Buchwert und beizulegenden Zeitwert der einzelnen Vermögensgegenstände oder angemessener Gruppierungen
- Gründe für das Unterlassen der außerplanmäßigen Abschreibung einschließlich der Anhaltspunkte für das Vorliegen einer nur vorübergehenden Wertminderung.

► **derivative, nicht zum beizulegenden Zeitwert bilanzierte Finanzinstrumente** (§ 285 Nr. 19 HGB)
Für jede Kategorie dieser derivativen Finanzinstrumente müssen Angaben erfolgen über

- Art und Umfang
- verlässlich ermittelten beizulegenden Zeitwert unter Angabe der angewandten Bewertungsmethode
- Buchwert und Bilanzposten, in dem ein vorhandener Buchwert erfasst ist
- Gründe, warum der beizulegende Zeitwert nicht bestimmt werden kann.

► **Geschäfte mit nahestehenden Unternehmen und Personen** (§ 285 Nr. 21 HGB)
Sofern nicht freiwillig über sämtliche Geschäfte mit nahestehenden Unternehmen und Personen berichtet wird, sind zwingend die wesentlichen marktunüblichen Geschäfte anzugeben.

Als Geschäfte gelten „alle Transaktionen rechtlicher oder wirtschaftlicher Art, die sich auf die Finanzlage eines Unternehmens auswirken können" (*BilRUG*, S. 72). Anzuführen sind beispielsweise:

- Käufe oder Verkäufe von Gegenständen oder Waren
- Bezug oder Erbringung von Dienstleistungen
- Nutzung oder Nutzungsüberlassung von Gegenständen
- Gewährung von Bürgschaften oder anderen Sicherheiten
- Übernahme oder Erfüllung von Verbindlichkeiten.

Zur Beurteilung der Marktüblichkeit ist ein Drittvergleich durchzuführen. Maßgebend ist dabei, ob die betreffenden Geschäfte zu gleichen Konditionen auch mit einem unabhängigen Dritten zu Stande gekommen wären.

Bei Vorliegen der gesetzlichen Voraussetzungen ist zu berichten über

- Art der Beziehung zu nahestehenden Unternehmen und Personen
- Wert der Geschäfte
- weitere für die Beurteilung der Finanzlage notwendige Aspekte.

Diese Informationen können nach Geschäftsarten zusammengefasst werden, sofern die getrennte Angabe für die Beurteilung der Finanzlage nicht notwendig ist.

Vorstehende Berichtspflichten werden wie folgt eingeschränkt:

- in sachlicher Hinsicht
  für Geschäfte mit und zwischen mittel- oder unmittelbar in 100-prozentigem Anteilsbesitz stehenden in einen Konzernabschluss einbezogenen Unternehmen sowie für unterlassene Rechtsgeschäfte und unterlassene Maßnahmen (vgl. zu Letzterem *BilRUG*, S. 72)
- in persönlicher Hinsicht
  für kleine Gesellschaften (§ 288 Abs. 1 HGB) sowie für mittelgroße Gesellschaften, die nicht in der Rechtsform der Aktiengesellschaft geführt werden (§ 288 Abs. 2 Satz 3 HGB).

► **Gesamtbetrag der ausschüttungsgesperrten Beträge** (§ 285 Nr. 28 HGB)
Bestimmte Vermögensmehrungen dürfen zum Schutz der Gläubiger nicht zur Ausschüttung herangezogen werden. Der betreffende Gesamtbetrag ist nach den hierfür einschlägigen Regelungen wie folgt aufzugliedern:

- Aktivierung selbst geschaffener immaterieller Vermögensgegenstände des Anlagevermögens
- Aktivierung latenter Steuern
- Aktivierung von Vermögensgegenständen zum beizulegenden Zeitwert.

- **Vorgänge von besonderer Bedeutung nach dem Schluss des Geschäftsjahrs** (§ 285 Nr. 33 HGB)
  Zu wichtigen (positiven und negativen) Vorgängen, die nach dem Abschlussstichtag eingetreten sind und sich weder in der Bilanz (z. B. als Rückstellungen) oder in der GuV niedergeschlagen haben, sind Art und finanzielle Auswirkungen anzugeben. Hierdurch soll eine zutreffende Beurteilung der Lage wie auch der künftigen Entwicklung ermöglicht werden. Entsprechende Angaben können beispielsweise betreffen:
  - **Kapitalerhöhungen/Kapitalherabsetzungen**
  - **Gründung, Veräußerung oder Auflösung von Niederlassungen bzw. Tochtergesellschaften**
  - **Preisänderungen am Beschaffungs- bzw. Absatzmarkt**
  - **Abschluss bzw. Kündigung wichtiger Liefer- oder Abnahmeverträge.**
- **Vorschlag bzw. Beschluss über die Ergebnisverwendung** (§ 285 Nr. 34 HGB)

Personengesellschaften i. S. des § 264a HGB haben im Anhang Name und Sitz der Gesellschaften, die persönlich haftende Gesellschafter sind, sowie deren gezeichnetes Kapital anzugeben (§ 285 Nr. 15 HGB).

2.2 Freiwillige Bestandteile

Die gesetzlichen Pflichtangaben können freiwillig ergänzt bzw. erweitert werden. Entsprechende Zusatzinformationen können sich beziehen auf:

- **Erläuterung weiterer – nicht in § 285 HGB genannter – Einzelposten des Abschlusses**
- **Nebenrechnungen**
  z. B. Bewegungsbilanz, Kapitalflussrechnung, Sozialbilanz, Wertschöpfungsrechnung, Umweltbilanz, Substanzerhaltungsrechnungen.

  Bei kapitalmarktorientierten Unternehmen, die nicht zur Konzernrechnungslegung verpflichtet sind, bildet die Kapitalflussrechnung einen integralen Bestandteil des Jahresabschlusses (§ 264 Abs. 1 Satz 2 HGB). Mithilfe dieser Rechnung soll die Entwicklung der Finanzlage im Geschäftsjahr verdeutlicht werden. Zu diesem Zweck werden die Zahlungsströme für die Bereiche der laufenden Geschäftstätigkeit, der Investitions- sowie der Finanzierungstätigkeit gesondert dargestellt. Mangels detaillierter gesetzlicher Regelungen zum Aufbau bzw. zur Ausgestaltung der Kapitalflussrechnung empfiehlt sich für den Einzelabschluss die analoge Anwendung der Empfehlungen des Deutschen Standardisierungsrats DRS 21.
- **Kapitalmarktorientierte Informationen**
  z. B. Kursverlauf, Aktienanzahl, Börsenkapitalisierung, Dividendenrendite, Ergebnis je Aktie, Kurs-/Gewinnverhältnis
- **Angaben zur internationalen Vergleichbarkeit**
  z. B. Bewertung unter Berücksichtigung von Wiederbeschaffungskosten, Angabe unrealisierter Gewinne, Ergebnisermittlung nach internationalen Rechnungslegungsgrundsätzen (IFRS, US-GAAP).

2.3 Einschränkungen der Berichterstattung

Unter bestimmten Umständen müssen bzw. können Angaben im Anhang unterbleiben. Entsprechende Schutzklauseln gelten größenunabhängig in folgenden Fällen (§ 286 HGB):

- **Berichtsverbot im Interesse der Allgemeinheit**
  Nach dieser so genannnten **Gemeinwohlklausel** hat eine Berichterstattung zu unterbleiben, soweit dies für das Wohl der Bundesrepublik Deutschland oder eines ihrer Länder erforderlich ist (§ 286 Abs. 1 HGB).
- **Berichtswahlrechte im Interesse der Gesellschaft bzw. ihrer Organmitglieder**
  Unternehmens- bzw. personenbezogene Schutzklauseln betreffen folgende Angaben:
  - **Aufgliederung der Umsatzerlöse** (§ 286 Abs. 2 HGB)
  - **Angabe von Beteiligungen** (§ 286 Abs. 3 HGB)
  - **Angabe der Gesamtbezüge derzeitiger oder früherer Organmitglieder bei nicht börsennotierten Aktiengesellschaften bzw. bei Personengesellschaften i. S. des § 264a HGB** (§ 286 Abs. 4 HGB).

E. Lagebericht

1. Bedeutung

Mittelgroße und große Kapitalgesellschaften und Personengesellschaften mit Haftungsbeschränkung haben ihren aus Bilanz, GuV und Anhang bestehenden Jahresabschluss um einen Lagebericht zu ergänzen (§ 264 Abs. 1 Satz 1 und Satz 4 HGB). Dieser ist also nicht Bestandteil des Jahresabschlusses, sondern ein eigenständiges Rechnungslegungsinstrument.

Der Lagebericht enthält sowohl vergangenheitsorientierte als auch zukunftsbezogene Informationen. Hierdurch soll eine Gesamtbeurteilung des Unternehmens und seiner gegenwärtigen bzw. künftigen wirtschaftlichen Situation ermöglicht werden. Dabei ist unter Beachtung der allgemeinen Berichtsgrundsätze (Vollständigkeit, Richtigkeit, Klarheit) sowie des Wesentlichkeitsaspekts ein den tatsächlichen Verhältnissen entsprechendes Bild zu vermitteln.

2. Inhalt

Der Inhalt des Lageberichts wird durch folgende Bestandteile geprägt:

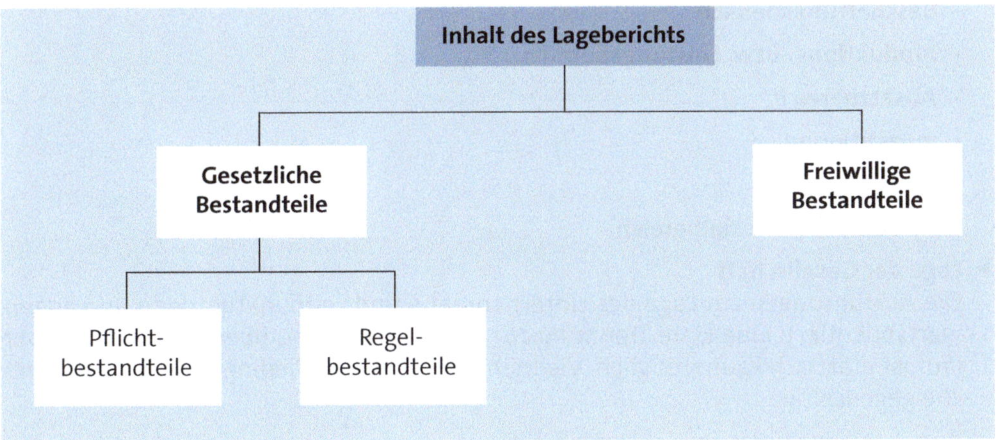

2.1 Gesetzliche Bestandteile

2.1.1 Pflichtbestandteile

Der Lagebericht umfasst stets den sogenannten **Wirtschaftsbericht**, in dem der Geschäftsverlauf einschließlich des Geschäftsergebnisses sowie die Lage und die voraussichtliche Entwicklung der Gesellschaft darzustellen sind:

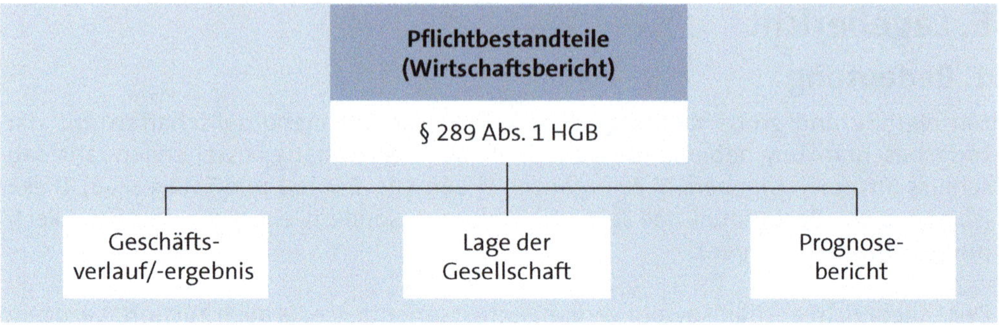

Die Bestandteile des Wirtschaftsberichts können inhaltlich wie folgt gekennzeichnet werden:

► **Geschäftsverlauf/-ergebnis**
  Zu berichten ist über die geschäftliche Entwicklung in der abgelaufenen Periode und die hierfür maßgebenden Umstände bzw. Bedingungen. Gegenstand dieser zeitraumbezogenen, vergangenheitsorientierten Betrachtung sind üblicherweise:

  - **gesamtwirtschaftliche und branchentypische Verhältnisse und Entwicklungen**
  - **wichtige unternehmensspezifische Ereignisse**
  - **Beschaffungsbereich**
  - **Produktions- bzw. Leistungsbereich**
  - **Absatzbereich**
  - **Investitionen**
  - **Finanzierung**
  - **Personal- und Sozialbereich.**

► **Lage der Gesellschaft**
  Die Ausführungen zur Lage des Unternehmens sind zeitpunktbezogen und gegenwartsorientiert. Eine klare Trennung zur Berichterstattung über den Geschäftsverlauf ist praktisch kaum möglich. Vielmehr ergänzen und bedingen sich beide Bereiche gegenseitig.

  Angaben beziehen sich regelmäßig auf:

  - **Struktur des Unternehmens**
    z. B. Organisationsstruktur, Tätigkeit nach Bereichen bzw. Sparten, Risikomanagement
  - **Absatzlage**
    z. B. Marktanteile, Marktentwicklungen, Auftragslage
  - **Vermögenslage**
    hautsächlich Höhe, Struktur und wesentliche Veränderungen des bilanziellen Vermögens; nicht in der Bilanz erfasste Vermögenswerte, wie außerbilanzielle Finanzinstrumente oder selbstgeschaffene immaterielle Güter

- **Finanzlage**
  vornehmlich Kapitalstruktur, Liquidität, Grundsätze und Ziele des Finanzmanagements
- **Ertragslage**
  insbesondere wesentliche Ergebnisdeterminanten, einmalige bzw. außergewöhnliche Vorgänge, Veränderungen der Aufwands- und Ertragsstruktur
- **Sonstiges**
  z. B. Abschluss oder Beendigung wichtiger Verträge, Erwerb oder Veräußerung von Beteiligungen, schwebende Geschäfte.

Die Analyse des Geschäftsverlaufs und der Lage der Gesellschaft hat ausgewogen und umfassend zu erfolgen unter Berücksichtigung von Umfang und Komplexität der Geschäftstätigkeit (§ 289 Abs. 1 Satz 2 HGB). Dementsprechend werden die Erläuterungen in Abhängigkeit von Unternehmensgröße und Art der geschäftlichen Aktivitäten unterschiedlich detailliert ausfallen.

Im Rahmen der Analyse sind die jeweils bedeutsamsten Leistungsindikatoren, wie beispielsweise Ergebnisentwicklung und Ergebniskomponenten, Liquidität sowie Kapitalausstattung, zu berücksichtigen und unter Bezugnahme auf im Jahresabschluss ausgewiesene Beträge und Angaben zu erläutern (§ 289 Abs. 1 Satz 3 HGB).

Große Gesellschaften haben dabei nicht nur auf finanzielle, sondern grundsätzlich auch auf nichtfinanzielle Kenngrößen abzustellen (§ 289 Abs. 3 HGB). Neben den im Gesetz beispielhaft angeführten Informationen über Umwelt- und Arbeitnehmerbelange können u. a. auch die Merkmale Kundenstruktur und Humankapital in Betracht gezogen werden.

Ist eine Gesellschaft groß i. S. des § 267 HGB, kapitalmarktorientiert und beschäftigt sie im Jahresdurchschnitt mehr als 500 Arbeitnehmer (§ 289 b Abs. 1 Nr. 1 - 3 HGB), so ist sie zusätzlich zur Abgabe einer sog. **Nichtfinanziellen Erklärung** verpflichtet. Hierin ist gezielt auf verschiedene nichtfinanzielle Größen einzugehen. Inhalt und Form der Erklärung ergeben sich aus §§ 289 b und 289 c HGB (CSR-Richtlinie *Umsetzungsgesetz* vom *11.04.2017*: siehe ausführlich mit weiteren Nachweisen hierzu z. B. *Spindler, in: Münchener Kommentar zum Aktiengesetz*, § 79 Rz. 87 - 95).

► **Prognosebericht**
Der Prognosebericht ist sachlich eng verknüpft mit der Darstellung des Geschäftsverlaufs und der Lage des Unternehmens. Gegenstand des Prognoseberichts bildet die Darstellung der künftigen Entwicklung mit ihren wesentlichen Chancen (= positive Zielabweichung) und Risiken (= negative Zielabweichung). Unter Beachtung des Wesentlichkeitsgrundsatzes sind folgende Aspekte zu beurteilen und zu erläutern:

- **Entwicklung des allgemeinen wirtschaftlichen Umfelds**
- **Branchenentwicklung**
- **Entwicklung des Unternehmens insgesamt sowie einzelner Unternehmensbereiche**

- **bestandssichernde/-gefährdende Entwicklungen**
  z. B. drohende Zahlungsunfähigkeit oder langfristige Vermögenszuwächse/-verluste aus Beteiligungen
- **sonstige Chancen und Risiken**
  - unternehmensexterne Faktoren
    z. B. Branchenentwicklungen oder Veränderungen politischer, rechtlicher und gesellschaftlicher Rahmenbedingungen
  - unternehmensinterne Faktoren
    z. B. Änderung der strategischen Ausrichtung, Restrukturierungen bzw. Neuinvestitionen, Erschließung neuer Märkte oder Tätigkeitsfelder, Veränderungen des Leistungsangebots, Engpässe in der Produktion oder bei der Beschaffung notwendiger Rohstoffe.

Dabei werden keine detaillierten quantitativen Prognosen, sondern verbale Tendenzaussagen erwartet. Die zu Grunde liegenden Annahmen müssen angegeben werden, also beispielsweise Prämissen zu Wechselkursen, Inflationsraten, Marktwachstum und Konjunktur. Mitzuteilen ist auch der Prognosezeitraum, der regelmäßig mindestens zwei Jahre betragen sollte.

2.1.2 Regelbestandteile

Zusätzlich zu dem Wirtschaftsbericht sind allgemein für alle betroffenen Gesellschaften sowie spezifisch für bestimmte Gruppen von Unternehmen folgende Berichtsteile verpflichtend:

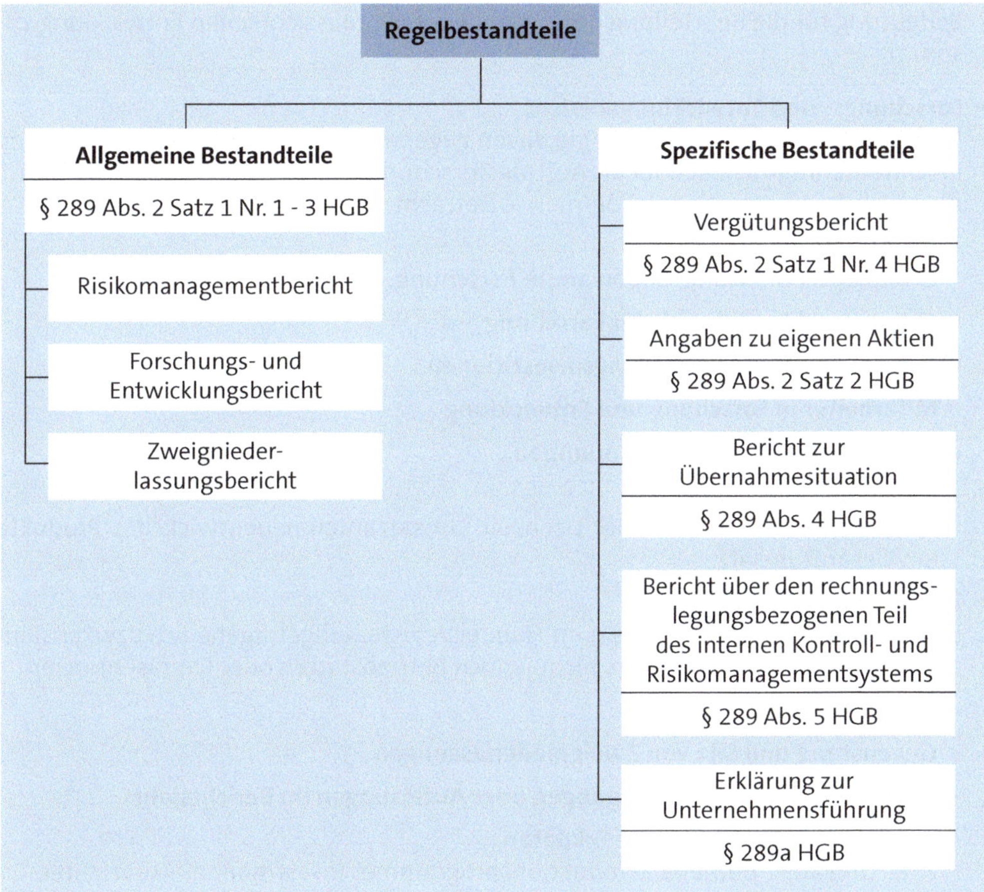

2.1.2.1 Allgemeine Bestandteile

Zu den allgemeinen Regelbestandteilen des Lageberichts ist festzuhalten:

- **Risikomanagementbericht**
  Jeweils bezogen auf die Verwendung von Finanzinstrumenten (Finanzrisiken) ist zu berichten über:
  - **Risikomanagementziele und -methoden**
    Neben den maßgebenden übergeordneten Aspekten ist auch einzugehen auf Methoden zur Absicherung aller wichtigen Arten von Transaktionen, die im Rahmen der Bilanzierung von Sicherungsgeschäften erfasst werden. Diese Angaben be-

treffen hauptsächlich sogenannte **Hedge-Geschäfte** in ihren verschiedenen Ausprägungen.

- **Preisänderungs-, Ausfall- und Liquiditätsrisiken sowie Risiken aus Zahlungsstromschwankungen**

Eine Angabepflicht besteht nur insoweit, wie den entsprechenden Informationen Bedeutung für die Beurteilung der Lage oder der voraussichtlichen Entwicklung zukommt.

► **Forschungs- und Entwicklungsbericht**
Eine Berichtspflicht ist unabhängig davon gegeben, ob Forschung und Entwicklung im Unternehmen selbst oder als Auftragsforschung durch Dritte durchgeführt wird. Als mögliche Informationen kommen in Betracht:

- **Art der Forschung**
  Grundlagenforschung, angewandte Forschung, experimentelle Entwicklung
- **Gegenstand bzw. Zweck der Forschung**
- **Forschungs- und Entwicklungsinvestitionen**
- **Mitarbeiter in Forschung und Entwicklung**
- **Höhe der Forschungsaufwendungen**
- **Forschungsergebnisse**
  z. B. Anzahl der Patente oder Lizenzen, Umsatzanteil neuentwickelter Produkte am Gesamtumsatz.

► **Zweigniederlassungsbericht**
Dieser Berichtsteil betrifft allein im Handelsregister eingetragene (in- bzw. ausländische) Zweigniederlassungen, nicht jedoch Betriebstätten oder Repräsentanzen.

Angeführt werden können

- **Gegenstand und Sitz von Zweigniederlassungen**
- **Errichtungen, Zusammenlegungen oder Auflösungen im Berichtsjahr**
- **wesentliche wirtschaftliche Eckdaten**
  z. B. Umsätze, Betriebs-/Produktionsprogramme, Investitionen, Mitarbeiter, Ergebnisse.

2.1.2.2 Spezifische Bestandteile

Die nachfolgenden Berichtspflichten gelten nur für bestimmte Rechtsformen bzw. Gruppen von Unternehmen:

► **Vergütungsbericht**
Zum besseren Verständnis für die Jahresabschlussadressaten haben börsennotierte Aktiengesellschaften die einzelnen Vergütungsparameter und die Zusammensetzung der Organbezüge einschließlich bestehender Anreizpläne zu erläutern.

Dementsprechend sind die Grundzüge des Vergütungssystems bezüglich der Organmitgliedern gewährten Bezüge darzulegen. Dabei ist auf die einzelnen Vergütungskomponenten (erfolgsabhängige bzw. -unabhängige Komponenten sowie solche mit langfristiger Anreizwirkung) einzugehen und deren Verhältnis zueinander zu erläutern. Anzugeben sind die einzelnen Parameter der Erfolgsbindung sowie die Bedingungen für Aktienoptionen, sonstige Bezugsrechte sowie Bonusleistungen. Sofern in diesem Zusammenhang entsprechende individuelle Einzelangaben zu den Vergütungskomponenten von Vorstandsmitgliedern erfolgen, werden hierdurch die entsprechenden rechtsformspezifischen Anhangsangaben ersetzt (die bisherige Regelung des § 289 Abs. 2 Satz 1 Nr. 4 Satz 2 HGB wurde durch das CSR-Richtlinien Anpassungsgesetz überarbeitet und ist bis zum 31.12.2019 in § 289a Abs. 2 HGB zu finden. Durch das Gesetz zur Umsetzung der zweiten Aktionärsrichtlinie (ARUG II) wird die Regelung zur Implementierung eines Vergütungssystems ab dem 01.01.2020 Teil des Aktienrechts (§§ 87a AktG). Korrespondierend findet sich die Regelung im Handelsrecht ab dem 01.01.2020 dann in § 289 f Abs. 2 Nr. 1a HGB. § 289 Abs. 2 HGB entfällt ab diesem Zeitpunkt).

Als Teil der Gesamtbezüge gewährte Aktienoptionen und andere Bezugsrechte sind regelmäßig mit dem beizulegenden Zeitwert zum Zeitpunkt ihrer Gewährung zu bewerten (§ 285 Nr. 9 Buchst. a Satz 4 HGB). Darüber hinaus ist auch die Anzahl der erhaltenen Bezugsrechte anzugeben.

► **Angaben zu eigenen Aktien** (§ 289 Abs. 2 Satz 2 HGB)
Mittelgroße und große Aktiengesellschaften haben im Lagebericht auf die spezifischen Anhangsangaben nach § 160 Abs. 1 Nr. 2 AktG zu eigenen Aktien (Bestand und Erwerb oder Veräußerung im Geschäftsjahr) zu verweisen.

► **Bericht zur Übernahmesituation**
Diese Berichtspflicht besteht für Aktiengesellschaften und Kommanditgesellschaften auf Aktien, die stimmberechtigte Aktien an einem organisierten Markt zugelassen haben. Hierdurch soll potenziellen Bietern ein umfassendes Bild zur Übernahmesituation der Gesellschaft vermittelt werden.

Als übernahmerechtliche Informationen, die vorrangig im Anhang erfolgen können (§ 289 a Abs. 1 HGB), sind u. a. anzuführen:

- Zusammensetzung des gezeichneten Kapitals unter gesondertem Ausweis der mit jeder Gattung verbundenen Rechte und Pflichten und des Anteils am Gesellschaftskapital
- Darstellung der Art der Stimmrechtskontrolle, wenn Arbeitnehmer am Kapital beteiligt sind (z. B. im Rahmen von Mitarbeiterbeteiligungsprogrammen) und ihre Kontrollrechte nicht unmittelbar ausüben
- Angabe der Befugnisse des Vorstands zur Ausgabe oder zum Rückkauf von Aktien, soweit diese Möglichkeiten auf Satzungsbestimmungen oder Beschlüssen der Hauptversammlung beruhen.

► **Bericht über den rechnungslegungsbezogenen Teil des internen Kontroll- und Risikomanagementsystems**
Kapitalmarktorientierte Unternehmen haben die wesentlichen Merkmale, d. h. die Strukturen und Prozesse des internen Kontroll- und Risikomanagementsystems im Hinblick auf den Rechnungslegungsprozess zu beschreiben (§ 289 Abs. 4 HGB).

Bezüglich des internen Kontrollsystems ist einzugehen auf Grundsätze, Verfahren und Maßnahmen zur Sicherung von

- Wirksamkeit und Wirtschaftlichkeit der Rechnungslegung
- Ordnungsmäßigkeit der Rechnungslegung

  sowie
- Einhaltung der maßgeblichen Rechtsvorschriften.

Der rechnungslegungsbezogene Teil des Risikomanagementsystems wird sich regelmäßig insbesondere auf die Überwachung und Steuerung von gebildeten Bewertungseinheiten beziehen. Die Angaben zum internen Risikomanagementsystem können zur Vermeidung einer doppelten Berichterstattung mit den Angaben nach § 289 Abs. 2 Satz 1 Nr. 1 HGB zu einem einheitlichen „Risikobericht“ zusammengefasst werden (vgl. *BilRUG*, S. 77 sowie erläuternd z. B. *Grottel*, in: *Beck'scher Bilanzkommentar*, § 289 Rz. 195).

Sofern kein internes Kontroll- und Risikomanagementsystem besteht, ist dies anzugeben. Durch § 289 Abs. 5 HGB wird also keine Verpflichtung zur Einrichtung entsprechender Systeme begründet.

► **Erklärung zur Unternehmensführung**

Aktiengesellschaften und Kommanditgesellschaften auf Aktien, die börsennotiert sind oder deren Aktien auf eigene Veranlassung über ein multilaterales Handelssystem – in Deutschland im Freiverkehr – gehandelt werden und die ausschließlich andere Wertpapiere – insbesondere Schuldverschreibungen – zum Handel an einem organisierten Markt ausgegeben haben, müssen in einem gesonderten Abschnitt im Lagebericht eine Erklärung zur Unternehmensführung abgeben (§ 289f HGB). Alternativ kann diese Erklärung auf der Internetseite der Gesellschaft öffentlich zugänglich gemacht werden. In diesem Fall ist im Lagebericht auf die Internetseite der Gesellschaft zu verweisen (§ 289f Abs. 1 HGB).

Die Erklärung zur Unternehmensführung beinhaltet (§ 289f Abs. 2 HGB):

- **Erklärung gem. § 161 AktG**
  Die gesamte Erklärung zum Corporate Governance Kodex ist entweder in den Lagebericht aufzunehmen oder – entsprechend gängiger Praxis – auf der Internetseite der Gesellschaft zu veröffentlichen. Neben dem Hinweis auf den angewandten Unternehmensführungskodex ist auch zu erläutern, in welchen Punkten und aus welchen Gründen hiervon abgewichen wird.
- **Angaben zu Unternehmensführungspraktiken, die über gesetzliche Anforderungen hinaus angewandt werden**
  Hierunter fallen für das gesamte Unternehmen relevante Sachverhalte, wie beispielsweise unternehmensweit gültige ethische Standards oder Arbeits- und Sozialstandards (vgl. *BilRUG*, S. 78). Erforderlich ist dabei ein Hinweis, wo diese Angaben zu Unternehmensführungspraktiken öffentlich zugänglich sind.
- **Beschreibung der Arbeitsweise von Vorstand und Aufsichtsrat sowie der Zusammensetzung und Arbeitsweise von deren Ausschüssen**
  Sofern diese Informationen auf der Internetseite der Gesellschaft zugänglich gemacht sind, kann hierauf verwiesen werden.

- **Angaben zu den festgelegten Zielgrößen für den Frauenanteil in Führungspositionen**
  Die von börsennotierten Aktiengesellschaften und Kommanditgesellschaften auf Aktien festgelegten Zielgrößen für den Frauenanteil in Aufsichtsrat, Vorstand und den obersten Führungsebenen nach § 76 Abs. 4 und § 111 Abs. 5 AktG sind anzugeben. Diese Festlegungen mussten erstmals bis zum 30.6.2017 erfolgen (§ 25 Abs. 1 EGAktG). Ferner muss über die Einhaltung dieser Zielgrößen bzw. die Gründe der Nichteinhaltung berichtet werden.
- **Angabe zur Geschlechterquote bei der Besetzung des Aufsichtsrats bzw. Verwaltungsorgans**
  Börsennotierte Aktiengesellschaften und Kommanditgesellschaften auf Aktien wie auch Europäische Gesellschaften (SE) mit paritätisch besetztem Aufsichtsrat bzw. Verwaltungsorgan haben anzugeben, ob die gesetzlich fixierte Geschlechterquote von 30 % bei erforderlichen Neuwahlen bzw. Entsendungen ab dem 1.1.2016 eingehalten wird bzw. warum diese Quote verletzt wird (vgl. u. a. § 96 Abs. 2 und Abs. 3 AktG i. V. mit § 25 Abs. 2 EGAktG).
- **Beschreibung des Diversitätenkonzepts**
  Große Aktiengesellschaften haben im Hinblick auf die Zusammensetzung des vertretungsberechtigten Organs und des Aufsichtsrats eine Erklärung abzugeben, welche Strategie in Bezug auf Aspekte wie z. B. Alter, Geschlecht, Bildungs- oder Berufshintergund verfolgt wird, sowie der Ziele dieses Diversitätskonzepts, der Art und Weise seiner Umsetzung und der im Geschäftsjahr erreichten Ergebnisse.

2.2 Freiwillige Bestandteile

Über die gesetzlichen Pflichten hinaus können freiwillig weitere Informationen in den Lagebericht aufgenommen werden. Zur Selbstdarstellung bzw. aus Imagegründen empfehlen sich dabei insbesondere Nebenrechnungen (z. B. Kapitalflussrechnung, Umweltbilanz) sowie kapitalmarktorientierte Informationen bei börsennotierten Gesellschaften.

Aufgabe 52 > Seite 191

Aufgabe 1:

Klären Sie die gesetzliche Buchführungspflicht eines Kleingewerbetreibenden mit Umsatzerlösen in Höhe von 515.000,00 € und einem Jahresüberschuss/Gewinn aus Gewerbebetrieb von 53.700,00 €, der

(1) nicht im Handelsregister

(2) im Handelsregister

eingetragen ist.

Lösung s. Seite 193

Aufgabe 2:

Die Vital OHG, Frankfurt, produziert und vertreibt Arzneimittel. Gesellschafter sind zu gleichen Teilen die Brüder Hans und Karl Schwarz. Das (vereinfachte) Inventar zum 31.12.01 umfasst folgende Vermögens- und Schuldpositionen:

A. Vermögensgegenstände	€	€
1. Grundstücke und Gebäude		
- Betriebsgrundstück	58.000,00	
- Produktions- und Lagerhalle	95.300,00	
- Verwaltungsgebäude	84.650,00	237.950,00
2. Maschinen (gem. Bestandsverzeichnis)		172.425,00
3. Fuhrpark (gem. Bestandsverzeichnis)		62.300,00
4. Betriebs- und Geschäftsausstattung (gem. Bestandsverzeichnis)		84.592,00
5. Roh-, Hilfs- und Betriebsstoffe (gem. Inventurliste)		12.471,00
6. Fertige Erzeugnisse (gem. Inventurliste)		21.386,00
7. Kundenforderungen		
- Möbius, Hamburg	3.600,00	
- Schilling, Berlin	11.350,00	
- Schubert, Kiel	7.296,00	22.246,00
8. Bankguthaben		51.360,00
9. Kasse		292,00
		665.022,00

B. Schulden

1. Rückstellungen		
- Gewerbesteuernachzahlung	4.270,00	
- Garantiezusagen	28.600,00	
- Jahresabschlusskosten	12.500,00	45.370,00
2. Darlehensschulden		
- Landesbank	121.000,00	
- Sparkasse	14.880,00	135.880,00
3. Lieferantenverbindlichkeiten		
- Pohl, München	18.742,00	
- Strobel, Flensburg	36.290,00	55.032,00
		236.282,00

Erstellen Sie auf der Grundlage dieses Inventars die Bilanz der Vital OHG zum 31.12.01.

Lösung s. Seite 193

Aufgabe 3:

Kaufmann Alt veräußert mit Wirkung vom 1.10.02 sein Handelsgewerbe an Kaufmann Jung. Das Geschäftsjahr des Veräußerers Alt umfasste bisher den Zeitraum 1.5. - 30.4. Erwerber Jung ist an einem mit dem Kalenderjahr übereinstimmenden Geschäftsjahr interessiert.

Zu welchen Stichtagen und für welche Zeiträume sind Abschlüsse im Kalenderjahr 02 aufzustellen?

Lösung s. Seite 194

Aufgabe 4:

Für eine im Jahr 01 gegründete Kapitalgesellschaft gelten folgende Größenmerkmale:

Jahr	Bilanzsumme (Mio. €)	Umsatzerlöse (Mio. €)	durchschnittliche Zahl der Arbeitnehmer
01	7,1	9,4	160
02	4,8	8,2	147
03	5,6	10,3	151
04	9,5	41,2	264
05	12,3	48,7	280

Welche größenmäßigen Einstufungen gelten für die einzelnen Jahre und welche Rechtsfolgen sind hiermit verbunden?

Lösung s. Seite 194

Aufgabe 5:

Prüfen Sie, welche Rechnungslegungsvorschriften von nachfolgenden Unternehmen zu beachten sind:

Fall	Unternehmensstruktur	Größenmerkmale
1	OHG mit den Gesellschaftern Peter und Paul	Bilanzsumme = 12 Mio. € Umsatzerlöse = 28 Mio. € Arbeitnehmer = 73
2	GmbH & Co. KG mit Adam als Kommanditist und alleinigem Gesellschafter der Komplementär-GmbH	Bilanzsumme = 92 Mio. € Umsatzerlöse = 234 Mio. € Arbeitnehmer = 310
3	Konzernzugehörige GmbH & Co. KG, die die Voraussetzungen des § 264b HGB erfüllt	Bilanzsumme = 64 Mio. € Umsatzerlöse = 138 Mio. € Arbeitnehmer = 96
4	Konzernzugehörige GmbH & Co. KG, die die Voraussetzungen des § 264b HGB nicht erfüllt	Bilanzsumme = 56 Mio. € Umsatzerlöse = 108 Mio. € Arbeitnehmer = 67
5	Börsennotierte Aktiengesellschaft	Bilanzsumme = 11 Mio. € Umsatzerlöse = 36 Mio. € Arbeitnehmer = 54

Lösung s. Seite 194

Aufgabe 6:

Der Abschluss zum 31.12.01 wird am 30.4.02 aufgestellt. Im Rahmen der Jahresabschlussarbeiten werden folgende Informationen erlangt:

(1) Mängelrügen von Kunden an im abgelaufenen Geschäftsjahr ausgelieferten Erzeugnissen.

(2) Mängelrügen von Kunden an im neuen Geschäftsjahr ausgelieferten Erzeugnissen.

(3) Zum Ende des abgelaufenen Geschäftsjahrs wird bei einem Schuldner das Insolvenzverfahren eröffnet. Hierdurch kommt es im März 02 zu einem Forderungsausfall.

(4) Forderungsbegleichung im Februar 02 durch einen Schuldner mit stockendem Zahlungsverhalten, nachdem dieser im Januar 02 eine Schenkung erhalten hat.

(5) Infolge der durch eine Flutkatastrophe am 25.1.02 ausgelösten Schäden wird ein bis dahin wirtschaftlich erfolgreicher Abnehmer Anfang März 02 insolvent. Die zum 31.12.01 bestehenden Kundenforderungen werden damit uneinbringlich.

(6) Am 6.1.02 werden die seit mehreren Monaten geführten Verhandlungen über Anlagenlieferungen an einen ausländischen Abnehmer erfolgreich abgeschlossen. Die zum Jahresende 01 bereits fertigen Anlagen werden im März 02 ausgeliefert.

Prüfen Sie, ob es sich um wertaufhellende oder wertbegründende Informationen handelt und in welcher Periode die bilanzielle Berücksichtigung zu erfolgen hat.

Lösung s. Seite 195

Aufgabe 7:

Ein Kaufmann hat zum Bilanzstichtag Forderungen aus Lieferungen und Leistungen in Höhe von 51.000,00 € und Forderungen gegen Unternehmen, mit denen ein Beteiligungsverhältnis besteht, in Höhe von 28.000,00 €.

Beurteilen Sie folgende alternativen Bilanzausweise nach den Grundsätzen der Richtigkeit und Klarheit:

(1) Forderungen aus Lieferungen und Leistungen 79.000,00 €

(2) Forderungen 79.000,00 €

(3) Forderungen 84.000,00 €

(4) Forderungen aus Lieferungen und Leistungen 51.000,00 €; Forderungen gegen Unternehmen, mit denen ein Beteiligungsverhältnis besteht, 28.000,00 €.

Lösung s. Seite 195

Aufgabe 8:

Ordnen Sie folgenden Aussagen jeweils einen kodifizierten Grundsatz ordnungsmäßiger Buchführung zu:

(1) In der Bilanz sind sämtliche Vermögensgegenstände und Schulden des Unternehmens zu berücksichtigen.

(2) Sachlich unterschiedliche Posten dürfen nicht zusammengefasst und in einer Position ausgewiesen werden.

(3) Für aufeinander folgende Abschlüsse ist die Darstellungsform beizubehalten.

(4) Bei der Bewertung ist von einem zeitlich nicht befristeten Unternehmensbestand auszugehen.

(5) Die Wertansätze in der Eröffnungsbilanz eines Geschäftsjahrs müssen mit den Wertansätzen der Schlussbilanz des vorhergehenden Jahrs übereinstimmen.

(6) Angewandte Bewertungsmethoden sind im Zeitablauf grundsätzlich beizubehalten.

Lösung s. Seite 195

Aufgabe 9:

Erläutern Sie folgende Begriffe des Grundlagenteils:

- Bilanz
- kapitalmarktorientierte Unternehmen
- Bilanzarten
- Bilanzversionen
- Bilanzadressaten
- Bilanzzwecke
- Maßgeblichkeitsprinzip
- Jahresabschluss
- Kaufmann
- Deutsches Rechnungslegungs-Standards Committee e. V. (DRSC)
- Dokumentationsgrundsätze
- Grundsätze ordnungsmäßiger Bilanzierung
- Stichtagsprinzip
- wertaufhellende Informationen
- wertbegründende Informationen
- Klein-Kaufmann
- Inventar
- Inventur
- Inventurzeitpunkte
- Inventurverfahren
- Geschäftsjahr
- Grundsätze ordnungsmäßiger Buchführung (GoB)
- Standard Setter
- Grundsatz der Fortführung der Unternehmenstätigkeit (going concern)
- Anschaffungswertprinzip (Pagatorik)
- Nominalwertprinzip
- Bruttoprinzip
- Bilanzidentität
- Bilanzstetigkeit
- Wertzusammenhang
- Wesentlichkeitsgrundsatz (materiality)
- Systemgrundsätze
- Einzelbewertungsgrundsatz
- Realisationsprinzip
- Abgrenzung der Sache nach
- Abgrenzung der Zeit nach
- Imparitätsprinzip
- Vorsichtsprinzip.

Lösung s. MiniLex Seite 221 ff.

Aufgabe 10:

Nachfolgende Geschäftsvorfälle einer Kapitalgesellschaft sind daraufhin zu prüfen, ob sie in der Bilanz der Gesellschaft zu berücksichtigen sind:

(1) Die Finanzierung eines neu angeschafften Tiefladers erfolgt unter Inanspruchnahme eines vom Hersteller angebotenen Sonderkredits. Bis zur vollständigen Bezahlung besteht ein Eigentumsvorbehalt des Herstellers an dem Tieflader.

(2) Die Gesellschaft lässt ihre Forderungen größtenteils im Wege des Factoring einziehen. Das Ausfallrisiko verbleibt bei der Kapitalgesellschaft.

(3) Zur Beseitigung vorübergehender räumlicher Engpässe wurde eine Fabrikhalle angemietet.

(4) Zur Sicherung eines Kredits sind der Hausbank Maschinen übereignet worden. Die Verpflichtungen aus dem Kreditvertrag werden von der Kapitalgesellschaft planmäßig erfüllt.

Lösung s. Seite 195

Aufgabe 11:

Beurteilen Sie nachstehende Sachverhalte im Hinblick darauf, welche Vermögensart vorliegt und ob eine Einbeziehung in die Handelsbilanz zu erfolgen hat:

(1) Eine Personengesellschaft errichtet ein für betriebliche Zwecke genutztes Gebäude.

(2) Zwei Gesellschafter einer Personengesellschaft errichten auf eigene Rechnung ein Gebäude, das sie ihrer Gesellschaft zur betrieblichen Nutzung überlassen.

(3) Ein Einzelunternehmer erwirbt einen Pkw, den er zu 28 % betrieblich und zu 72 % privat benutzt. In der Buchführung wird der Pkw als Vermögensgegenstand erfasst.

(4) Ein Einzelunternehmer benutzt seinen privaten Pkw gelegentlich zu betrieblichen Zwecken. Der betriebliche Nutzungsanteil beträgt insgesamt 2 %.

(5) Ein Einzelunternehmer erwirbt für seinen Betrieb eine Telefonanlage.

Lösung s. Seite 196

Aufgabe 12:

Ein zum Vorsteuerabzug berechtigter Unternehmer erwirbt eine Maschine zum Listenpreis von 160.000,00 € zuzüglich gesetzlicher Umsatzsteuer. Auf den Listenpreis wird vom Lieferanten ein Rabatt von 7 % gewährt. Die Bezahlung des Kaufpreises erfolgt unter Inanspruchnahme von 2 % Skonto. Für den Transport der Maschine werden von einem Spediteur 3.000,00 € zuzüglich gesetzlicher Umsatzsteuer in Rechnung gestellt. Für die Montage der Maschine entstehen direkt zurechenbare Eigenaufwendungen in Höhe von 8.400,00 €. Die Zinsen für das zur Finanzierung der Anschaffung aufgenommene Darlehen belaufen sich im Erwerbsjahr auf 4.950,00 €.

Wie hoch sind die Anschaffungskosten der Maschine?

Lösung s. Seite 196

Aufgabe 13:

Zur Ermittlung der bilanziellen Herstellungskosten für eine selbsterstellte Anlage werden aus der Kostenrechnung folgende Daten zur Verfügung gestellt:

	€
Fertigungsmaterial	265.400,00
Materialgemeinkosten	7.580,00
Fertigungslöhne	82.360,00
Fertigungsgemeinkosten	71.900,00
Sondereinzelkosten der Fertigung	11.000,00
Verwaltungsgemeinkosten	23.800,00
Vertriebsgemeinkosten	27.600,00
Sondereinzelkosten des Vertriebs	8.500,00
kalkulatorische Eigenkapitalzinsen	14.500,00

Welche Wertuntergrenze und welche Wertobergrenze gilt für die Herstellungskosten im Handelsrecht?

Lösung s. Seite 197

Aufgabe 14:

Prüfen Sie, ob die nachstehenden Aufwendungen als Erhaltungs- oder Herstellungsaufwand zu behandeln sind:

(1) Das schadhafte Dach eines vor 18 Jahren errichteten Fabrikgebäudes wird vollständig erneuert.

(2) An eine Produktionshalle wird zur Unterbringung weiterer Maschinen ein Anbau angefügt.

(3) Für einen Betriebs-Pkw wird ein Austauschmotor angeschafft.

(4) Für die regelmäßige Wartung einer Spezialmaschine entstehen Aufwendungen von 14.000,00 €.

(5) In ein Verwaltungsgebäude wird nachträglich ein Fahrstuhl eingebaut.

Lösung s. Seite 197

Aufgabe 15:

Eine inländische Personengesellschaft mit kalenderjahrgleichem Geschäftsjahr führt u. a. folgende Transaktionen durch:

- Bezug von Vorräten aus Nordamerika im Wert von 310.000,00 US-Dollar am 24.11.01
- Verkauf von Waren nach Nordamerika im Wert von 260.000,00 US-Dollar am selben Tag.

Der Kurs des US-Dollar am 24.11.01 beträgt 0,90 €. Die Forderung und die Verbindlichkeit haben eine identische Laufzeit. Zum Bilanzstichtag verändert sich der Kurs des US-Dollar auf 0,95 €.

Nehmen Sie zur Bilanzierung dieser Vorgänge Stellung, wenn

(1) keine Bewertungseinheit

(2) eine Bewertungseinheit

gebildet wird.

Lösung s. Seite 197

Aufgabe 16:

Bei einer inländischen Personengesellschaft führen internationale Geschäftsaktivitäten zu einer Fremdwährungsposition in Höhe von 50.000,00 US-Dollar. Hierbei handelt es sich alternativ um eine

(1) Forderung
mit einer Restlaufzeit
- bis zu 1 Jahr
- mehr als 1 Jahr

(2) Verbindlichkeit
mit einer Restlaufzeit
- bis zu 1 Jahr
- mehr als 1 Jahr.

Im Zugangszeitpunkt gilt ein Devisenkassamittelkurs von 1 US-Dollar = 0,90 €, zum Abschlussstichtag ein solcher von 1 US-Dollar = 0,80 €.

Führen Sie die Zugangs- und Folgebewertung für die Fremdwährungsposition durch und erläutern Sie die betreffenden Wertansätze.

Lösung s. Seite 199

Aufgabe 17:

Ein Möbelhändler erwirbt 12 hochwertige Bürostühle, die wie folgt verwendet werden:

(1) zwei Stühle zur Ausstattung der eigenen Büroräume

(2) ein Stuhl als Ausstellungsstück für das Schaufenster; bei Kundennachfrage wäre der Händler zum Verkauf bereit

(3) neun Stühle für das Verkaufslager.

Welche Konsequenzen ergeben sich hieraus für die vermögensmäßige Zuordnung der einzelnen Gegenstände?

Lösung s. Seite 199

Aufgabe 18:

Eine Kapitalgesellschaft erwirbt ein Einzelunternehmen zum Kaufpreis von 6.341.000,00 €. Für das Vermögen und die Schulden gelten im Erwerbszeitpunkt folgende Werte:

	Buchwert €	Zeitwert €
Grundstücke	850.000,00	2.100.000,00
Maschinen	1.220.000,00	1.900.000,00
Vorräte	2.600.000,00	2.850.000,00
liquide Mittel	731.000,00	731.000,00
Bankverbindlichkeiten	1.300.000,00	1.300.000,00
Rückstellungen	690.000,00	650.000,00

Ermitteln Sie den derivativen Firmenwert.

Lösung s. Seite 200

Aufgabe 19:

Prüfen Sie, ob nachfolgende Objekte als unselbstständige oder selbstständige Gebäudeteile zu beurteilen sind:

(1) Förderbänder

(2) Lastenaufzug

(3) Personenfahrstuhl

(4) Autoaufzug im Parkhaus

(5) Wasch- und Toiletteneinrichtungen

(6) Arbeits- und Hebebühne

(7) Sprinkleranlage

(8) Tresoranlage mit Alarmeinrichtung.

Lösung s. Seite 200

Aufgabe 20:

Für eine Maschine gelten folgende Daten:

Zeitpunkt der Fertigstellung	15.3.01
Herstellungskosten	870.000,00 €
Nutzungsdauer	8 Jahre
Restverkaufserlös	18.000,00 €

Ermitteln Sie die – hinsichtlich des Abschreibungsbeginns – alternativen linearen Abschreibungsbeträge für das Geschäftsjahr 01.

Lösung s. Seite 201

Aufgabe 21:

Für eine von einem Einzelunternehmer erworbene Maschine gelten folgende Daten:

Zeitpunkt der Inbetriebnahme	10.1.01
Anschaffungskosten	330.000,00 €
Nutzungsdauer	6 Jahre
Restverkaufserlös	0,00 €

Ermitteln Sie die jährlichen Abschreibungsbeträge und Restbuchwerte bei Maßgabe der

(1) geometrisch-degressiven Abschreibung mit einem Satz von 25 % (mit Methodenwechsel)

(2) digitalen Abschreibung

(3) Abschreibung in fallenden Staffelsätzen, wobei der Abschreibungssatz im ersten Drittel der Nutzungsdauer das 1,5-fache, im zweiten Drittel das 1-fache und im dritten Drittel das 0,5-fache des linearen Satzes beträgt.

Lösung s. Seite 201

Aufgabe 22:

Im Januar des Jahres 01 wird eine Maschine mit Anschaffungskosten von 240.000,00 € erworben. Die Nutzungsdauer beträgt 8 Jahre.

Die planmäßigen Abschreibungen erfolgen nach der linearen Methode. Ein Restwert ist nicht zu berücksichtigen.

Prüfen Sie die Zulässigkeit einer außerplanmäßigen Abschreibung nach dem Kriterium der halben Restnutzungsdauer, wenn zum Ende des Jahres 02 ein niedrigerer Stichtagswert von

(1) 95.000,00 €

(2) 70.000,00 €

gilt.

Lösung s. Seite 202

Aufgabe 23:

Ein Einzelunternehmer erwirbt im Januar 01 eine Maschine für 200.000,00 €, deren maßgebende Nutzungsdauer acht Jahre beträgt. Die planmäßigen Abschreibungen erfolgen nach der linearen Methode; ein Restverkaufserlös ist nicht zu berücksichtigen. Im Abschluss 02 wird eine außerplanmäßige Abschreibung nach § 253 Abs. 3 HGB in Höhe von 18.000,00 € vorgenommen. Die hierfür maßgebenden Gründe bestehen zum Ende des Jahres 05 nicht mehr.

Stellen Sie die Entwicklung der Buchwerte während der Nutzungsdauer bei Unterlassung bzw. bei Vornahme der höchstmöglichen Zuschreibung dar!

Lösung s. Seite 203

Aufgabe 24:

Ein Bauunternehmer hat Schalungs- und Gerüstteile im Abschluss 01 mit einem Festwert von 72.000,00 € bilanziert. Aufgrund körperlicher Bestandsaufnahme ergeben sich zum 31.12.04 hierfür folgende alternativen Inventurwerte:

(1) 68.000,00 €

(2) 79.000,00 €

(3) 95.000,00 €.

Welche Konsequenzen sind hiermit für die Festbewertung verbunden?

Lösung s. Seite 204

Aufgabe 25:

Eine AG hat am 15.10.01 Fertigerzeugnisse im Wert von 60.000,00 € an eine GmbH geliefert. Das branchenübliche Zahlungsziel beträgt 90 Tage.

Welchem Posten ist dieser Vorgang in der Bilanz der AG zum 31.12.01 in nachstehenden Fällen zuzuordnen:

(1) vereinbarungsgemäße Bezahlung der Rechnung am 15.1.02

(2) vorzeitige Rechnungsbegleichung durch Scheck am 29.12.01; der Scheck wird von der AG am 3.1.02 eingelöst

(3) Stundung des Rechnungsbetrags bis 31.12.02

(4) vereinbarungsgemäße Bezahlung der Rechnung am 15.1.02; mit Wirkung vom 1.12.01 hat die AG 80 % der Anteile der GmbH erworben.

Lösung s. Seite 204

Aufgabe 26:

Für nicht marktfähige unfertige Erzeugnisse sind bis zum Bilanzstichtag Herstellungskosten von 14.200,00 € pro Stück entstanden. Bis zur Marktreife fallen noch Aufwendungen in Höhe von jeweils 5.600,00 € an. Der voraussichtliche Verkaufspreis für die fertigen Erzeugnisse wird auf 20.300,00 € je Stück geschätzt.

Welcher Betrag ist für die Bewertung maßgebend, wenn

(1) kein Rabatt

(2) ein Rabatt von 5 % auf den Verkaufspreis

gewährt wird?

Lösung s. Seite 204

Aufgabe 27:

Im November 01 sind von einem Einzelunternehmer Gegenstände des Umlaufvermögens zu Anschaffungskosten von 350,00 €/Einheit bezogen worden. Die an den nachfolgenden Bilanzstichtagen jeweils beizulegenden Werte betragen:

Bilanzstichtag	beizulegender Wert (€/Einheit)
31.12.01	340,00
31.12.02	360,00
31.12.03	320,00

Inwiefern haben handelsrechtlich an den einzelnen Bilanzstichtagen Abschreibungen bzw. Zuschreibungen zu erfolgen?

Lösung s. Seite 205

Aufgabe 28:

Für die Bewertung eines Rohstoffs werden aus der Buchhaltung folgende Daten zur Verfügung gestellt:

Anfangsbestand	1.1.01:	190 Einheiten à 12,00 €
Zugang	14.2.01:	250 Einheiten à 14,00 €
Abgang	6.4.01:	200 Einheiten
Zugang	21.6.01:	120 Einheiten à 12,50 €
Abgang	25.7.01:	200 Einheiten
Zugang	30.8.01:	140 Einheiten à 16,00 €
Abgang	2.10.01:	120 Einheiten

Ermitteln Sie den Wert des Endbestands zum 31.12.01 nach der gewogenen periodischen Durchschnittsmethode.

Lösung s. Seite 205

Aufgabe 29:

Für die Bewertung eines Rohstoffs erhalten Sie nachstehende Daten aus der Buchhaltung:

Anfangsbestand	1.1.01:	500 Einheiten à 6,00 €
Abgang	27.2.01:	200 Einheiten
Zugang	2.5.01:	100 Einheiten à 5,00 €
Zugang	10.9.01:	300 Einheiten à 4,00 €
Abgang	26.11.01:	340 Einheiten

Ermitteln Sie den Wert des Endbestands zum 31.12.01 nach der gleitenden Durchschnittsmethode.

Lösung s. Seite 206

Aufgabe 30:

Der Bestand eines Rohstoffs entwickelt sich im Jahr 01 wie folgt:

Anfangsbestand	1.1.01:	2.000 Einheiten à 1,50 €
Zugang	31.3.01:	1.500 Einheiten à 1,20 €
Zugang	30.6.01:	1.000 Einheiten à 1,15 €
Zugang	30.9.01:	1.300 Einheiten à 1,25 €
Abgänge	Jahr 01:	3.600 Einheiten
Endbestand	31.12.01:	2.200 Einheiten

Der am Abschlussstichtag beizulegende Wert beträgt 1,18 €/Einheit.

Ermitteln Sie den Wert des Endbestands zum 31.12.01 nach dem Fifo-Verfahren sowie den für den Bilanzansatz maßgebenden Betrag.

Lösung s. Seite 206

Aufgabe 31:

Über die Bestandsentwicklung eines Rohstoffs liegen folgende Daten vor:

Anfangsbestand	1.1.01:	100 Einheiten à 50,00 €
Zugang	6.4.01:	50 Einheiten à 80,00 €
Zugang	10.11.01:	100 Einheiten à 100,00 €
Abgänge	Jahr 01:	130 Einheiten
Endbestand	31.12.01:	120 Einheiten

Der am Abschlussstichtag beizulegende Wert beträgt 60,00 €/Einheit.

Ermitteln Sie den Wert des Endbestands zum 31.12.01 nach dem periodischen Lifo-Verfahren. Mit welchem Betrag erfolgt der Bilanzansatz?

Lösung s. Seite 207

Aufgabe 32:

Der Forderungsbestand einer GmbH beläuft sich zum 31.12.02 auf insgesamt 942.000,00 €. Hiervon werden Forderungen über 16.000,00 € wegen Insolvenz des Schuldners uneinbringlich; das Insolvenzverfahren ist im Dezember 02 eröffnet worden.

Für Forderungen in Höhe von 50.000,00 € ist das gerichtliche Mahnverfahren eingeleitet worden. Diesbezüglich ist mit einem Forderungsausfall von 30 % zu rechnen. Das allgemeine Ausfallrisiko beträgt nach den Erfahrungen der Vorjahre 4 % des verbleibenden Forderungsbestands.

In welcher Höhe sind – unter Vernachlässigung umsatzsteuerlicher Aspekte – Wertberichtigungen auf den Forderungsbestand zum 31.12.02 vorzunehmen?

Lösung s. Seite 207

Aufgabe 33:

Ermitteln Sie für Waren mit einem voraussichtlichen Verkaufspreis von 12.000,00 € und einer Rohgewinnspanne von 60 % die Anschaffungskosten mithilfe der retrograden Bewertung.

Lösung s. Seite 208

Aufgabe 34:

Stellen Sie die Auswirkungen der Rückstellungsbildung für folgenden Sachverhalt dar:

Für im Jahr 01 verkaufte Maschinen hat ein Unternehmer im Jahr 03 Garantieleistungen in Höhe von 80.000,00 € zu erbringen. Das handelsrechtliche Ergebnis vor Berücksichtigung dieses Garantieaufwands bzw. einer entsprechenden Rückstellungsbildung beträgt in den Jahren 01 - 03 jeweils 400.000,00 €. An das nach aufwandsmäßiger Verrechnung der Garantieleistungen verbleibende Resultat knüpfen ergebnisabhängige Zahlungsverpflichtungen von 40 %.

Stellen Sie die Ergebnissituation ohne und mit Rückstellungsbildung dar.

Lösung s. Seite 208

Aufgabe 35:

Eine Kapitalgesellschaft hat langfristig Büroräume angemietet. Im Zuge der Fertigstellung und dem Nutzungsbeginn eines eigenen Gebäudes ab April 02 wird der Mietvertrag im November 01 zum nächstmöglichen Zeitpunkt (= Jahresende 02) gekündigt. Die monatlichen Mietzahlungen betragen 20.000,00 €. Eine anderweitige Nutzung der Räumlichkeiten bis Ende 02 ist nicht möglich.

Kann bzw. muss für diesen Sachverhalt im Abschluss 01 eine Rückstellung gebildet werden?

Lösung s. Seite 209

Aufgabe 36:

Prüfen Sie nachfolgende Sachverhalte im Hinblick auf die handelsrechtliche Möglichkeit einer Rückstellungsbildung sowie die jeweils in Betracht kommende Rückstellungsart:

(1) Ein Einzelhändler schließt im November 01 mit einem Lieferanten einen Vertrag über den Bezug von Waren im Februar 02 zu einem Festpreis ab. Zum Bilanzstichtag zeigt sich, dass die betreffenden Artikel nur unter Einstandspreis verkauft werden können.

(2) Bei einer Spezialmaschine wird die im Dezember 01 fällige regelmäßige Wartung

a) im Februar 02

b) im Mai 02

nachgeholt.

(3) Bei einer Anlage wird zur Erhaltung der Betriebsbereitschaft alle vier Jahre eine Generalüberholung durchgeführt.

(4) Die für November 01 geplante Fertigstellung der Aufstockung eines Betriebsgebäudes verzögert sich witterungsbedingt bis März 02.

(5) Ein Unternehmer verpflichtet sich zu Dienstjubiläumszahlungen an seine Mitarbeiter, die mehr als 25 Jahre im Unternehmen tätig sind.

(6) Ein Händler erbringt branchenübliche Garantieleistungen, die über die gesetzlichen Verpflichtungen hinausgehen.

Lösung s. Seite 210

Aufgabe 37:

Zum Ende des Geschäftsjahrs 02 tritt bei der Stahl AG ein rückstellungspflichtiger Schadensfall ein, der voraussichtlich zum Ende des Geschäftsjahrs 04 zu erfüllen sein wird. Dabei ist von künftig entstehenden Aufwendungen in Höhe von 250.000,00 € auszugehen. Der durchschnittliche Marktzins der letzten sieben Jahre beträgt 4 %. Sowohl dieser Zinssatz wie auch der veranschlagte Erfüllungsbetrag bleiben im Zeitablauf unverändert.

Erläutern Sie die Rückstellungsbilanzierung und erstellen Sie (unter Verzicht auf die Spalten „Inanspruchnahme" und „Auflösung") einen Rückstellungsspiegel bei Anwendung der Bruttomethode.

Lösung s. Seite 210

Aufgabe 38:

Eine mittelgroße Kapitalgesellschaft hat einer bestimmten Gruppe ihrer Arbeitnehmer Pensionszusagen erteilt. Dabei erfolgen laufende Beitragszahlungen in ein Wertpapierportfolio.

Die Bezugsberechtigten haben bei Eintritt des Versorgungsfalls Anspruch auf den zu diesem Zeitpunkt geltenden Gegenwert der Wertpapiere, soweit dieser Wert eine garantierte Mindestleistung von insgesamt 800.000,00 € übersteigt.

Welcher Wertmaßstab kommt zur Anwendung, wenn zum Abschlussstichtag der beizulegende Zeitwert des Portfolios

(1) 900.000,00 €

(2) 700.000,00 €

beträgt.

Lösung s. Seite 211

Aufgabe 39:

Eine inländische Kapitalgesellschaft hat im Dezember 01 einen Kredit in Höhe von 650.000,00 US-Dollar aufgenommen. Der Kurs des US-Dollar beträgt im Zeitpunkt der Kreditaufnahme 1,30 €.

Mit welchem Wert ist die im Januar 03 zurückzuzahlende Verbindlichkeit zum 31.12.01 anzusetzen bei einem amtlichen US-Dollarkurs von

(1) 1,40 €

(2) 1,20 €

am Abschlussstichtag?

Lösung s. Seite 211

Aufgabe 40:

Das Stammkapital einer im März 01 gegründeten GmbH beträgt laut Gesellschaftsvertrag 150.000,00 €. Eingezahlt sind hierauf bei Gründung

(1) 150.000,00 €

(2) 80.000,00 €; von den ausstehenden Einlagen ist ein Betrag von 30.000,00 € eingefordert.

Stellen Sie den Ausweis des Eigenkapitals dar.

Lösung s. Seite 212

Aufgabe 41:

Die (vereinfachte) Bilanz einer börsennotierten Aktiengesellschaft weist zum Ende des Jahres 01 u. a. folgende Posten auf:

AKTIVA		**Bilanz zum 31.12.01 (in T €)**	**PASSIVA**
...			
Bank	570	A. Eigenkapital	
übrige Aktiva	9.295	I. Gezeichnetes Kapital	1.460
		II. Kapitalrücklage	180
		III. Gewinnrücklagen	
		1. gesetzliche Rücklage	230
		2. andere Gewinnrücklagen	720
		übrige Passiva	7.275
	9.865		9.865

Im Jahr 02 werden 5.000 eigene Aktien zum Preis von je 68,00 € erworben, insgesamt also für 340.000,00 €. Die Aktien haben einen Nennbetrag von 10,00 €/Stück. Anschaffungsnebenkosten sind nicht zu berücksichtigen.

Im Jahr 03 werden diese eigenen Anteile zum Preis von 80,00 €/Anteil wieder verkauft. Veräußerungskosten fallen hierbei nicht an.

Alle Zahlungsvorgänge werden über das Bankkonto abgewickelt.

Stellen Sie ausgehend von der Bilanz zum 31.12.01 – unter Vernachlässigung weiterer Geschäftsvorfälle – den Erwerb sowie die nachfolgende Veräußerung der eigenen Anteile im Abschluss dar.

Lösung s. Seite 212

Aufgabe 42:

Das Eigenkapital einer GmbH umfasst zum 1.1.01 folgende Posten:

	€
Stammkapital	300.000,00
Kapitalrücklage	60.000,00
Gewinnrücklagen	222.000,00
Gewinnvortrag	48.000,00

Im Geschäftsjahr 01 wird ein Jahresüberschuss von 110.000,00 € erzielt.

Stellen Sie den Eigenkapitalausweis in der Bilanz zum 31.12.01 dar

(1) vor Ergebnisverwendung

(2) nach teilweiser Ergebnisverwendung bei Rücklagendotierung durch die Geschäftsführung entsprechend einer Satzungsbefugnis in Höhe von 25 % des Jahresüberschusses.

Lösung s. Seite 213

Aufgabe 43:

Ein Unternehmer hat für ein vermietetes Bürogebäude bereits im Dezember 01 die Miete für Januar 02 erhalten. Zudem wurde am 31.10.01 der Jahresbeitrag für eine betriebliche Sachversicherung in Höhe von 1.440,00 € geleistet (Versicherungszeitraum: 1.11.01 - 31.10.02).

Wie schlagen sich diese Vorgänge in der Bilanz zum 31.12.01 nieder?

Lösung s. Seite 214

Aufgabe 44:

Eine Kapitalgesellschaft nimmt am 7.1.01 einen Kredit in Höhe von 800.000,00 € auf. Bei 94 % Auszahlung beträgt der Zinssatz nominal 5 %. Die Zinsen sind jeweils zum Jahresende fällig. Der für sechs Jahre gewährte Kredit wird in einem Betrag am Ende der Laufzeit zurückgezahlt.

Welche ergebnismäßigen Unterschiede ergeben sich, wenn das Damnum alternativ

(1) sofort erfolgswirksam verbucht wird?

(2) als Rechnungsabgrenzungsposten aktiviert und über die Laufzeit abgeschrieben wird?

Lösung s. Seite 214

Aufgabe 45:

Beim Erwerb eines anderen Unternehmens im Jahr 01 zahlt eine GmbH für den Firmenwert 300.000,00 €. Hierfür wird in der Handelsbilanz zulässigerweise von einer 4-jährigen Nutzungsdauer ausgegangen, während steuerlich ein Zeitraum von 15 Jahren maßgebend ist (§ 7 Abs. 1 Satz 3 EStG). Die Ertragsteuerbelastung der Gesellschaft beträgt konstant 30 %.

Stellen Sie für diesen Einzelsachverhalt die aus den unterschiedlichen Wertansätzen resultierenden latenten Steuern in den ersten acht Perioden dar.

Lösung s. Seite 215

Aufgabe 46:

Stellen Sie die alternativen Formen des Bilanzausweises latenter Steuern für folgende Fälle dar:

	Fall (1)	**Fall (2)**
Gesamtdifferenz aktive latente Steuern	80.000,00 €	110.000,00 €
Gesamtdifferenz passive latente Steuern	110.000,00 €	80.000,00 €

Lösung s. Seite 216

Aufgabe 47:

Erläutern Sie folgende Begriffe des Bilanzteils:

- Bilanzierungsfähigkeit
- Vermögensgegenstände
- Schulden
- Bilanzierungsverbote
- Bilanzierungswahlrechte
- Wertmaßstäbe
- Anschaffungskosten
- Herstellungskosten
- Herstellungsaufwand
- Erhaltungsaufwand
- beizulegender Zeitwert
- Erfüllungsbetrag
- nach vernünftiger kaufmännischer Beurteilung notwendiger Erfüllungsbetrag
- Bewertungseinheiten
- Währungsumrechnung
- Anlagevermögen
- immaterielle Vermögensgegenstände
- Geschäfts-/Firmenwert, derivativer
- Sachanlagen
- Finanzanlagen
- verbundene Unternehmen
- Beteiligungen
- Abschreibungen
- Abschreibungsplan
- Niederstwertprinzip
- Zuschreibungen

- Festbewertung
- Gruppenbewertung
- Sofortabschreibung geringwertiger Anlagegüter
- Umlaufvermögen
- Vorräte
- Forderungen und sonstige Vermögensgegenstände
- Wertpapiere
- flüssige Mittel
- verlustfreie Bewertung
- Verbrauchsfolgeverfahren
- Fifo-Verfahren
- Lifo-Verfahren
- Pauschalwertberichtigung
- retrograde Bewertung
- Rückstellungen
- Verbindlichkeiten
- Höchstwertprinzip
- Eigenkapital
- Kapitalanteile
- gezeichnetes Kapital
- eingefordertes Kapital
- eigene Anteile
- Rücklagen
- Kapitalrücklage
- Gewinnrücklagen
- Jahresüberschuss/Jahresfehlbetrag
- Bilanzgewinn/Bilanzverlust
- Eigenkapitalspiegel
- Rechnungsabgrenzungsposten
- latente Steuern
- Eventualverbindlichkeiten.

Lösung s. MiniLex Seite 221 ff.

Aufgabe 48:

Unter welchen Posten des Gliederungsschemas der GuV nach dem Gesamtkostenverfahren sind die üblichen und unüblichen Abschreibungen auf Gegenstände des Anlage- und Umlaufvermögens auszuweisen?

Lösung s. Seite 217

Aufgabe 49:

Ein Unternehmen stellt im Geschäftsjahr 01 von einem Produkt 5.000 Stück her. Im Jahr 01 werden hiervon 4.000 Stück zum Preis von je 600,00 € abgesetzt. In der Finanzbuchführung werden erfasst:

	€
Umsatzerlöse (4.000 • 600,00)	2.400.000,00
Materialaufwand	720.000,00
Personalaufwand	880.000,00
Abschreibungen	110.000,00
sonstige betriebliche Aufwendungen	200.000,00

Die Aufwendungen werden in der innerbetrieblichen Leistungsverrechnung nach folgenden Schlüsseln verteilt:

Kostenart	Kostenstelle		
	Herstellung	**Verwaltung**	**Vertrieb**
Materialaufwand	90 %	5 %	5 %
Personalaufwand	85 %	5 %	10 %
Abschreibungen	70 %	10 %	20 %
sonstige betriebliche Aufwendungen	5 %	15 %	80 %

Die Berechnung der Herstellungskosten erfolgt auf Basis von Vollkosten. Zu Beginn des Geschäftsjahrs sind keine Lagerbestände vorhanden.

Ermitteln Sie das Betriebsergebnis nach dem

(1) Gesamtkostenverfahren

(2) Umsatzkostenverfahren.

Lösung s. Seite 218

Aufgabe 50:

Prüfen Sie, unter welchen Posten der GuV nach § 275 Abs. 2 HGB (Gesamtkostenverfahren) nachfolgende Aufwendungen und Erträge eines industriellen Produktionsunternehmens auszuweisen sind:

(1) Einnahmen aus der Vermietung von Werkswohnungen

(2) Abschreibungen auf einen derivativen Geschäftswert

(3) Einnahmen aus dem Verkauf von Wertpapieren des Umlaufvermögens

(4) Herabsetzung der Pauschalwertberichtigung auf Forderungen

(5) Zahlungseingang einer im Vorjahr in voller Höhe abgeschriebenen Warenforderung

(6) Erteilung einer Bonusgutschrift an einen Kunden

(7) Einnahmen aus dem Verkauf betrieblicher Fahrzeuge

(8) Bildung einer Rückstellung für zu erwartende Garantieleistungen aus laufenden Geschäften

(9) Sozialplanaufwendungen im Zusammenhang mit einer Betriebsschließung

(10) Gutschrift der Dividende aus einer Beteiligung

(11) Nachzahlung von Gewerbesteuer.

Lösung s. Seite 219

Aufgabe 51:

Eine Kapitalgesellschaft erwirbt im Januar 01 eine Maschine mit 5-jähriger Nutzungsdauer zum Gesamtpreis von 350.000,00 €. Die Maschine wird bis zur Verschrottung im Dezember 06 betrieblich genutzt. Eine weitere Anlage mit einer Nutzungsdauer von vier Jahren wird im März 02 zum Preis von 220.000,00 € angeschafft. Hierauf erfolgt im Jahr 03 eine außerplanmäßige Abschreibung wegen anhaltender Marktveränderungen in Höhe von 18.000,00 €. Infolge eines Schadens im November 04 kann die Anlage nicht mehr genutzt werden und scheidet aus dem betrieblichen Vermögen aus.

Die planmäßigen Abschreibungen werden nach der linearen Methode vorgenommen; bei Abschreibungsbeginn im ersten Halbjahr wird vereinfachend ein voller Jahresbetrag angesetzt.

Stellen Sie obige Vorgänge im Anlage- und Abschreibungsspiegel (unter Verzicht auf die Spalten für Zuschreibungen und Umbuchungen) dar.

Lösung s. Seite 219

Aufgabe 52:

Erläutern Sie folgende Begriffe aus » Kapitel C., » Kapitel D. und » Kapitel E.:

- Gewinn- und Verlustrechnung
- Gesamtkostenverfahren
- Umsatzkostenverfahren
- Betriebsergebnis
- Umsatzerlöse
- Finanzergebnis
- Steuern
- Anhang
- Anlagespiegel
- Abschreibungsspiegel
- Verbindlichkeitsspiegel
- außergewöhnliche Erträge und Aufwendungen
- Kapitalflussrechnung
- Lagebericht.

Lösung s. MiniLex Seite 221 ff.

Lösung zu 1:

Das Unternehmen eines Kleingewerbetreibenden erfordert keinen nach Art oder Umfang in kaufmännischer Weise eingerichteten Geschäftsbetrieb und gilt daher nicht als Handelsgewerbe (§ 1 Abs. 2 HGB).

Im **Fall (1)** wird der Kleingewerbetreibende wie ein Nicht-Kaufmann (= Privatperson) behandelt. Folglich besteht keine handelsrechtliche Buchführungspflicht. Dies gilt auch aus steuerlicher Sicht, da keines der Größenmerkmale des § 141 Abs. 1 AO überschritten wird.

Im **Fall (2)** wird der Kleingewerbetreibende durch Eintragung ins Handelsregister zum vollwertigen Kaufmann (§ 2 Satz 1 HGB). Daher sind nach § 238 Abs. 1 HGB Bücher zu führen. Diese Verpflichtung gilt auch für steuerliche Zwecke (§ 140 AO).

Sofern in zwei aufeinander folgenden Geschäftsjahren jeweils Umsatzerlöse von nicht mehr als 600.000,00 € und ein Jahresüberschuss/Gewinn aus Gewerbebetrieb von nicht mehr als 60.000,00 € erzielt werden, kann handels- und steuerrechtlich auf die Buchführung und die Aufstellung eines Jahresabschlusses verzichtet werden (§ 241a und § 242 Abs. 4 HGB bzw. § 141 AO).

Lösung zu 2:

Auf der Grundlage des Inventars ergibt sich folgende Bilanz der Vital OHG:

AKTIVA	Bilanz zum 31.12.01		PASSIVA
	€		€
A. Anlagevermögen		A. Eigenkapital	428.740,00
I. Sachanlagen			
1. Grundstücke		B. Rückstellungen	
und Gebäude	237.950,00	1. Steuerrückstellungen	4.270,00
2. Maschinen	172.425,00	2. sonstige Rückstellungen	41.100,00
3. Betriebs- und Geschäfts-ausstattung	146.892,00	C. Verbindlichkeiten	
		1. Verbindlichkeiten gegenüber Kreditinstituten	135.880,00
B. Umlaufvermögen		2. Verbindlichkeiten aus Lieferungen und Leistungen	55.032,00
I. Vorräte			
1. Roh-, Hilfs- und Betriebsstoffe	12.471,00		
2. Fertige Erzeugnisse	21.386,00		
II. Forderungen aus Lieferungen und Leistungen	22.246,00		
III. Kassenbestand, Guthaben bei Kreditinstituten	51.652,00		
	665.022,00		665.022,00

Lösung zu 3:

Im Kalenderjahr 02 sind von Alt bzw. Jung folgende Bilanzen aufzustellen:

(1) **Kaufmann Alt**

- Abschluss zum 30.4.02 für das (volle) Geschäftsjahr vom 1.5.01 - 30.4.02
- Abschluss zum 30.9.02 für das Rumpfgeschäftsjahr vom 1.5.02 - 30.9.02

(2) **Kaufmann Jung**

- Eröffnungsbilanz zum 1.10.02
- Abschluss zum 31.12.02 für das Rumpfgeschäftsjahr vom 1.10.02 - 31.12.02

Die nachfolgenden Geschäftsjahre umfassen jeweils den Zeitraum 1.1. - 31.12.

Lösung zu 4:

Jahr	Einzeleinstufung nach			Gesamt-einstufung	Rechtsfolge
	Bilanzsumme	Umsatzerlöse	durchschnittliche Zahl der Arbeitnehmer		
01	mittelgroß	klein	mittelgroß	mittelgroß	mittelgroß
02	klein	klein	mittelgroß	klein	mittelgroß
03	klein	klein	mittelgroß	klein	klein
04	mittelgroß	groß	groß	groß	klein
05	mittelgroß	groß	groß	groß	groß

Lösung zu 5:

Fall	Maßgebende Rechnungslegungsvorschriften
1	**HGB**, Drittes Buch, Erster Abschnitt
2	**HGB**, Drittes Buch, Erster und Zweiter Abschnitt
3	**HGB**, Drittes Buch, Erster Abschnitt
4	**HGB**, Drittes Buch, Erster und Zweiter Abschnitt
5	**HGB**, Drittes Buch, Erster und Zweiter Abschnitt sowie **AktG** Es handelt sich um eine kapitalmarktorientierte Aktiengesellschaft nach § 264d HGB. Die Klassifizierung als große Gesellschaft erfolgt unabhängig von den konkreten Größenmerkmalen (§ 267 Abs. 3 Satz 2 HGB).

Lösung zu 6:

Sachverhalt	Art der Information	zeitliche Berücksichtigung
1	wertaufhellend	Abschluss 01
2	wertbegründend	Abschluss 02
3	wertaufhellend	Abschluss 01
4	wertbegründend	Abschluss 02
5	wertbegründend	Abschluss 02
6	wertbegründend	Abschluss 02

Lösung zu 7:

Bilanzausweis (1): falsch

Bilanzausweis (2): richtig, aber unklar

Bilanzausweis (3): falsch und unklar

Bilanzausweis (4): richtig und klar

Lösung zu 8:

Aussage (1): Grundsatz der Vollständigkeit (§ 246 Abs. 1 HGB)

Aussage (2): Grundsatz der Klarheit (§ 243 Abs. 2 HGB)

Aussage (3): Grundsatz der formellen Bilanzstetigkeit (§ 265 Abs. 1 HGB)

Aussage (4): Grundsatz der Fortführung der Unternehmenstätigkeit [going concern] (§ 252 Abs. 1 Nr. 2 HGB)

Aussage (5): Grundsatz der Bilanzidentität (§ 252 Abs. 1 Nr. 1 HGB)

Aussage (6): Grundsatz der materiellen Bilanzstetigkeit, und zwar der Bewertungsstetigkeit (§ 252 Abs. 1 Nr. 6 HGB)

Lösung zu 9:

Siehe MiniLex (S. 221 ff.)

Lösung zu 10:

Für die bilanzielle Zuordnung gilt:

Sachverhalt (1): Aufgrund des Eigentumvorbehalts ist die Herstellerfirma rechtlicher Eigentümer. Wirtschaftlicher Eigentümer ist jedoch die Kapitalgesellschaft, die den Tieflader als Vermögensgegenstand zu aktivieren und die Kaufpreisschuld als Verbindlichkeit zu passivieren hat.

Sachverhalt (2): Es handelt sich um unechtes Factoring. Der Factor fungiert lediglich treuhänderisch. Das Ausfallrisiko trägt die Kapitalgesellschaft, in deren Bilanz daher die Forderungen auszuweisen sind.

Sachverhalt (3): Die durch den Mietvertrag begründeten Zahlungen sind ergebniswirksam zu erfassen. Das schuldrechtliche Nutzungsverhältnis als solches ist demgegenüber bilanziell unbeachtlich.

Sachverhalt (4): Die Kapitalgesellschaft behält das wirtschaftliche Eigentum an den sicherungsübereigneten Maschinen. In der Bilanz der Gesellschaft sind diese Vermögensgegenstände weiterhin auszuweisen.

Lösung zu 11:

Sachverhalt	Vermögensart	Einbeziehung in Handelsbilanz
1	Gesamthandsvermögen der Personengesellschaft	Gebot
2	Sonderbetriebsvermögen der Gesellschafter	Verbot
3	gewillkürtes Betriebsvermögen	Gebot
4	notwendiges Privatvermögen	Verbot
5	notwendiges Betriebsvermögen	Gebot

Lösung zu 12:

Die Anschaffungskosten sind wie folgt zu ermitteln:

		€	€
	Anschaffungspreis		160.000,00
-	Anschaffungspreisminderungen		
	- Rabatt	11.200,00	
	(7 % von 160.000,00)		
	- Skonto	2.976,00	14.176,00
	(2 % von [160.000,00 - 11.200,00 =] 148.800,00)		
+	Anschaffungsnebenkosten		
	- Transport	3.000,00	
	- Montage	8.400,00	11.400,00
=	**Anschaffungskosten**		**157.224,00**

Die für die Maschine und den Transport in Rechnung gestellte Umsatzsteuer kann als Vorsteuer geltend gemacht werden und ist folglich nicht als Anschaffungskosten zu berücksichtigen.

Die Zinsen für das Anschaffungsdarlehen dürfen nicht aktiviert werden.

Lösung zu 13:

Für die Herstellungskosten gilt folgende handelsrechtliche Wertunter- bzw. Wertobergrenze:

		€
	Materialkosten	265.400,00
+	Fertigungseinzelkosten	82.360,00
+	Sondereinzelkosten der Fertigung	11.000,00
+	Materialgemeinkosten	7.580,00
+	Fertigungsgemeinkosten	71.900,00
=	**Wertuntergrenze**	**438.240,00**
+	Verwaltungsgemeinkosten	23.800,00
=	**Wertobergrenze**	**462.040,00**

Vertriebskosten und kalkulatorische Kosten dürfen nicht in die Herstellungskosten einbezogen werden.

Lösung zu 14:

Sachverhalt	Klassifizierung
1	Erhaltungsaufwand
2	Herstellungsaufwand
3	Erhaltungsaufwand
4	Erhaltungsaufwand
5	Herstellungsaufwand

Lösung zu 15:

Der aus Transaktionen mit nordamerikanischen Geschäftspartnern resultierenden Fremdwährungs-Verbindlichkeit (= Grundgeschäft) steht eine Forderung in derselben Fremdwährung (= Grund-/Sicherungsgeschäft) gegenüber. Beide Posten unterliegen einem vergleichbaren Risiko, nämlich der Änderung des Wechselkurses. Hieraus ergeben sich – bei einer wirtschaftlichen Gesamtbetrachtung – gegenläufige Effekte. Die Voraussetzungen für die Bildung einer Bewertungseinheit nach § 254 HGB sind damit gegeben.

Hiervon unabhängig sind beide Vorgänge zunächst mit dem zum Zeitpunkt der Lieferung oder Leistung geltenden Wechselkurs zu erfassen. Demnach ist die Verbindlichkeit mit einem Betrag von (310.000,00 • 0,90 =) 279.000,00 € anzusetzen und die Forderung in Höhe von (260.000,00 • 0,90 =) 234.000,00 € auszuweisen.

Zum Abschlussstichtag ist der Kurs des US-Dollar gegenüber dem Euro angestiegen. Hieraus ergeben sich folgende bilanzielle Konsequenzen:

Im **Fall (1)** wird keine Bewertungseinheit gebildet. Folglich sind beide Posten getrennt voneinander zu beurteilen.

Der Wert der Forderung steigt zum 31.12.01 auf (260.000,00 • 0,95 =) 247.000,00 € an. Als noch nicht realisierter Gewinn bleibt die Werterhöhung von (247.000,00 - 234.000,00 =) 13.000,00 € unberücksichtigt. Demgegenüber ist nach dem Höchstwertprinzip die Verbindlichkeit auf den Betrag von (310.000,00 • 0,95 =) 294.500,00 € aufzustocken.

Im **Fall (2)** werden die Verbindlichkeit und die Forderung zu einer Bewertungseinheit zusammengefasst. Aufgrund des direkten Zusammenhangs zwischen Grund- und Sicherungsgeschäft handelt es sich um einen Mikro-Hedge.

Soweit sich beide Posten betragsmäßig decken, gleichen sich die Wertveränderungen gegenseitig aus und bleiben daher unberücksichtigt. Die ursprünglichen Bilanzansätze für diesen Teil der Verbindlichkeit bzw. Forderung sind daher unverändert fortzuführen.

Für den die Forderung übersteigenden Teil der Verbindlichkeit von (310.000,00 - 260.000,00 =) 50.000,00 US-Dollar gelten die allgemeinen Bewertungsregeln. Demgemäß ist die ausgewiesene Verbindlichkeit – bezogen auf diesen Teilbetrag – um (50.000,00 • [0,95 - 0,90 =] 0,05 =) 2.500,00 € zu erhöhen.

Der Verbindlichkeitsausweis entwickelt sich damit wie folgt:

	€	€
Wert zum 24.11.01 (310.000,00 • 0,90)		279.000,00
Wert zum 31.12.01		
- durch Bewertungseinheit abgedeckt (260.000,00 • 0,90)	234.000,00	
- nicht durch Bewertungseinheit abgedeckt (50.000,00 • 0,95)	47.500,00	281.500,00

Lösung zu 16:

Die Fremdwährungsposition ist alternativ wie folgt zu bewerten:

<table>
<tr><th rowspan="2">Fremdwährungs-position
(50.000,00 US-Dollar)</th><th rowspan="2">Zugangsbewertung
(1 US-Dollar = 0,90 €)</th><th colspan="2">Folgebewertung
(1 US-Dollar = 0,80 €)</th></tr>
<tr><th>Stichtagswert</th><th>Bilanzausweis</th></tr>
<tr><td>(1) Forderung mit einer Restlaufzeit
- bis zu 1 Jahr</td><td rowspan="2">45.000,00 €</td><td rowspan="2">40.000,00 €</td><td>40.000,00 €</td></tr>
<tr><td>- mehr als 1 Jahr</td><td>40.000,00 €</td></tr>
<tr><td>(2) Verbindlichkeit mit einer Restlaufzeit
- bis zu 1 Jahr</td><td rowspan="2">45.000,00 €</td><td rowspan="2">40.000,00 €</td><td>40.000,00 €</td></tr>
<tr><td>- mehr als 1 Jahr</td><td>45.000,00 €</td></tr>
</table>

Die Umrechnung der Fremdwährungsposition hat sowohl bei der Zugangs- wie auch der Folgebewertung mit dem jeweils geltenden Devisenkassamittelkurs zu erfolgen. Der Kursrückgang des US-Dollar führt im Rahmen der Folgebewertung zu nachstehenden bilanziellen Konsequenzen:

Im **Fall (1)** ist unabhängig von der Restlaufzeit der Forderung eine Abwertung auf den niedrigeren Stichtagswert vorzunehmen (§ 253 Abs. 4 Satz 1 HGB).

Im **Fall (2)** führt der Kursrückgang zu einem gesunkenen Betrag der Verbindlichkeit und damit in entsprechender Höhe zu einem noch nicht realisierten Gewinn. Dieser bleibt nach Maßgabe des § 252 Abs. 1 Nr. 4 Halbsatz 2 HGB unberücksichtigt, sofern die Restlaufzeit mehr als ein Jahr beträgt. Bei einer kürzeren Restlaufzeit wird das Realisationsprinzip durch § 256a Satz 2 HGB außer Kraft gesetzt, sodass in der Bilanz der niedrigere Stichtagswert auszuweisen ist. Demzufolge geht ein – noch nicht realisierter – Ertrag von 5.000,00 € in das Jahresergebnis ein.

Lösung zu 17:

Es ergeben sich folgende Zuordnungen:

Verwendung (1): Anlagevermögen

Verwendung (2): Umlaufvermögen

Verwendung (3): Umlaufvermögen

Lösung zu 18:

Bei der Ermittlung des derivativen Firmenwerts ist von den Zeitwerten der Vermögensgegenstände und Schulden auszugehen. Damit ergibt sich folgendes Reinvermögen im Erwerbszeitpunkt:

		€	€
	Zeitwert der Vermögensgegenstände		
	► Grundstücke	2.100.000,00	
	► Maschinen	1.900.000,00	
	► Vorräte	2.850.000,00	
	► liquide Mittel	731.000,00	7.581.000,00
-	Zeitwert der Schulden		
	► Bankverbindlichkeiten	1.300.000,00	
	► Rückstellungen	650.000,00	1.950.000,00
=	**Reinvermögen**		**5.631.000,00**

Der derivative Firmenwert beträgt mithin:

		€
	Unternehmenskaufpreis	6.341.000,00
-	Reinvermögen	5.631.000,00
=	**derivativer Firmenwert**	**710.000,00**

Lösung zu 19:

Es gelten folgende Zuordnungen:

Objekt	**unselbstständiger**	**selbstständiger**
	Gebäudeteil	
1		+
2		+
3	+	
4		+
5	+	
6		+
7	+	
8		+

Vergleiche hierzu R 7.1 EStR und R 4.2 Absatz 3 EStR.

Lösung zu 20:

Für die Berechnung der Abschreibungen ist folgende Bemessungsgrundlage maßgebend:

		€
	Herstellungskosten	870.000,00
-	Restverkaufserlös	18.000,00
=	**Abschreibungsausgangsbetrag**	**852.000,00**

Die jährlichen Abschreibungen belaufen sich damit auf (852.000,00 : 8 =) 106.500,00 €.

Im Jahr 01 kann in der Handelsbilanz alternativ als lineare Abschreibung folgender Betrag berücksichtigt werden:

(1) zeitanteiliger Jahresbetrag (ohne Vereinfachungsregelung):
106.500,00 • 10/12 = **88.750,00 €**

(2) voller Jahresbetrag (mit Vereinfachungsregelung):
106.500,00 €

In der Steuerbilanz ist allein die zeitanteilige Jahresabschreibung zulässig.

Lösung zu 21:

Für die alternativen Verfahren ergeben sich folgende Abschreibungsverläufe:

Jahr	geometrisch-degressive Abschreibung		digitale Abschreibung		Abschreibung in fallenden Staffelsätzen	
	Jahresabschreibung	Restbuchwert	Jahresabschreibung	Restbuchwert	Jahresabschreibung	Restbuchwert
	€	€	€	€	€	€
01	82.500,00	247.500,00	94.286,00	235.714,00	82.500,00	247.500,00
02	61.875,00	185.625,00	78.571,00	157.143,00	82.500,00	165.000,00
03	46.406,00	139.219,00	62.857,00	94.286,00	54.978,00	110.022,00
04	46.406,00	92.813,00	47.143,00	47.143,00	54.978,00	55.044,00
05	46.406,00	46.407,00	31.429,00	15.714,00	27.522,00	27.522,00
06	46.407,00	0,00	15.714,00	0,00	27.522,00	0,00
Summe	**330.000,00**		**330.000,00**		**330.000,00**	

Bei der **geometrisch-degressiven Abschreibung** wird der maßgebende Abschreibungssatz von 25 % auf den jeweiligen (Rest-)Buchwert angewandt. Ein Methodenwechsel, d. h. der Übergang von der geometrisch-degressiven auf die lineare Abschreibung empfiehlt sich im vierten Jahr. Dann ergeben sich bei Fortführung der geometrisch-degressiven Abschreibung geringere Absetzungen als bei gleichmäßiger Verteilung des verbleibenden Restbuchwerts auf die Restnutzungsdauer.

Bei der **digitalen Abschreibung** werden – stets bezogen auf die Anschaffungskosten – im ersten Jahr 6 : 21, im zweiten Jahr 5 : 21, im dritten Jahr 4 : 21 usw. als Abschreibungen verrechnet. Der Zähler dieses Quotienten entspricht der Jahreszahl der Gesamtnutzungsdauer bzw. der jeweiligen Restnutzungsdauer. Der Nenner ergibt sich aus der Summe der einzelnen Jahre der Nutzungsdauer, hier (1 + 2 + 3 + 4 + 5 + 6 =) 21.

Bei der **Abschreibung in fallenden Staffelsätzen** ist von dem linearen Abschreibungssatz in Höhe von (1 : 6 =) 16,67 % auszugehen. Folgende auf den Abschreibungsausgangsbetrag zu beziehende Abschreibungssätze sind maßgebend:

- in der ersten Staffel (1,5 • 16,67 =) 25 %
- in der zweiten Staffel 16,67 %
- in der dritten Staffel (0,5 • 16,67 =) 8,34 %.

Lösung zu 22:

Nach Maßgabe der linearen Abschreibung ergibt sich folgender planmäßiger Abschreibungsverlauf:

Jahr	Jahres-abschreibung	Restbuchwert
	€	€
01	30.000,00	210.000,00
02	30.000,00	180.000,00
03	30.000,00	150.000,00
04	30.000,00	120.000,00
05	30.000,00	90.000,00
06	30.000,00	60.000,00
07	30.000,00	30.000,00
08	30.000,00	0,00
Summe	**240.000,00**	

Zum Ende des Jahres 02 verbleibt ein Abschreibungszeitraum von 6 Jahren. Die halbe Restnutzungsdauer beträgt also 3 Jahre. Für die Beurteilung der Nachhaltigkeit des niedrigeren Stichtagswerts ist folglich der Buchwert bei planmäßiger Abschreibung zum Ende der Periode 05 in Höhe von 90.000,00 € entscheidend.

Im **Fall (1)** übersteigt der zum Ende der Periode 02 beizulegende Wert diesen Grenzbetrag. Demnach handelt es sich um eine nur vorübergehende Wertminderung. Hierfür besteht im Bereich des Sachanlagevermögens ein Abschreibungsverbot.

Im **Fall (2)** liegt der Stichtagswert unter dem planmäßigen Restbuchwert zum Ende der halben Restnutzungsdauer. Somit ist eine voraussichtlich dauernde Wertminderung gegeben. Diese ist zum Ende des Jahres 02 durch eine Abwertung auf den niedrigeren Stichtagswert von 70.000,00 € zu berücksichtigen. Die außerplanmäßige Abschreibung beläuft sich auf (180.000,00 - 70.000,00 =) 110.000,00 €.

Lösung zu 23:

Es ergeben sich folgende alternativen Buchwerte:

		Buchwerte	
		ohne	mit
		Zuschreibung	
		€	€
	Anschaffungskosten	200.000,00	200.000 ,00
-	planmäßige Abschreibung 01	25.000,00	25.000,00
=	Buchwert 31.12.01	175.000,00	175.000,00
-	planmäßige Abschreibung 02	25.000,00	25.000,00
-	außerplanmäßige Abschreibung 02	18.000,00	18.000,00
=	Buchwert 31.12.02	132.000,00	132.000,00
-	planmäßige Abschreibung 03	22.000,00	22.000,00
=	Buchwert 31.12.03	110.000,00	110.000,00
-	planmäßige Abschreibung 04	22.000,00	22.000,00
=	Buchwert 31.12.04	88.000,00	88.000,00
-	planmäßige Abschreibung 05	22.000,00	22.000,00
+	Zuschreibung	–	9.000,00
=	Buchwert 31.12.05	66.000,00	75.000,00
-	planmäßige Abschreibung 06	22.000,00	25.000,00
=	Buchwert 31.12.06	44.000,00	50.000,00
-	planmäßige Abschreibung 07	22.000,00	25.000,00
=	Buchwert 31.12.07	22.000,00	25.000,00
-	planmäßige Abschreibung 08	22.000,00	25.000,00
=	Buchwert 31.12.08	0,00	0,00

Der höchstmögliche Zuschreibungsbetrag ermittelt sich wie folgt:

		€
	außerplanmäßige Abschreibung	18.000,00
-	fiktive planmäßige Abschreibungen in der Zwischenzeit (3 • 25.000,00)	75.000,00
+	tatsächliche planmäßige Abschreibungen in der Zwischenzeit (3 • 22.000,00)	66.000,00
=	**maximale Zuschreibung**	**9.000,00**

Lösung zu 24:

Die alternativen Inventurwerte ziehen folgende bilanzielle Konsequenzen nach sich:

Inventurwert (1): Es hat eine Abwertung auf den gesunkenen Inventurwert von 68.000,00 € zu erfolgen.

Inventurwert (2): Der Inventurwert übersteigt den Festwert um weniger als 10 %. Folglich kann der bisherige Festwert von 72.000,00 € beibehalten werden.

Inventurwert (3): Der Inventurwert übersteigt den Festwert um mehr als 10 %. Daher ist eine Erhöhung des Wertansatzes auf den Inventurwert von 95.000,00 € vorzunehmen.

Lösung zu 25:

Maßgebend sind folgende Bilanzposten:

Fall (1): Forderungen aus Lieferungen und Leistungen

Fall (2): Kassenbestand, Bundesbankguthaben, Guthaben bei Kreditinstituten und Schecks

Fall (3): Forderungen aus Lieferungen und Leistungen

Fall (4): Forderungen gegen verbundene Unternehmen

Lösung zu 26:

Mangels eines Börsen- oder Marktpreises ist der am Abschlussstichtag beizulegende Wert nach dem Prinzip der verlustfreien Bewertung wie folgt zu ermitteln:

		ohne	**mit**
		Rabattgewährung	
		€	€
	voraussichtlicher (Brutto-)Verkaufspreis	20.300,00	20.300,00
-	Rabatt	–	1.015,00
=	voraussichtlicher (Netto-)Verkaufspreis	20.300,00	19.285,00
-	noch anfallende Aufwendungen	5.600,00	5.600,00
=	**beizulegender Wert**	**14.700,00**	**13.685,00**

Im **Fall (1)** sind die Herstellungskosten von 14.200,00 € für die Bewertung maßgebend, da diese geringer sind als der am Abschlussstichtag beizulegende Wert.

Im **Fall (2)** ist der niedrigere beizulegende Stichtagswert von 13.685,00 € für die Bewertung heranzuziehen.

Lösung zu 27:

Zum **Bilanzstichtag 31.12.01** ist zwingend auf den niedrigeren beizulegenden Wert abzuwerten (340,00 €/Einheit).

Zum **Bilanzstichtag 31.12.02** hat eine Zuschreibung bis zur Höhe der Anschaffungskosten zu erfolgen (350,00 €/Einheit).

Zum **Bilanzstichtag 31.12.03** muss eine Abschreibung auf den gesunkenen Stichtagswert vorgenommen werden (320,00 €/Einheit).

Lösung zu 28:

Nach der gewogenen periodischen Durchschnittsmethode ergibt sich folgender Wert des Endbestands:

	Menge	Preis/Einheit	Wert
		€	€
Anfangsbestand 1.1.01	190	12,00	2.280,00
+ Zugang 14.2.01	250	14,00	3.500,00
+ Zugang 21.6.01	120	12,50	1.500,00
+ Zugang 30.8.01	140	16,00	2.240,00
	700		9.520,00
- Abgänge 01	520	13,60	7.072,00
= Endbestand 31.12.01	**180**	**13,60**	**2.448,00**

Der Durchschnittspreis beträgt (9.520,00 : 700 =) 13,60 €/Einheit. Hiermit werden die Abgänge und der Endbestand bewertet.

Lösung zu 29:

Nach der gleitenden Durchschnittsmethode ergibt sich nachfolgender Wert des Endbestands:

	Menge	Preis/Einheit	Wert
		€	€
Anfangsbestand 1.1.01	500	6,00	3.000,00
- Abgang 27.2.01	200	6,00	1.200,00
	300	6,00	1.800,00
+ Zugang 2.5.01	100	5,00	500,00
	400	5,75	2.300,00
+ Zugang 10.9.01	300	4,00	1.200,00
	700	5,00	3.500,00
- Abgang 26.11.01	340	5,00	1.700,00
= **Endbestand 31.12.01**	**360**	**5,00**	**1.800,00**

Lösung zu 30:

Nach dem Fifo-Verfahren ergibt sich folgender Wert des Endbestands zum 31.12.01:

	Menge	Preis/Einheit	Wert
		€	€
aus Zugang 30.6.01	900	1,15	1.035,00
aus Zugang 30.9.01	1.300	1,25	1.625,00
	2.200		**2.660,00**

Der am Abschlussstichtag beizulegende Wert beläuft sich auf (2.200 • 1,18 =) 2.596,00 € Dieser Betrag ist niedriger als der nach dem Fifo-Verfahren ermittelte Wert des Endbestands und somit nach § 253 Abs. 4 Satz 2 HGB für den Bilanzansatz maßgebend.

Lösung zu 31:

Der Wert des Endbestands ermittelt sich nach dem periodischen Lifo-Verfahren wie folgt:

	Menge	Preis/Einheit	Wert
		€	€
aus Zugang 6.4.01	20	80,00	1.600,00
aus Anfangsbestand	100	50,00	5.000,00
	120		**6.600,00**

Dieser Betrag liegt unter dem Stichtagswert von (120 • 60,00 =) 7.200,00 €. Damit erfolgt der Bilanzansatz mit dem nach dem Lifo-Verfahren ermittelten Wert des Endbestands von 6.600,00 €.

Lösung zu 32:

Folgende **Einzelwertberichtigungen** sind vorzunehmen:

	€
uneinbringliche Forderungen	16.000,00
zweifelhafte Forderungen (30 % von 50.000,00)	15.000,00
Gesamter Einzelwertberichtungsaufwand des Jahres	**31.000,00**

Die **Pauschalwertberichtigung** für das allgemeine Ausfallrisiko der nicht bereits einzelwertberichtigten Forderungsbestände ist wie folgt zu ermitteln:

		€
	Forderungsbestand	942.000,00
-	Bestand uneinbringliche Forderungen	16.000,00
-	Bestand zweifelhafte Forderungen	50.000,00
=	**bereinigter Forderungsbestand**	**876.000,00**

Bezogen auf den bereinigten Forderungsbestand beträgt die Pauschalwertberichtigung (4 % von 876.000,00 =) 35.040,00 €.

Lösung zu 33:

Die Anschaffungskosten werden retrograd wie folgt ermittelt:

		€
	voraussichtlicher Verkaufspreis	12.000,00
-	Rohgewinnspanne ([0,6 : 1,6 =] 0,375 • 12.000,00)	4.500,00
=	**Anschaffungskosten**	**7.500,00**

Probe:

		€
	Anschaffungskosten	7.500,00
+	Rohgewinnspanne (60 % von 7.500,00)	4.500,00
=	**(Brutto-)Verkaufspreis**	**12.000,00**

Lösung zu 34:

Es ergeben sich folgende Ergebnissituationen:

(1) ohne Rückstellungsbildung

	Jahr 01	**Jahr 02**	**Jahr 03**
	€	€	€
handelsrechtliches Ergebnis (vor Garantieaufwand und ergebnisabhängigen Zahlungen)	400.000,00	400.000,00	400.000,00
- Garantieaufwand	–	–	80.000,00
= handelsrechtliches Ergebnis (vor ergebnisabhängigen Zahlungen)	400.000,00	400.000,00	320.000,00
- ergebnisabhängige Zahlungen	160.000,00	160.000,00	128.000,00
= **Jahresüberschuss**	**240.000,00**	**240.000,00**	**192.000,00**

(2) mit Rückstellungsbildung

	Jahr 01	Jahr 02	Jahr 03
	€	€	€
handelsrechtliches Ergebnis (vor Garantieaufwand und ergebnisabhängigen Zahlungen)	400.000,00	400.000,00	400.000,00
- Garantieaufwand	80.000,00	–	–
= handelsrechtliches Ergebnis (vor ergebnisabhängigen Zahlungen)	320.000,00	400.000,00	400.000,00
- ergebnisabhängige Zahlungen	128.000,00	160.000,00	160.000,00
= Jahresüberschuss	**192.000,00**	**240.000,00**	**240.000,00**

Durch die Rückstellungsbildung kommt es zu einer vorzeitigen Berücksichtigung künftiger Aufwendungen, und zwar bereits im Jahr der Ausführung des Geschäftsvorgangs. Durch Reduzierung des Ergebnisses und der daran anknüpfenden Zahlungen verbleibt bis zum Jahr 03 ein entsprechender Teil der Erlöse im Unternehmen.

Lösung zu 35:

Durch den Mietvertrag wird ein Dauerrechtsverhältnis begründet. Grundsätzlich ist davon auszugehen, dass sich Leistung (= monatliche Mietzahlungen) und Gegenleistung (= Nutzungsüberlassung der Büroräume) ausgeglichen gegenüberstehen. Mit der Beendigung der Raumnutzung ab April 02 ergibt sich jedoch bis zum Ende der Vertragslaufzeit ein Ungleichgewicht zwischen den noch zu erbringenden Leistungen (= Mietzahlungen von [9 • 20.000,00 =] 180.000,00 €) und den Gegenleistungen (= Wert der Nutzungsüberlassung von 0,00 €).

In Höhe des Unterschiedsbetrags (= Verpflichtungsüberschuss der Kapitalgesellschaft) von 180.000,00 € ist im Abschluss 01 eine Rückstellung für drohende Verluste aus schwebenden Geschäften nach § 249 Abs. 1 Satz 1 HGB zu bilden.

Hinweis: Steuerrechtlich ist der Ansatz einer Rückstellung für drohende Verluste aus schwebenden Geschäften nicht zulässig.

Lösung zu 36:

Die einzelnen Sachverhalte sind wie folgt zu beurteilen:

Sachverhalt	Rückstellungsbildung	Rückstellungsart
1	Pflicht	drohende Verluste aus schwebenden Geschäften
2a	Pflicht	unterlassene Instandhaltung
2b	Verbot	
3	Verbot	
4	Verbot	
5	Pflicht	ungewisse Verbindlichkeiten
6	Pflicht	Kulanzleistungen

Lösung zu 37:

Im Jahr des Schadenseintritts ist bilanziell eine Rückstellung für ungewisse Verbindlichkeiten in Höhe des voraussichtlichen Erfüllungsbetrags zu bilden. Dieser Wert schlägt sich in der Ergebnisrechnung als „sonstige betriebliche Aufwendungen" im Betriebsergebnis nieder.

Die laufzeitkongruente Abzinsung des Erfüllungsbetrags führt zu einem Barwert von (250.000,00 : $1{,}04^2$ =) 231.139,00 € und damit zu einem Zinsertrag von (250.000,00 - 231.139,00 =) 18.861,00 €.

Zum Ende der Folgeperiode beträgt der Barwert (250.000,00 : 1,04 =) 240.385,00 €. Der Zinsaufwand aus der Aufzinsung beläuft sich damit im Jahr 02 auf (240.385,00 - 231.139,00 =) 9.246,00 € und im Jahr 03 auf (250.000,00 - 240.385,00 =) 9.615,00 €.

Im Rückstellungsspiegel sind diese Vorgänge wie folgt abzubilden:

Jahr	Buchwert zum Beginn des Geschäftsjahrs	nominelle Rückstellungsbeträge	Zinsbeträge		Buchwert zum Ende des Geschäftsjahrs
		Zuführung	Abzinsung	Aufzinsung	
	€	€	€	€	€
02	–	250.000,00	18.861,00	–	231.139,00
03	231.139,00	–	–	9.246,00	240.385,00
04	240.385,00	–	–	9.615,00	250.000,00

Lösung zu 38:

Die vereinbarten Pensionsleistungen beruhen auf einer wertpapiergebundenen Zusage mit einem garantierten Mindestbetrag. Für die Bilanzierung bei der hier betrachteten mittelgroßen Kapitalgesellschaft gilt:

Im **Fall (1)** übersteigt der am Abschlussstichtag beizulegende Zeitwert der Wertpapiere diesen Mindestbetrag. Daher sind die Pensionsrückstellungen nach § 253 Abs. 1 Satz 3 HGB in Höhe des beizulegenden Zeitwerts von 900.000,00 € anzusetzen.

Im **Fall (2)** liegt der aktuelle Stichtagswert des Portfolios unter dem Betrag der garantierten Mindestleistungen. Die Bewertung der Altersversorgungsleistungen hat mit dem abgezinsten Erfüllungsbetrag von 800.000,00 € zu erfolgen (§ 253 Abs. 1 Satz 3 und Abs. 2 HGB).

Würde es sich im vorliegenden Fall um eine Kleinstgesellschaft nach § 267a HGB handeln, käme eine Bewertung mit dem beizulegenden Zeitwert nur in Betracht, wenn von den gesetzlichen Erleichterungen der Rechnungslegung kein Gebrauch gemacht würde (§ 253 Abs. 1 Satz 5 HGB).

Lösung zu 39:

Im Zeitpunkt der Kreditgewährung ist die Verbindlichkeit mit ihrem Erfüllungsbetrag von (650.000,00 • 1,30 =) 845.000,00 € anzusetzen.

Im **Fall (1)** hat nach Maßgabe des für Verbindlichkeiten geltenden Höchstwertprinzips eine Bewertung mit dem gestiegenen Kurs zu erfolgen. Die noch nicht realisierten Verluste werden ergebnismindernd berücksichtigt. Der Bilanzansatz erfolgt mit (650.000,00 • 1,40 =) 910.000,00 €.

Im **Fall (2)** bleibt es bei dem Wert von 845.000,00 €. Es ist keine Abwertung auf den niedrigeren Stichtagskurs vorzunehmen. Anderenfalls würde durch den Ausweis nicht realisierter Gewinne gegen das Realisationsprinzip verstoßen.

Lösung zu 40:

Das Stammkapital ist mit dem Nennbetrag von 150.000,00 € anzusetzen (§ 272 Abs. 1 Satz 2 HGB). Für den Eigenkapitalausweis gilt alternativ:

Im **Fall (1)** ist das Stammkapital voll eingezahlt und damit als „Gezeichnetes Kapital" in der Hauptspalte auszuweisen.

AKTIVA	Bilanz zum 31.12.01 (in T€)	PASSIVA
	A. Eigenkapital	
	I. Gezeichnetes Kapital	150

Im **Fall (2)** ist das gezeichnete Kapital um die ausstehenden Einlagen zu kürzen. Der nach § 272 Abs. 1 Satz 3 HGB zwingende Nettoausweis führt zu folgendem Bilanzbild:

AKTIVA		Bilanz zum 31.12.01 (in T€)		PASSIVA
...				
B. Umlaufvermögen		A. Eigenkapital		
...		I. Gezeichnetes Kapital	150	
II. Forderungen und sonstige Vermögensgegenstände		- Nicht eingeforderte ausstehende Einlagen	40	
...		= Eingefordertes Kapital		110
5. Eingefordertes, noch nicht eingezahltes Kapital	30			

Lösung zu 41:

Der Erwerb der eigenen Anteile im Jahr 02 führt zu einer Kürzung des gezeichneten Kapitals in Höhe von (5.000 • 10,00 =) 50.000,00 €. Zudem sind die frei verfügbaren Rücklagen, die hier dem Posten „andere Gewinnrücklagen" entsprechen, um den übersteigenden Betrag von (340.000,00 - 50.000,00 =) 290.000,00 € zu kürzen. Damit ergibt sich folgende fortgeführte Bilanz:

AKTIVA		Bilanz zum 31.12.02 (in T€)	PASSIVA
...			
Bank	230	A. Eigenkapital	
		I. Gezeichnetes Kapital	1.410
übrige Aktiva	9.295	II. Kapitalrücklage	180
		III. Gewinnrücklagen	
		1. gesetzliche Rücklage	230
		2. andere Gewinnrücklagen	430
		übrige Passiva	7.275
	9.525		9.525

Die Veräußerung der eigenen Anteile im Jahr 03 erfolgt zu einem Preis von insgesamt (5.000 • 80,00 =) 400.000,00 €. Die im Erwerbsjahr vorgenommenen Eigenkapitalkürzungen in Höhe der Anschaffungskosten sind nunmehr wieder rückgängig zu machen. Folglich kommt es zu einer Erhöhung des gezeichneten Kapitals um 50.000,00 € und der – frei verfügbaren – anderen Gewinnrücklagen um 290.000,00 €. Der entstandene Veräußerungsgewinn von ([80,00 - 68,00 =] 12,00 • 5.000 =) 60.000,00 € wird in die Kapitalrücklage eingestellt. Die Bilanz zum Jahresende weist demnach folgendes Bild auf:

AKTIVA	Bilanz zum 31.12.03 (in T€)		PASSIVA
...			
Bank	630	**A. Eigenkapital**	
		I. Gezeichnetes Kapital	1.460
übrige Aktiva	9.295	II. Kapitalrücklage	240
		III. Gewinnrücklagen	
		1. gesetzliche Rücklage	230
		2. andere Gewinnrücklagen	720
		übrige Passiva	7.275
	9.925		9.925

Lösung zu 42:

In der Bilanz zum 31.12.01 ergibt sich folgender Eigenkapitalausweis:

Alternative (1): Bilanzaufstellung vor Ergebnisverwendung

	€
Gezeichnetes Kapital	300.000,00
Kapitalrücklage	60.000,00
Gewinnrücklagen	222.000,00
Gewinnvortrag	48.000,00
Jahresüberschuss	110.00,00
	740.000,00

Alternative (2): Bilanzaufstellung nach teilweiser Ergebnisverwendung

Aus dem Jahresüberschuss sind (25 % von 110.000,00 =) 27.500,00 € in die Gewinnrücklagen einzustellen. An die Stelle der Größen „Gewinnvortrag" und „Jahresüberschuss" tritt der Posten „Bilanzgewinn", der wie folgt zu ermitteln ist:

	€
Jahresüberschuss	110.000,00
+ Gewinnvortrag	48.000,00
- Einstellungen in Gewinnrücklagen	27.500,00
= Bilanzgewinn	**130.500,00**

Damit kommt es zu nachstehendem Eigenkapitalausweis:

	€
Gezeichnetes Kapital	300.000,00
Kapitalrücklage	60.000,00
Gewinnrücklagen	249.500,00
Bilanzgewinn (davon Gewinnvortrag 48.000,00 €)	130.500,00
	740.000,00

Lösung zu 43:

In der Bilanz zum 31.12.01 ergeben sich folgende Auswirkungen:

Die im Dezember 01 im Voraus vereinnahmte Miete stellt Ertrag für einen nach dem Abschlussstichtag liegenden Zeitraum (= Januar 02) dar. Demzufolge ist der Gesamtbetrag der Mietvorauszahlung als passiver Rechnungsabgrenzungsposten auszuweisen.

Die vom Unternehmer im Voraus entrichtete Versicherungsprämie ist nicht in voller Höhe, sondern nur anteilig (2 : 12) aufwandsmäßig im Jahr 01 zu berücksichtigen. Hinsichtlich des Restbetrags liegt Aufwand für eine Zeit nach dem Abschlussstichtag vor. Daher ist ein aktiver Rechnungsabgrenzungsposten in Höhe von (10 : 12 • 1.440,00 =) 1.200,00 € zu bilden.

Lösung zu 44:

Das Damnum beläuft sich auf (800.000,00 - 752.000,00 =) 48.000,00 €. Für die relevanten Bilanzierungsalternativen ergeben sich folgende Zinsaufwendungen:

Jahr	**Alternative (1)**			**Alternative (2)**		
	Damnum	**laufende Zinsen**	**Gesamt**	**Damnum**	**laufende Zinsen**	**Gesamt**
(1)	(2)	(3)	(4) = (2) + (3)	(5)	(6)	(7) = (5) + (6)
	€	€	€	€	€	€
01	48.000,00	40.000,00	88.000,00	8.000,00	40.000,00	48.000,00
02	–	40.000,00	40.000,00	8.000,00	40.000,00	48.000,00
03	–	40.000,00	40.000,00	8.000,00	40.000,00	48.000,00
04	–	40.000,00	40.000,00	8.000,00	40.000,00	48.000,00
05	–	40.000,00	40.000,00	8.000,00	40.000,00	48.000,00
06	–	40.000,00	40.000,00	8.000,00	40.000,00	48.000,00
Summe	**48.000,00**	**240.000,00**	**288.000,00**	**48.000,00**	**240.000,00**	**288.000,00**

Bei Alternative (2) wird die jährliche Auflösung des Rechnungsabgrenzungspostens wie folgt gebucht:

Zinsen und ähnliche Aufwendungen	8.000,00 €	an	aktiver Rechnungs-abgrenzungsposten	8.000,00 €

Lösung zu 45:

Der in der Bilanz ausgewiesene derivative Firmenwert wird handelsrechtlich über vier Jahre, steuerrechtlich jedoch über 15 Jahre abgeschrieben. In den Jahren 01 - 04 ergeben sich handelsrechtlich höhere Abschreibungsbeträge und damit jährlich ansteigende Wertunterschiede gegenüber der Steuerbilanz. Für die hieraus resultierenden künftigen Steuerentlastungen sind unter Verwendung des unternehmensspezifischen Steuersatzes aktive latente Steuern zu ermitteln.

Ab dem Jahr 05 kehren sich die jährlichen Wertunterschiede um, d. h. die Steuerentlastungen treten ein. Demzufolge ist der Betrag der aktiven latenten Steuern anteilig aufzulösen.

Diese Vorgänge stellen sich in den hier betrachteten Perioden wie folgt dar:

Jahr	Wertansatz		Wertunterschied Handels-/ Steuerbilanz	Aktive latente Steuern	
	Handelsbilanz	Steuerbilanz		Stand	Veränderung
(1)	(2)	(3)	(4) = (2) - (3)	(5) = 30 % von (4)	(6)
	€	€	€	€	€
01	225.000,00	280.000,00	- 55.000,00	16.500,00	+ 16.500,00
02	150.000,00	260.000,00	- 110.000,00	33.000,00	+ 16.500,00
03	75.000,00	240.000,00	- 165.000,00	49.500,00	+ 16.500,00
04	0,00	220.000,00	- 220.000,00	66.000,00	+ 16.500,00
05	–	200.000,00	- 200.000,00	60.000,00	- 6.000,00
06	–	180.000,00	- 180.000,00	54.000,00	- 6.000,00
07	–	160.000,00	- 160.000,00	48.000,00	- 6.000,00
08	–	140.000,00	- 140.000,00	42.000,00	- 6.000,00
...	...	...	...	...	...

Lösung zu 46:

Im **Fall (1)** ergibt sich eine Gesamtdifferenz aus aktiven und passiven latenten Steuern von (80.000,00 - 110.000,00 =) - 30.000,00 €.

Diese passiven latenten Steuern müssen bilanziert werten (§ 274 Abs. 1 Satz 1 HGB).

Folgende Ausweisalternativen kommen in Betracht:

a) **Nettoausweis**

AKTIVA	Bilanz		PASSIVA
		...	€
		Passive latente Steuern	30.000,00

b) **Bruttoausweis**

AKTIVA	Bilanz		PASSIVA
...	€	...	€
Aktive latente Steuern	80.000,00	Passive latente Steuern	110.000,00

Im **Fall (2)** ergibt sich ein Überhang aktiver latenter Steuern von (110.000,00 - 80.000,00 =) 30.000,00 €. Für den Bilanzansatz bzw. -ausweis bestehen folgende unterschiedliche Möglichkeiten:

a) **Verzicht auf Ansatzwahlrecht**

In der Bilanz werden keine latenten Steuern ausgewiesen.

b) **Inanspruchnahme des Ansatzwahlrechts**

- **Nettoausweis**

AKTIVA	Bilanz		PASSIVA
...	€		
Aktive latente Steuern	30.000,00		

- **Bruttoausweis**

AKTIVA	Bilanz		PASSIVA
...	€	...	€
Aktive latente Steuern	110.000,00	Passive latente Steuern	80.000,00

Lösung zu 47:

Siehe MiniLex (S. 221 ff.)

Lösung zu 48:

Die üblichen und unüblichen Abschreibungen sind in der GuV nach dem Gesamtkostenverfahren folgenden Gliederungsposten zuzuordnen:

Abschreibungsgegenstand	**Gliederungsposten für den Ausweis**	
	üblicher	**unüblicher**
	Abschreibungen	
A. Anlagevermögen		
I. Immaterielle Vermögensgegenstände	7 a)	
II. Sachanlagen	7 a)	
III. Finanzanlagen	12	
B. Umlaufvermögen		
I. Vorräte		
1. Roh-, Hilfs- und Betriebsstoffe	5 a)	7 b)
2. unfertige Erzeugnisse	2	7 b)
3. a) fertige Erzeugnisse	2	7 b)
b) Waren	5 a)	7 b)
II. Forderungen und sonstige Vermögensgegenstände	8	7 b)
III. Wertpapiere	12	12
IV. Kassenbestand, Bundesbankguthaben, Guthaben bei Kreditinstituten und Schecks	8	7 b)

Lösung zu 49:

Die im Geschäftsjahr 01 entstandenen Aufwendungen verteilen sich wie folgt auf die verschiedenen Funktionsbereiche:

Kostenart	Ausgangsbetrag	Kostenstelle		
		Herstellung	Verwaltung	Vertrieb
	T€	T€	T€	T€
Materialaufwand	720	648	36	36
Personalaufwand	880	748	44	88
Abschreibungen	110	77	11	22
sonstige betriebliche Aufwendungen	200	10	30	160
Summe	**1.910**	**1.483**	**121**	**306**

Auf Vollkostenbasis ergeben sich damit Herstellungskosten von insgesamt (1.483.000,00 + 121.000,00 =) 1.604.000,00 € bzw. 320,80 €/Stück. Dieser Betrag ist maßgebend für die Bewertung der Bestände sowie für die Ermittlung der Herstellungskosten der zur Erzielung der Umsätze erbrachten Leistungen.

Das Betriebsergebnis wird alternativ wie folgt berechnet:

(1) **Gesamtkostenverfahren**

		€
Umsatzerlöse		2.400.000,00
Erhöhung des Bestands an fertigen Erzeugnissen (1.000 • 320,80)	+	320.800,00
Materialaufwand	-	720.000,00
Personalaufwand	-	880.000,00
Abschreibungen	-	110.000,00
sonstige betriebliche Aufwendungen	-	200.000,00
Betriebsergebnis		**810.800,00**

(2) **Umsatzkostenverfahren**

		€
Umsatzerlöse		2.400.000,00
Herstellungskosten der zur Erzielung der Umsatzerlöse erbrachten Leistungen (4.000 • 320,80)	-	1.283.200,00
Bruttoergebnis vom Umsatz		1.116.800,00
Vertriebskosten	-	306.000,00
Betriebsergebnis		**810.800,00**

Lösung zu 50:

Die einzelnen Sachverhalte sind wie folgt auszuweisen:

Sachverhalt	Posten der GuV nach § 275 Abs. 2 HGB
1	Umsatzerlöse [Nr. 1]
2	Abschreibungen auf immaterielle Vermögensgegenstände des Anlagevermögens und Sachanlagen [Nr. 7a)]
3	sonstige betriebliche Erträge [Nr. 4]
4	sonstige betriebliche Erträge [Nr. 4]
5	sonstige betriebliche Erträge [Nr. 4]
6	Umsatzerlöse [Nr. 1]
7	sonstige betriebliche Erträge [Nr. 4]
8	sonstige betriebliche Aufwendungen [Nr. 8]
9	sonstige betriebliche Aufwendungen [Nr. 8]
10	Erträge aus Beteiligungen [Nr. 9]
11	Steuern vom Einkommen und vom Ertrag [Nr. 14]

Lösung zu 51:

Die Vorgänge schlagen sich im Anlagespiegel wie folgt nieder:

Jahr	historische Anschaf-fungs-/Her-stellungs-kosten zum 1.1.	Zugänge – Geschäfts-jahr	Abgänge – Geschäfts-jahr	historische Anschaf-fungs-/Her-stellungs-kosten zum 31.12.	kumulierte Abschrei-bungen zum 31.12.	Restbuch-wert zum 31.12.	Restbuch-wert – Vorjahr
(1)	(2)	(3)	(4)	(5) = (2) + (3) - (4)	(6)	(7) = (5) - (6)	(8)
	€	€	€	€	€	€	€
01	–	350.000,00	–	350.000,00	70.000,00	280.000,00	–
02	350.000,00	220.000,00	–	570.000,00	195.000,00	375.000,00	280.000,00
03	570.000,00	–	–	570.000,00	338.000,00	232.000,00	375.000,00
04	570.000,00	–	220.000,00	350.000,00	280.000,00	70.000,00	232.000,00
05	350.000,00	–	350.000,00	0,00	0,00	0,00	70.000,00

Es ergibt sich nachstehender Abschreibungsspiegel:

Jahr	kumulierte Abschreibungen zum 1.1.	kumulierte Abschreibungen auf ...		Abschreibungen – Geschäftsjahr	kumulierte Abschreibungen zum 31.12.
		Zugänge – Geschäftsjahr	Abgänge – Geschäftsjahr		
(1)	(2)	(3)	(4)	(5)	(6) = (2) + (3) - (4) + (5)
	€	€	€	€	€
01	–	–	–	70.000,00	70.000,00
02	70.000,00	–	–	125.000,00	195.000,00
03	195.000,00	–	–	143.000,00 [1]	338.000,00
04	338.000,00	–	220.000,00	162.000,00 [2]	280.000,00
05	280.000,00	–	350.000,00	70.000,00	0,00

[1] davon außerplanmäßig: 18.000,00 €

[2] davon außerplanmäßig: 49.833,00 €

Die Abschreibungen für das Geschäftsjahr 03 ermitteln sich wie folgt:

		€
Maschine 01		70.000,00
Maschine 02		
- planmäßige Abschreibung	55.000,00	
- außerplanmäßige Abschreibung	18.000,00	73.000,00
Abschreibungen – Geschäftsjahr 03		**143.000,00**

Für die Maschine 02 ergibt sich damit zum 31.12.03 ein (Rest-)Buchwert von (220.000,00 - [55.000,00 + 73.000,00 =] 128.000,00 =) 92.000,00 €.

Die Abschreibungen für das Geschäftsjahr 04 setzen sich folgendermaßen zusammen:

		€
Maschine 01		70.000,00
Maschine 02		
- planmäßige Abschreibung (11/12 • 46.000)	42.167,00	
- außerplanmäßige Abschreibung	49.833,00	92.000,00
Abschreibungen – Geschäftsjahr 04		**162.000,00**

Lösung zu 52:

Siehe MiniLex (S. 221 ff.)

Das MiniLex enthält die wichtigsten Begriffe, die in diesem Buch behandelt werden. Weitere Begriffe finden sich in: *Olfert/Rahn/Zschenderlein*, Lexikon der Betriebswirtschaftslehre, Kiehl

Abgrenzung der Sache nach
Nach diesem, das Realisationsprinzip ergänzenden, Grundsatz sind den realisierten Erträgen die zu ihrer Erzielung erforderlichen Aufwendungen zuzuordnen.

Abgrenzung der Zeit nach
Nicht leistungsbezogene Aufwendungen sind in der Periode zu berücksichtigen, in der sie anfallen bzw. entstehen.

Abschreibungen
In einem Geschäftsjahr als Aufwand zu verrechnender Teil der Anschaffungs- oder Herstellungskosten.

Unterschieden werden:

- planmäßige Abschreibungen
  bei Anlagegegenständen mit zeitlich begrenzter Nutzung zwingend vorzunehmende Abschreibungen zur Erfassung des (planmäßig) erwarteten Wertverzehrs
- außerplanmäßige Abschreibungen
  bei allen Gegenständen des Anlagevermögens zulässig. Im Falle einer voraussichtlich dauernden Wertminderung besteht Abschreibungspflicht. Bei einer nur vorübergehenden Wertminderung ist für das Finanzanlagevermögen ein Abwertungswahlrecht gegeben.

Abschreibungsplan
Grundlage für die Ermittlung der Abschreibungen. Folgende Größen sind zu berücksichtigen:

- Abschreibungsausgangsbetrag
- Abschreibungszeitraum
  (Nutzungsdauer)
- Restverkaufserlös
- Abschreibungsbeginn
- Abschreibungsmethode
  zeitabhängig oder leistungs- bzw. verbrauchsabhängig.

Abschreibungsspiegel
Aufstellung – integriert im Anlagespiegel oder separat hiervon – über die Entwicklung der kumulierten Abschreibungen für die einzelnen Posten des Anlagevermögens.

Anhang
Neben Bilanz und GuV bildet der Anhang bei Kapitalgesellschaften und Personengesellschaften i. S. des § 264a HGB den dritten Pflichtbestandteil des Jahresabschlusses. Kleinstgesellschaften können auf einen Anhang verzichten, sofern bestimmte Angaben unter der Bilanz erfolgen.

Dem Zweck der Informationsvermittlung dienen folgende Funktionen des Anhangs:

- Interpretationsfunktion
- Entlastungsfunktion
- Ergänzungsfunktion.

Anlagespiegel
Aufstellung im Anhang über die Wertentwicklung der einzelnen Posten des Anlagevermögens auf der Grundlage historischer Anschaffungs- oder Herstellungskosten.

Anlagevermögen
Vermögensgegenstände, die zur dauerhaften Nutzung bestimmt sind.

Das Anlagevermögen umfasst:

- immaterielle Vermögensgegenstände
- Sachanlagen
- Finanzanlagen.

Anschaffungskosten
Maßstab für die Bewertung der von Dritten bezogenen Gegenstände.

In die Ermittlung der Anschaffungskosten sind einzubeziehen:

- Anschaffungspreis
- Anschaffungsnebenkosten
- nachträgliche Anschaffungskosten
- Anschaffungspreisminderungen.

Anschaffungswertprinzip (Pagatorik)
Aus Gründen der Objektivierung werden im Jahresabschluss nur mit Zahlungsvorgängen verbundene Geschäftstransaktionen berücksichtigt. Wertobergrenze bilden generell die Anschaffungs- oder Herstellungskosten.

Außergewöhnliche Erträge und Aufwendungen
Ergebniskomponenten von

- außergewöhnlicher Größenordnung bezogen auf die für das Unternehmen prägenden Größenmerkmale
- außergewöhnlicher Bedeutung als selten bzw. unregelmäßig auftretende Vorgänge.

Beizulegender Zeitwert
Wertmaßstab für Vermögensgegenstände (§ 255 Abs. 4 HGB), findet z. B. im Zusammenhang mit Altersversorgungsverpflichtungen; nicht anwendbar von Kleinstgesellschaften, die die gesetzlichen Erleichterungen der Rechnungslegung in Anspruch nehmen. Für die Bestimmung des Zeitwerts, der gegebenenfalls auch über den Anschaffungskosten liegen kann, ist primär der Marktpreis heranzuziehen. Besteht kein aktiver Markt, ist der Wert mithilfe allgemein anerkannter Bewertungsmethoden zu ermitteln. Ansonsten ist der zuletzt ermittelte beizulegende Wert fortzuführen.

Belegprinzip
Keine Buchung darf ohne Beleg erfolgen, damit Entstehung und Abwicklung der Geschäftsvorfälle stets nachvollzogen werden können.

Beteiligungen
Anteile an anderen Unternehmen, die zur Förderung des eigenen Geschäftsbetriebs langfristig gehalten werden. Bei Anteilen an einer Kapitalgesellschaft besteht bei einer Beteiligungshöhe von mehr als 20 % eine (widerlegbare) Beteiligungsvermutung.

Betriebsergebnis
Umfasst in der GuV die aus der gesamten betrieblichen Betätigung resultierenden Ergebniskomponenten.

Bewertungseinheiten
Bestimmte Geschäftsvorgänge (= Grundgeschäfte) werden mit hiermit wirtschaftlich zusammenhängenden gegenläufigen Geschäften (= Sicherungsgeschäfte) als Einheit betrachtet. Unter Einschränkung bestimmter Bilanzierungsgrundsätze erfolgt eine kompensatorische Bewertung. Dabei bleiben Ergebnisbeiträge aus der Bewertung des Grundgeschäfts bilanziell außer Ansatz, sofern diese durch gegenläufige Wertänderungen oder Zahlungsströme des Sicherungsinstruments ausgeglichen werden. Die Bildung von Bewertungseinheiten kommt in Betracht für

- absicherungsfähige Grundgeschäfte in Form von
  - Vermögensgegenständen
  - Schulden
  - schwebenden Geschäften
  - mit hoher Wahrscheinlichkeit erwarteten Transaktionen
- Sicherungsgeschäfte bezogen auf
  - Finanzinstrumente
  - Warentermingeschäfte.

Bilanz
Im kaufmännischen Bereich ist die Bilanz ein Bestandteil des Rechnungswesens und bezeichnet

- im engeren Sinn
  die stichtagsbezogene Gegenüberstellung der Vermögensgegenstände und Schulden eines Kaufmanns
- im weiteren Sinn
  den handelsrechtlichen Jahresabschluss.

Bilanzadressaten
Außerhalb des Unternehmens stehende Gruppen bzw. Institutionen mit unterschiedlichen Informationsansprüchen bzw. -interessen aufgrund aktueller oder potenzieller Beziehungen zum Unternehmen. Wichtige Bilanzadressaten sind:

- Eigenkapitalgeber
- Fremdkapitalgeber
- Mitarbeiter
- Fiskus
- Öffentlichkeit.

Bilanzarten
In der Praxis aus unterschiedlichen Gründen bzw. Anlässen erstellte Bilanzen können insbesondere mithilfe folgender Merkmale abgegrenzt werden:

- Adressatenkreis
- (Haupt-)Informationszweck
- Zahl der einbezogenen Unternehmen
- Häufigkeit
- Verpflichtungsgrund.

Bilanzgewinn/Bilanzverlust
Ergebnisgröße eines Geschäftsjahrs nach teilweiser Gewinnverwendung, und zwar nach Zuführungen zu bzw. Auflösungen von Rücklagen, sowie unter Einbeziehung des Ergebnisvortrags aus dem Vorjahr.

Bilanzidentität
Übereinstimmung der Schlussbilanz eines Geschäftsjahrs mit der Eröffnungsbilanz des Folgejahrs.

Bilanzierungsfähigkeit
Die Abbildung von Objekten oder Vorgängen in der Bilanz setzt voraus:

- abstrakte Bilanzierungsfähigkeit
- konkrete Bilanzierungsfähigkeit.

Bilanzierungswahlrechte
Explizite gesetzliche Regelungen, die die Entscheidung über den Bilanzansatz in das Ermessen des Kaufmanns stellen.

Bilanzstetigkeit
Dieser Grundsatz zielt auf die Vergleichbarkeit der zu aufeinander folgenden Stichtagen erstellten Bilanzen. Er umfasst in

- formeller Hinsicht
  Beibehaltung der Darstellungsform **(Ausweisstetigkeit)**
- materieller Hinsicht
  - Beibehaltung der angewandten Ansatzmethoden **(Ansatzstetigkeit)**
  - Beibehaltung der angewandten Bewertungsmethoden **(Bewertungsstetigkeit)**.

Bilanzierungsverbote
Gesetzliche Regelungen, die einen Bilanzansatz ausschließen. Grundlegende Bilanzierungsverbote enthält § 248 Abs. 1 HGB.

Bilanzversionen
In Abhängigkeit von der Rechtsform sind zu unterscheiden:

- vorläufige Bilanz
- aufgestellte Bilanz
- geprüfte Bilanz

- festgestellte Bilanz
- offengelegte Bilanz.

Bilanzzwecke
Bilanzen dienen der Regelung nichtfinanzieller und finanzieller Ansprüche der am Unternehmensprozess Beteiligten.

Als Hauptaufgaben sind anzuführen:
- Dokumentation
- Rechenschaft
- Zahlungsbemessungsgrundlage.

Bruttoprinzip
Aus Gründen der Klarheit dürfen einzelne Positionen der Bilanz bzw. der GuV grundsätzlich nicht miteinander verrechnet werden.

Deutsches Rechnungslegungs Standards Committee e. V. (DRSC)
Vom Bundesministerium der Justiz durch Vertrag anerkanntes privatrechtlich organisiertes Gremium unabhängiger Sachverständiger mit folgenden Aufgaben:
- Entwicklung von Empfehlungen zur Anwendung der Grundsätze über die Konzernrechnungslegung
- Beratung des Bundesministeriums der Justiz bei Gesetzgebungsvorhaben zu Rechnungslegungsvorschriften
- Vertretung der Bundesrepublik Deutschland in internationalen Standardisierungsgremien
- Erarbeitung von Interpretationen der internationalen Rechnungslegungsstandards.

Dokumentationsgrundsätze
Als Subsystem der GoB beziehen sich diese Grundsätze auf die materielle und formelle Ordnungsmäßigkeit der Buchführung. Die sachgerechte Erfassung aller Geschäftsvorfälle bildet die für die Erstellung des Jahresabschlusses notwendige Grundlage.

Eigene Anteile
Es handelt sich um Wertpapiere, die eine Gesellschaft an sich selbst hält.

Das beim Kauf der Anteile gezahlte Entgelt ist gegen das gezeichnete Kapital und gegen frei verfügbare Rücklagen zu verrechnen.

Im Falle der Veräußerung eigener Anteile sind die beim Erwerb der Anteile vorgenommenen Kürzungen des gezeichneten Kapitals sowie der frei verfügbaren Rücklagen durch entsprechende Zuführungen rückgängig zu machen. Ein danach noch verbleibender Teil des Veräußerungspreises ist in die Kapitalrücklage einzustellen.

Eigenkapital
Dauerhaft zur Verfügung stehendes Kapital aus
- Einlagen der Eigentümer bzw. Gesellschafter als Kapitalzufluss von außen
- erwirtschafteten Gewinnen als Kapitalzufluss von innen durch Verzicht auf Entnahmen bzw. auf Gewinnausschüttungen.

Eigenkapitalspiegel
Hierin wird die Entwicklung der verschiedenen Eigenkapitalpositionen innerhalb eines Geschäftsjahrs veranschaulicht. Bei kapitalmarktorientierten Gesellschaften, die nicht zur Aufstellung eines Konzernabschlusses verpflichtet sind, bildet der Eigenkapitalspiegel einen Pflichtbestandteil des Jahresabschlusses.

Eingefordertes Kapital
In der Hauptspalte der Passivseite auszuweisender Betrag, der nach offener Absetzung nicht eingeforderter ausstehender Einlagen vom gezeichneten Kapital verbleibt.

Einzelbewertungsgrundsatz
Vermögensgegenstände und Schulden sind regelmäßig einzeln zu bewerten, also ohne Saldierung mit anderen gleichartigen oder korrespondierenden Positionen. Insbesondere aus Wirtschaftlichkeitsgründen kann der Grundsatz der Einzelbewertung durchbrochen werden.

Erfüllungsbetrag
Dieser allgemeine Bewertungsmaßstab für Verbindlichkeiten entspricht dem für deren Erfüllung aufzubringenden Betrag. Bei Geldleistungsverpflichtungen handelt es sich dabei um den Rückzahlungsbetrag, der regelmäßig deckungsgleich ist mit dem Nennwert der Schuld.

Erhaltungsaufwand
Betrifft die Erneuerung bereits vorhandener Teile, Einrichtungen oder Anlagen. Derartige Aufwendungen sind sofort ergebniswirksam zu verrechnen.

Eventualverbindlichkeiten
Verpflichtungen, die nur unter ganz bestimmten Bedingungen zu erfüllen sind. Mangels Passivierungsfähigkeit als Schuldposten erfolgt ein Vermerk unter der Bilanz („unter dem Strich").

Festbewertung
Ansatz von Sachanlagegütern sowie Roh-, Hilfs- und Betriebsstoffen mit einem gleichbleibenden Wert (**Festwert**).

Fifo-Verfahren
Bei diesem zeitlichen Verbrauchsfolgeverfahren wird unterstellt, dass die jeweils ältesten Bestände zuerst verbraucht bzw. veräußert werden.

Finanzanlagen
Langfristige Anlagen in Finanzwerten mit bzw. ohne Einflussnahmemöglichkeit.

Finanzergebnis
Umfasst die aus dem finanziellen Bereich resultierenden Ergebniskomponenten der GuV.

Firmenwert
siehe Geschäfts- oder Firmenwert

Flüssige Mittel
Sämtliche verfügbaren oder kurzfristig fälligen Gelder.

Forderungen und sonstige Vermögensgegenstände
Schuldrechtlich begründete Ansprüche auf Geld-, Sach- bzw. Dienstleistungen von Dritten.

Gesamtkostenverfahren
Bei diesem Verfahren für die Aufstellung der GuV werden den gesamten Umsatzerlösen sämtliche im Geschäftsjahr entstandenen Aufwendungen gegenübergestellt.

Die Gliederung der GuV erfolgt primär nach Aufwandsarten.

Geschäftsjahr
Der Zeitraum, auf den sich die Rechnungslegung bezieht, darf zwölf Monate nicht überschreiten. In Abhängigkeit von dem vom Kaufmann gewählten Bilanzstichtag ergibt sich alternativ ein

- kalenderjahrgleiches Geschäftsjahr
- kalenderjahrabweichendes Geschäftsjahr.

Geschäfts- oder Firmenwert, derivativer
Unterschiedsbetrag bei Erwerb eines Unternehmens zwischen Kaufpreis und Reinvermögen zum Erwerbszeitpunkt (= Vermögensgegenstände abzüglich Schulden). Dieser gilt qua Gesetz als zeitlich begrenzt nutzbarer Vermögensgegenstand und ist aktivierungspflichtig.

Gewinnrücklagen
Rücklagen aus der Einbehaltung (Thesaurierung) erwirtschafteter Gewinne. Die Bildung erfolgt im Rahmen der Gewinnverwendung aus dem versteuerten Ergebnis.

Die Gewinnrücklagen umfassen

- gesetzliche Rücklage
- Rücklage für Anteile an einem herrschenden oder mehrheitlich beteiligten Unternehmen
- satzungsmäßige Rücklagen
- andere Gewinnrücklagen.

Gewinn- und Verlustrechnung
Zeitraumbezogene Gegenüberstellung der Aufwendungen und Erträge eines Geschäftsjahrs zur Ermittlung des Periodenergebnisses.

Die Aufstellung der GuV erfolgt alternativ nach dem

- Gesamtkostenverfahren
- Umsatzkostenverfahren.

Gezeichnetes Kapital
Kapital, auf das die Haftung der Gesellschafter von Kapitalgesellschaften gegenüber Dritten beschränkt ist.

Das gezeichnete Kapital entspricht dem

- Grundkapital der AG
- Stammkapital der GmbH.

Grundsatz der Fortführung der Unternehmenstätigkeit (going concern)
Bei der Bewertung ist von einem zeitlich nicht befristeten Bestand des Unternehmens auszugehen. Der Ansatz von Liquidations- oder Veräußerungswerten scheidet damit aus.

Grundsätze ordnungsmäßiger Bilanzierung
Bilden ein Subsystem der GoB und regeln Ansatz, Bewertung und Ausweis der Bilanzposten.

Folgende Teilbereiche sind zu unterscheiden

- Grundsätze der Informationsvermittlung
- Systemgrundsätze
- Grundsätze der Periodenabgrenzung und Erfolgsermittlung.

Grundsätze ordnungsmäßiger Buchführung (GoB)
Aus den Zielen des Jahresabschlusses abgeleitete Grundsätze zur sachgerechten Erfassung, Periodisierung und Bewertung von Geschäftsvorfällen.

Die GoB umfassen

- Dokumentationsgrundsätze
- Grundsätze ordnungsmäßiger Bilanzierung.

Gruppenbewertung
Zu einer Gruppe zusammengefasste gleichartige oder gleichwertige Objekte werden mit dem gewogenen Durchschnittswert angesetzt.

Herstellungsaufwand
Betrifft die Erweiterung oder wesentliche Verbesserung von Vermögensgegenständen. Die Aufwendungen sind zu aktivieren und über die Nutzungsdauer zu verteilen.

Herstellungskosten
Maßstab für die Bewertung der vom Unternehmen selbst erstellten Vermögensgegenstände.

Aktivierungspflichtig sind die

- Materialeinzelkosten
- Fertigungseinzelkosten
- Sondereinzelkosten der Fertigung
- Materialgemeinkosten
- Fertigungsgemeinkosten.

Aktivierungswahlrechte bestehen handelsrechtlich hinsichtlich der

- allgemeinen Verwaltungskosten
- Aufwendungen für soziale Einrichtungen
- Aufwendungen für freiwillige soziale Leistungen
- Aufwendungen für betriebliche Altersversorgung.

Forschungs- und Vertriebskosten dürfen nicht aktiviert werden.

Höchstwertprinzip
Bei der Bewertung von Verbindlichkeiten sind Erhöhungen des Erfüllungsbetrags zwingend zu berücksichtigen.

Immaterielle Vermögensgegenstände
Nicht-körperliche, d. h. nicht greifbare bzw. nicht sichtbare Gegenstände. Aktivierungspflicht besteht für entgeltlich erworbene immaterielle Vermögensgegenstände, deren Wert sich aus dem Transaktionspreis ableitet (**derivative**).

Selbst geschaffene (**originäre**) immaterielle Vermögensgegenstände des Anlagevermögens dürfen aktiviert werden; hiervon ausgenommen sind jedoch u. a. Marken, Verlagsrechte, Kundenlisten.

Imparitätsprinzip
Aus Gründen des Gläubigerschutzes sind erkennbare künftige Verluste aus eingeleiteten oder abgeschlossenen Geschäften bereits vor Realisierung zu berücksichtigen.

Inventar
Aufgrund körperlicher Bestandsaufnahme erstelltes mengen- und wertmäßiges Verzeichnis aller Vermögensgegenstände und Schulden.

Inventur
Zur Überprüfung der buchmäßigen Bestände durchgeführte körperliche Bestandsaufnahme aller Vermögensgegenstände und Schulden. Die Ergebnisse der Inventur werden im Inventar festgehalten.

Inventurverfahren
Zu trennen ist zwischen

- körperlicher Bestandsaufnahme als Vollinventur oder Stichprobeninventur
- beleg- bzw. buchmäßiger Inventur.

Inventurzeitpunkt
Entsprechend den jeweiligen Zeitpunkten kommen alternativ in Betracht

- **(ausgeweitete) Stichtagsinventur** am Abschlussstichtag selbst oder zeitnah zum Bilanzstichtag
- **vor-/nachgelagerte Stichtagsinventur** in den letzten drei Monaten vor bzw. in den ersten beiden Monaten nach Schluss des Geschäftsjahrs
- **permanente Inventur** an einem beliebigen Tag im Laufe des Geschäftsjahrs.

Jahresabschluss
Der Jahresabschluss umfasst die einzelnen, gesetzlich vorgeschriebenen Bestandteile der handelsrechtlichen Rechnungslegung. Hierzu zählen grundsätzlich Bilanz und GuV, bei Kapitalgesellschaften und Personengesellschaften ohne eine natürliche Person als Vollhafter zusätzlich der Anhang. Kleinstgesellschaften können auf die Aufstellung eines Anhangs verzichten. Kapitalmarktorientierte, nicht konzernrechnungslegungspflichtige Kapital-

gesellschaften haben ihren Jahresabschluss obligatorisch um eine Kapitalflussrechnung und einen Eigenkapitalspiegel sowie fakultativ um eine Segmentberichterstattung zu erweitern.

Jahresüberschuss/Jahresfehlbetrag
Das in einem Geschäftsjahr erzielte (Netto-)Ergebnis – vor Berücksichtigung der Gewinnverwendung.

Kapitalanteile
Der Position gezeichnetes Kapital bei Kapitalgesellschaften entsprechen bei Personengesellschaften ohne natürliche Person als Vollhafter die für die jeweilige Gesellschaftergruppe – Komplementäre bzw. Kommanditisten – gesondert auszuweisenden Kapitalanteile.

Kapitalflussrechnung
Diese Rechnung soll die Entwicklung der Finanzlage im Berichtsjahr verdeutlichen. Dargestellt werden die aus der laufenden Geschäftstätigkeit, der Investitions- sowie der Finanzierungstätigkeit resultierenden Zahlungsströme.

Die Kapitalflussrechnung ist ein Pflichtbestandteil des Jahresabschlusses bei kapitalmarktorientierten, nicht zur Konzernrechnungslegung verpflichteten Gesellschaften.

Kapitalmarktorientierte Unternehmen
Rechtsformunabhängig handelt es sich um Gesellschaften, die einen organisierten Kapitalmarkt in Anspruch nehmen oder die Zulassung von Wertpapieren zum Handel an einem organisierten Markt beantragt haben. Für diese Gruppe von Unternehmen gelten z. T. besondere Rechnungslegungsvorschriften.

Kapitalrücklage
Von außen zugeflossenes Kapital, das nicht als gezeichnetes Kapital gilt. Hierzu zählt insbesondere das Ausgabeaufgeld (Agio), das bei der Aktienausgabe über den Nennbetrag bzw. den rechnerischen Wert hinaus erzielt wird.

Kaufmann
Die handelsrechtliche Verpflichtung zur Rechnungslegung setzt Kaufmannseigenschaft voraus. Diesbezüglich sind insbesondere zu unterscheiden:

- **Ist-Kaufmann**
  kraft gewerblicher Betätigung; Handelsregistereintragung hat nur deklaratorische Bedeutung
- **Kann-Kaufmann**
  kraft Handelsregistereintragung; diese erfolgt auf Antrag und hat damit konstitutive Bedeutung
- **Form-Kaufmann**
  kraft Rechtsform unabhängig von der ausgeübten Tätigkeit.

Klein-Kaufmann
Einzelunternehmen, die bestimmte Größenkriterien nicht überschreiten, können auf die – ansonsten handelsrechtlich zwingende – Buchführung sowie die Erstellung eines Jahresabschlusses verzichten. Die Rechnungslegung erfolgt dann mittels einer Einnahmenüberschuss-Rechnung.

Lagebericht
Mittelgroße und große Kapitalgesellschaften sowie Personengesellschaften mit Haftungsbeschränkung haben ihren Jahresabschluss um einen Lagebericht zu ergänzen. Dieser soll eine Gesamtbeurteilung des Unternehmens und seiner gegenwärtigen und künftigen wirtschaftlichen Situation ermöglichen.

Der Lagebericht besteht generell aus

- Wirtschaftsbericht
- Risikomanagementbericht

- Forschungs- und Entwicklungsbericht
- Zweigniederlassungsbericht.

Beschränkt auf bestimmte Rechtsformen bzw. Gruppen von Unternehmen umfasst der Lagebericht auch

- Vergütungsbericht
- Angaben zu eigenen Aktien
- Bericht zur Übernahmesituation
- Bericht über den rechnungslegungsbezogenen Teil des internen Kontroll- und Risikomanagementsystems
- Erklärung zur Unternehmensführung.

Latente Steuern
Latente Steuern erfassen die aus unterschiedlichen handels- und steuerrechtlichen Bilanzierungsvorschriften resultierenden Ansatz- und Bewertungsunterschiede, die sich in Zukunft wieder ausgleichen (= temporäre Differenzen). Für die Bilanzierung der nach dem bilanzorientierten Ansatz ermittelten Gesamtdifferenzen gilt:

- aktive latente Steuern
  für einen Überhang aktiver latenter Steuern besteht ein Ansatzwahlrecht
- passive latente Steuern
  für einen Überhang passiver latenter Steuern besteht eine Ansatzpflicht.

Der Bilanzausweis dieser Sonderposten eigener Art kann alternativ saldiert (= Nettomethode) oder unsaldiert (= Bruttomethode) erfolgen.

Lifo-Verfahren
Bei diesem zeitlichen Verbrauchsfolgeverfahren wird unterstellt, dass die zuletzt beschafften Güter zuerst wieder verbraucht bzw. veräußert werden.

Maßgeblichkeitsprinzip
Grundlage der steuerlichen Gewinnermittlung bildet bei Gewerbetreibenden die Handelsbilanz. Die Maßgeblichkeit erstreckt sich auf die Beachtung der handelsrechtlichen GoB (**materielle Maßgeblichkeit**).

Nach vernünftiger kaufmännischer Beurteilung notwendiger Erfüllungsbetrag
Maßstab für die Bewertung von Rückstellungen. Nach den objektiven Verhältnissen zum jeweiligen Bilanzstichtag sind die voraussichtlichen und wahrscheinlichen Belastungen zu ermitteln. Dabei ist von den Preis- und Kostenverhältnissen zum prognostizierten Erfüllungszeitpunkt auszugehen.

Rückstellungen mit einer Restlaufzeit von mehr als einem Jahr sind laufzeitadäquat abzuzinsen.

Niederstwertprinzip
Regelt die Bewertung bei Sinken des Wiederbeschaffungs- bzw. Absatzpreises unter die (fortgeführten) Anschaffungs- oder Herstellungskosten. Im Anlagevermögen besteht für Finanzanlagen ein Abwertungswahlrecht bei nur vorübergehender Wertminderung (**gemildertes Niederstwertprinzip**), im Umlaufvermögen demgegenüber eine Abwertungspflicht (**strenges Niederstwertprinzip**).

Nominalwertprinzip
Bei der Bewertung wird von einem im Zeitablauf konstanten Geldwert ausgegangen. Der Erfolgsermittlung liegt das Konzept der nominellen Kapitalerhaltung zu Grunde. Güterverzehr wird – ohne Berücksichtigung etwaiger Preisänderungen – auf Basis geleisteter („historischer") Zahlungen verrechnet.

Pauschalwertberichtigung
Wertberichtigung auf Forderungen wegen des allgemeinen Kreditrisikos. Damit wird der Grundsatz der Einzelbewertung durchbrochen.

Realisationsprinzip
Hierdurch wird der Zeitpunkt bestimmt, zu dem der aus einer geschäftlichen Transaktion resultierende Ergebnisbeitrag als erzielt gilt (handelsrechtlich realisiert). Abzustellen ist auf die wirtschaftliche Leistungserbringung.

Rechnungsabgrenzungsposten
Zum Zweck der periodengerechten Erfolgsermittlung gebildete Posten. Diese beziehen sich auf Zahlungen vor dem Abschlussstichtag für wirtschaftliche Gegenleistungen in späterer Zeit (**transitorische Rechnungsabgrenzungsposten**).

Retrograde Bewertung
Ermittlung der Anschaffungskosten bei Warenbeständen durch Abzug der Rohgewinnspanne von dem voraussichtlichen Verkaufspreis.

Rücklagen
siehe Gewinnrücklagen bzw. Kapitalrücklage

Rückstellungen
Verpflichtungen eines Unternehmens, die zum Abschlussstichtag dem Grund und/ oder der Höhe nach ungewiss sind.

Gegenstand der Rückstellungsbildung sind

- Außenverpflichtungen (**Verbindlichkeitsrückstellungen**)
  für Verpflichtungen Dritten gegenüber
- Innenverpflichtungen (**Aufwandsrückstellungen**)
  für Selbstverpflichtungen des Bilanzierenden zur Durchführung bestimmter Maßnahmen.

Sachanlagen
Körperliche, d. h. physisch existente, greifbare bzw. sichtbare Gegenstände. Zu unterscheiden sind:

- unbewegliche Gegenstände (**Immobilien**)
- bewegliche Gegenstände (**Mobilien**).

Schulden
Auf der Passivseite der Bilanz auszuweisende Belastungen des unternehmerischen Vermögens. Die Schulden umfassen

- Verbindlichkeiten
- Rückstellungen.

Sofortabschreibung geringwertiger Anlagegüter
Vollständige aufwandswirksame Verrechnung der Anschaffungs- oder Herstellungskosten bestimmter abnutzbarer beweglicher Anlagegüter im Zugangsjahr.

Standard Setter
Als Standard Setter werden allgemein öffentlich-rechtliche oder privatrechtliche Organisationen bzw. Insitutionen bezeichnet, die (verpflichtende) Rechnungslegungsstandards aufstellen und/ oder fortentwickeln. Beispiele auf nationaler Ebene sind z. B. das DRSC, international das International Accounting Standards Board (IASB).

Steuern
Als Steuern sind in der GuV gesondert auszuweisen

- Steuern vom Einkommen und vom Ertrag
- sonstige Steuern.

Stichtagsprinzip
Bei der Bilanzierung ist generell von den zum Abschlussstichtag gegebenen Verhältnisse auszugehen. Allerdings sind Informationen zu berücksichtigen, die in der Zeitspanne zwischen Bilanzstichtag und Aufstellungszeitpunkt zu Sach-

verhalten der Berichtsperiode erlangt werden.

Systemgrundsätze
Sollen als übergreifende Grundsätze ein geschlossenes Zusammenwirken der Einzelelemente der GoB gewährleisten.

Umlaufvermögen
Vermögensgegenstände, die nur zur vorübergehenden Nutzung – Verarbeitung, Verbrauch, Veräußerung – bestimmt sind.

Das Umlaufvermögen umfasst im Wesentlichen:

- Vorräte
- Forderungen und sonstige Vermögensgegenstände
- Wertpapiere
- flüssige Mittel.

Umsatzerlöse
Sämtliche erzielten Erlöse im Rahmen des unternehmerischen Kerngeschäfts wie auch aus Rand- oder Nebenaktivitäten.

Umsatzkostenverfahren
Bei diesem Verfahren für die Aufstellung der GuV werden den Umsatzerlösen eines Geschäftsjahrs nur die für die tatsächlich abgesetzten Produkte bzw. Leistungen entstandenen Aufwendungen gegenübergestellt.

Die Gliederung der GuV erfolgt nach Funktionsbereichen.

Verbindlichkeiten
Verpflichtungen eines Unternehmens, die dem Grund und der Höhe nach feststehen.

Verbindlichkeitsspiegel
Aufgliederung des Gesamtbetrags jedes einzelnen Postens der Verbindlichkeiten nach

- Restlaufzeit von mehr als fünf Jahren
- gesicherten Beträgen
  unter Angabe von Art und Form der Sicherheiten.

Verbrauchsfolgeverfahren
Verfahren zur Ermittlung der Anschaffungs- oder Herstellungskosten gleichartiger Gegenstände des Vorratsvermögens nach Maßgabe einer unterstellten Verbrauchs- oder Veräußerungsfolge. Handelsrechtlich zulässig sind das

- Fifo-Verfahren
- Lifo-Verfahren.

Verbundene Unternehmen
Gesellschaften, die als Mutter- oder Tochterunternehmen in einen Konzernabschluss einzubeziehen sind.

Verlustfreie Bewertung
Ermittlung eines absatzmarktbezogenen Werts – insbesondere von unfertigen und fertigen Erzeugnissen – unter Berücksichtigung erkennbarer drohender Verluste.

Vermögensgegenstände
Auf der Aktivseite der Bilanz auszuweisende Güter, die durch folgende Merkmale gekennzeichnet sind:

- wirtschaftliche Vorteile
- selbstständige Bewertbarkeit
- selbstständige Verkehrsfähigkeit.

Vorräte
Entsprechend dem Ablauf des betrieblichen Leistungsprozesses sind zu erfassen

- vor Beginn der Leistungserstellung
  Roh-, Hilfs- und Betriebsstoffe
- während der Leistungserstellung
  unfertige Erzeugnisse
- nach Beendigung der Leistungserstellung
  fertige Erzeugnisse.

Vorsichtsprinzip
Bei unsicheren Erwartungen hat die Bewertung nicht ungeprüft stets mit dem ungünstigsten, sondern mit dem wahrscheinlichsten Wert aus einem Schätzintervall zu erfolgen.

Währungsumrechnung
Auf fremde Währung lautende Vermögensgegenstände und Verbindlichkeiten sind sowohl im Rahmen der Zugangs- wie auch der Folgebewertung grundsätzlich mit dem jeweiligen Devisenkassamittelkurs umzurechnen, und zwar unter Beachtung des Realisations- und Imparitätsprinzips sowie des Anschaffungskostenprinzips. Diese Grundsätze bleiben unberücksichtigt bei der Währungsumrechnung von Vermögensgegenständen und Verbindlichkeiten mit einer Restlaufzeit bis zu einem Jahr.

Wertaufhellende Informationen
Informationen zu Sachverhalten des abgelaufenen Geschäftsjahrs, die zwischen dem Abschlussstichtag und dem Tag der Bilanzaufstellung erkannt werden, jedoch grundsätzlich am Stichtag bereits vorhanden waren. Die insoweit besseren Kenntnisse sind bei der Bilanzierung für die vorhergehende Periode zu berücksichtigen.

Wertbegründende Informationen
Objektiv erst nach dem Abschlussstichtag eingetretene (neue) Sachverhalte. In der Bilanz für den vorhergehenden Zeitraum dürfen sich derartige Vorgänge nicht auswirken. Wesentliche Ereignisse sind im Anhang des Jahresabschlusses anzugeben.

Wertmaßstäbe
Maßgrößen zur Bewertung der Bilanzposten. Zu unterscheiden sind:

- originäre Wertmaßstäbe beim Zugang von Vermögensgegenständen und Schulden **(Zugangsbewertung)**
- derivative (abgeleitete) Wertmaßstäbe bei der Bewertung an nachfolgenden Bilanzstichtagen **(Folgebewertung)**.

Wertpapiere
Im Umlaufvermögen auszuweisende kurzfristige Anlagen in Finanzwerten.

Wertzusammenhang
Wertansätze der Bilanzposten sind bei ansonsten unveränderten Verhältnissen beizubehalten bzw. in gleicher Weise fortzuführen.

Wesentlichkeitsgrundsatz (materiality)
Bei der Erstellung des Jahresabschlusses dürfen für Bilanzadressaten unwesentliche Informationen vernachlässigt werden. Abzuwägen ist diesbezüglich zwischen dem Informationsnutzen für die Empfänger und dem Informationsaufwand für den Bilanzierenden.

Zuschreibungen
Erhöhungen der (Rest-)Buchwerte nach Wegfall der Gründe die zu außerplanmäßigen Abschreibungen führten. Von der generellen Zuschreibungspflicht ausgenommen sind außerplanmäßigen Abschreibungen auf den entgeltlich erworbenen Geschäfts- oder Firmenwert.

A. Grundlagen

Adler/Düring/Schmaltz, Rechnungslegung und Prüfung der Unternehmen. Kommentar zum HGB, AktG, GmbHG, PublG nach den Vorschriften des Bilanzrichtlinien-Gesetzes, 4. Auflage, Stuttgart 1995

Baetge/Kirsch/Solmecke, Auswirkungen des BilMoG auf die Zwecke des handelsrechtlichen Jahresabschlusses, in: WPg 2009, S. 1211 - 1222

Baetge/Kirsch/Thiele, Bilanzen, 14. Auflage, Düsseldorf 2017

Beck'scher Bilanz-Kommentar, Handels- und Steuerbilanz – §§ 238 - 339, 342 - 342e HGB mit IFRS-Abweichungen –, hrsg. von Grottel, B. u. a., 11. Auflage, München 2018

Bieg, H. u. a., Institutionen und Anerkennungsverfahren in der internationalen Rechnungslegung, in: StB 2006, S. 63 - 68

Bitter/Grashoff, Das Publizitätsgesetz nach Inkrafttreten des KapCoRiLiG – unterschiedliche Anforderungen an die Rechnungslegung?, in: DB 2000, S. 2285 - 2288

Bolin/Hamacher/Lietz/Verhofen, Kompakt-Training Internationale Rechnungslegung nach IRFS, Herne 2019

Breker/Kuhn, Änderung von Jahres- und Konzernabschlüssen – Eine Darstellung der Neuerungen aus der Überarbeitung von IDW RS HFA 6, in: WPg 2007, S. 770 - 777

Bundesregierung, Entwurf eines Gesetzes zur Modernisierung des Bilanzrechts (Bilanzrechtsmodernisierungsgesetz – BilMoG), Bundestags-Drucksache 16/10067 (BilRUG)

Drüen/Stiewe, Die „Bilanzaufhellung" im Spiegel der aktuellen Rechtsprechung, in: StuB 2004, S. 489 - 495

Federmann, R., Bilanzierung nach Handelsrecht, Steuerrecht und IAS/IFRS. Gemeinsamkeiten, Unterschiede und Abhängigkeiten – mit über 180 Abbildungen , 12. Auflage, Berlin 2010

Freidank/Velte/Weber, Stetigkeit nach Handels- und Steuerrecht sowie IFRS. Eine vergleichende Betrachtung, in: SteuerStud 2013, S. 313 - 316

Graumann, M., Deutsches Rechnungslegungs Standards Committee (DRSC), in: WISU 1999, S. 492 - 496

Grefe, C., Buchführungsbefreiungen von Einzelunternehmern nach Handels- und Steuerrecht, in: SteuerStud 2010, S. 585 - 590

Hennrichs, J., GoB im Spannungsfeld von BilMoG und IFRS, in: WPg 2011, S. 861 - 871

Heno, R., Jahresabschluss nach Handelsrecht, Steuerrecht und internationalen Standards (IFRS), 6. Auflage, Berlin/Heidelberg 2010

Hirschberger/Leuz, Der Grundsatz der Wesentlichkeit bei der Jahresabschlusserstellung, in: DB 2012, S. 2529 - 2535

IDW (Hrsg.), WP Handbuch 2012. Wirtschaftsprüfung, Rechnungslegung, Beratung, Band I, 14. Auflage, Düsseldorf 2012

IDW RS HFA 6 (Stand: 4.9.2001), Änderung von Jahresabschlüssen und Anpassung der Handelsbilanz an die Steuerbilanz, in: WPg 2001, S. 1084 - 1087

IDW RS HFA 38 (Stand: 10.6.2011), Ansatz- und Bewertungsstetigkeit im handelsrechtlichen Jahresabschluss, in: WPg Supplement 3/2011, S. 74 - 77

Jenzen/Brauchle, Bürokratieentlastungsgesetz: Entlastung kleiner und mittelgroßer Unternehmen?, in: WPg 2015, S. 1204 - 1208

* Neben den im Text zitierten Quellen sind auch ergänzende Literaturhinweise berücksichtigt. Bei den Angaben in Klammern am Ende einzelner Titel handelt es sich um die verwandte Kurzbezeichnung.

Küting/Eichenlaub, Verabschiedung des MicroBilG – Der „vereinfachte" Jahresabschluss für Kleinstkapitalgesellschaften, in: DStR 2012, S. 2615 - 2621

Küting/Kaiser, Aufstellung oder Feststellung: Wann endet der Wertaufhellungszeitraum? – Implikationen für die Anwendung des Wertaufhellungsprinzips bei Berichtigung, Änderung und Nichtigkeit des handelsrechtlichen Jahresabschlusses –, in: WPg 2000, S. 577 - 596

Küting/Leinen, Inventur des Vorratsvermögens, in: StuB 2000, S. 437 - 445

Leffson, U., Die Grundsätze ordnungsmäßiger Buchführung, 7. Auflage, Düsseldorf 1987

Leffson/Rückle/Großfeld, Handwörterbuch unbestimmter Rechtsbegriffe im Bilanzrecht des HGB, Köln 1986

Löffler/Roß, Ansatz- und Bewertungsstetigkeit im handelsrechtlichen Jahresabschluss – Ein Überblick zu IDW RS HFA 38, in: WPg 2012, S. 363 - 369

Meyer, C., Bilanzierung nach Handels- und Steuerrecht unter Einschluss der Konzernrechnungslegung und der internationalen Rechnungslegung, 26. Auflage, Herne 2015

Moxter, A., Deutsches Rechnungslegungs Standards Committee: Aufgaben und Bedeutung, in: DB 1998, S. 1425 - 1428

Petersen/Busch/Froschhammer, Neuregelung des handelsrechtlichen Ordnungsgeldverfahrens – Erleichterungen vor allem für kleine Unternehmen, in: WPg 2013, S. 905 - 908

Rinker/Ditges/Arendt, Bilanzen, 14. Auflage, Herne 2012

Ritzrow, M., Die Bilanzauffassungen (Bilanztheorien). Merkmale und Zielsetzungen der klassischen Bilanzauffassungen, in: SteuerStud 2000, S. 525 - 530

Scherff/Willeke, Ansatz- und Bewertungsstetigkeit im handelsrechtlichen Jahresabschluss nach BilMoG, in: StuB 2010, S. 769 - 772

Schulte, K.-W., Das Imparitätsprinzip als Grundsatz ordnungsmäßiger Buchführung, in: WISU 1979, S. 63 - 67

Stützel, D., Das geänderte Ordnungsgeldverfahren bei Verletzung von Offenlegungspflichten, in: DB 2013, S. 2345 - 2349

Winnefeld, R., Bilanz-Handbuch. Handels- und Steuerbilanz, rechtsformspezifisches Bilanzrecht, bilanzielle Sonderfragen, Sonderbilanzen, IAS/IFRS-Rechnungslegung, 5. Auflage, München 2015

B. Bilanzen

Adler/Düring/Schmaltz, Rechnungslegung und Prüfung der Unternehmen. Kommentar zum HGB, AktG, GmbHG, PublG nach den Vorschriften des Bilanzrichtlinien-Gesetzes, 4. Auflage, Stuttgart 1995

Baetge/Kirsch/Thiele, Bilanzen, 14. Auflage, Düsseldorf 2017

Beck'scher Bilanz-Kommentar, Handels- und Steuerbilanz – §§ 238 - 339, 342 - 342e HGB mit IFRS-Abweichungen –, hrsg. von Grottel, B. u. a., 11. Auflage, München 2018

Bertram, K. u. a., Handelsrechtliche Bilanzierung von Altersversorgungsverpflichtungen nach IDW RS HFA 30, in: WPg 2011, S. 57 - 69

Bitz u. a., Der Jahresabschluss. Nationale und internationale Rechtsvorschriften, Analyse und Politik, 6. Auflage, München 2014

Brösel/Mindermann/Zwirner, Die Bewertung der Vermögensgegenstände gemäß BilMoG. Veränderte Konzeption bei weiterhin möglicher Bilanzpolitik, in: StuB 2009, S. 608 - 613

Brösel/Mindermann/Zwirner, Zur Bewertung der Schulden gemäß BilMoG. Einschränkender Bilanzansatz bei weitgehenden Bewertungsspielräumen, in: StuB 2009, S. 647 - 653

Bundesregierung, Entwurf eines Gesetzes zur Modernisierung des Bilanzrechts (Bilanzrechtsmodernisierungsgesetz – BilMoG), Bundestags-Drucksache 16/10067 (BilRUG)

Coenenberg/Haller/Schultze, Jahresabschluss und Jahresabschlussanalyse. Betriebswirtschaftliche, handelsrechtliche, steuerrechtliche und internationale Grundlagen – HGB, IAS/IFRS, US-GAAP, DRS, 25. Auflage, Stuttgart 2018

Dilling, A. A., Behandlung zweifelhafter Forderungen nach deutschem Handelsrecht unter besonderer Berücksichtigung des Umsatzsteuerrechts, in: StuB 2007, S. 726 - 729

Döring/Weppler, Betriebsrentenanpassung gemäß § 16 BetrAVG nach dem BilMoG, in: BB 2009, S. 1403 - 1407

Dörschell/Franken/Schulte, Bewertung von Beteiligungen nach IDW RS HFA 10 – Darstellung und Analyse vor dem Hintergrund der Neufassung des IDW S 1 sowie des IDW RS HFA 16 –, in: WPg 2006, S. 1060 - 1069

Ernst, S., Die Bilanzierung latenter Steuern. Zweck, Ermittlung und Änderung durch das Bilanzrechtsmodernisierungsgesetz, in: SteuerStud 2009, S. 584 - 590

Falterbaum, H. u. a., Buchführung und Bilanz unter besonderer Berücksichtigung des Bilanzsteuerrechts und der steuerlichen Gewinnermittlung, 22. Auflage, Achim 2015

Fey/Mujkanovic, Außerplanmäßige Abschreibungen auf das Finanzanlagevermögen, in: WPg 2003, S. 212 - 219

Glaser/Hachmeister, Pflicht oder Wahlrecht zur Bildung bilanzieller Bewertungseinheiten nach dem BilMoG, in: BB 2011, S. 555 - 559

Gräfer/Schneider, Rechnungslegung. Bilanzierung und Bewertung nach HGB/IFRS, 4. Auflage, Herne 2009

Grefe, C., Bilanz-(steuer-)rechtliche Aspekte des Verbots von Drohverlustrückstellungen, in: BB 1997, S. 2635 - 2638

Grefe, C., Wertaufholungen nach Handels- und Steuerrecht, in: WISU 2000, S. 1063 - 1066

Grefe, C., Ertragsteuern im Jahresabschluss von Kapitalgesellschaften. Ansatz – Ermittlung – Ausweis, in: SteuerStud 2009, S. 162 - 169

Grefe, C., Einkommensteuerliche Behandlung geringwertiger Wirtschaftsgüter. Rechtslage ab 2010 nach dem Wachstumsbeschleunigungsgesetz, in: StB 2011, S. 25 - 30

Grefe, C., Teilwertansatz bei voraussichtlich dauernden Wertänderungen nach aktueller Verwaltungsauffassung, in: StB 2015, S. 304 - 312

Grefe, C., Unternehmenssteuern, 22. Auflage, Herne 2019

Henckel/Krenzer, Zurechnung von Vermögensgegenständen anhand des wirtschaftlichen Eigentums gem. § 246 Abs. 1 HGB n. F. (BilMoG), in: StuB 2009, S. 492 - 495

Hennrichs, J., AfA und Abschreibungen bei Sachanlagen – Insbesondere AfA-Tabellen und Bestimmung der Nutzungsdauern in Handels- und Steuerbilanz sowie IFRS-Abschluss nach BilMoG -, in: Ubg 2011, S. 788 - 797

Heno, R., Jahresabschluss nach Handelsrecht, Steuerrecht und internationalen Standards (IFRS), 6. Auflage, Berlin/Heidelberg 2010

Höfer/Rhiel/Veit, Die Rechnungslegung für betriebliche Altersversorgung im Bilanzrechtsmodernisierungsgesetz (BilMoG), in: DB 2009, S. 1605 - 1612

IDW (Hrsg.), WP Handbuch 2012. Wirtschaftsprüfung, Rechnungslegung, Beratung, Band I, 14. Auflage, Düsseldorf 2012

IDW RS HFA 3 (Stand 19.06.2013) Handelsrechtliche Bilanzierung von Verpflichtungen aus Altersteilzeitregelungen, in: WPg Supplement 3/2013, S. 39 - 43

IDW RS HFA 4 (Stand: 23.6.2010), Zweifelsfragen zum Ansatz und zur Bewertung von Drohverlustrückstellungen, in: WPg Supplement 3/2010, S. 51 - 57

IDW RS HFA 7 (Stand: 1.10.2002), Zur Rechnungslegung bei Personenhandelsgesellschaften, in: WPg 2002, S. 1259 - 1264

IDW RS HFA 18 (Stand: 4.6.2014), Bilanzierung von Anteilen an Personenhandelsgesellschaften im handelsrechtlichen Jahresabschluss, in: WPg Supplement 1/2012, S. 84 - 90 und WPg Supplement 3/2014, S. 42 - 43

IDW RS HFA 30 (Stand: 10.6.2011), Handelsrechtliche Bilanzierung von Altersversorgungsverpflichtungen, in: WPg Supplement 3/2011, S. 44 - 59

IDW RS HFA 31 (Stand: 23.6.2010), Aktivierung von Herstellungskosten, in: WPg Supplement 3/2010, S. 70 - 73

IDW RS HFA 34 (Stand: 3.6.2015), Einzelfragen zur handelsrechtlichen Bilanzierung von Verbindlichkeitsrückstellungen, in: WPg Supplement 1/2013, S. 123 - 131 und WPg Supplement 3/2015, S. 9

IDW RS HFA 35 (Stand: 10.6.2011), Handelsrechtliche Bilanzierung von Bewertungseinheiten, in: WPg Supplement 3/2011, S. 59 - 73

IDW RS IFA 1 (Stand: 25.11.2013), Abgrenzung von Erhaltungsaufwand und Herstellungskosten bei Gebäuden in der Handelsbilanz, in: WPg Supplement 1/2004, S. 157 - 159

IDW RS IFA 2 (Stand: 27.4.2015), Bewertung von Immobilien des Anlagevermögens in der Handelsbilanz, in: WPg Supplement 3/2015, S. 10 - 16

IDW S 5 (Stand: 16.4.2015), Grundsätze zur Bewertung immaterieller Vermögenswerte, in: WPg Supplement 3/2011, S. 98 - 115 und WPg Supplement 3/2015, S. 16 - 17

Kahle/Haas, Herstellungskosten selbst geschaffener immaterieller Vermögensgegenstände des Anlagevermögens, in: WPg 2010, S. 34 - 39

Kirchmann/Sikora/Blumberg, Bewertung langfristiger sonstiger Rückstellungen nach HGB, Steuerrecht und IFRS: theoretische Anforderungen und praktische Umsetzungsmöglichkeiten, in: WPg 2011, S. 953 - 963

Kirsch, H., Ertragsteueraufwand bei Personenhandelsgesellschaften nach dem Bilanzrechtsmodernisierungsgesetz, in: DStR 2009, S. 1972 - 1978

Kühne/Melcher/Wesemann, Latente Steuern nach BilMoG – Grundlagen und Zweifelsfragen, in: WPg 2009, S. 1005 - 1014 und 1057 - 1065

Küting, K., Die Abgrenzung von vorübergehenden und dauernden Wertminderungen im nichtabnutzbaren Anlagevermögen (§ 253 Abs. 2 Satz 3 HGB) – Dargestellt anhand der Abschreibung auf Beteiligungen –, in: DB 2005, S. 1121 - 1128

Küting/Eichenlaub, Einzelbewertungsgrundsatz im HGB- und im IFRS-System, in: BB 2011, S. 1195 - 1200

Küting/Kessler, Bilanzielle Auslagerung von Pensionsverpflichtungen nach HGB und den IFRS durch ein Contractual Trust Arrangement – Gründe und Formen der Auslagerung –, in: DB 2009, S. 1717 - 1723

Laicher, A., Zur bilanziellen Behandlung von Investitionszuschüssen und Investitionszulagen in Steuer- und Handelsbilanz, in: DStR 1993, S. 292 - 297

Lanfermann/Röhricht, § 268 Abs. 8 HGB als neue Generalnorm für außerbilanzielle Ausschüttungssperren, in: DStR 2009, S. 1216 - 1222

Leffson/Rückle/Großfeld, Handwörterbuch unbestimmter Rechtsbegriffe im Bilanzrecht des HGB, Köln 1986

Lüdenbach/Freiberg, Mutter-Tochter-Verhältnis durch beherrschenden Einfluss nach dem Bil-

MoG, in: BB 2009, S. 1230 - 1234

Maus, G., Die Bilanzierung börsenorientierter Aktien, in: SteuerStud 2009, S. 591 - 594

Meinel, L., Die Frage nach der Nutzungsdauer – neue Gestaltungsmöglichkeiten durch die Regelungen des BilMoG?, in: DStR 2011, S. 1724 - 1728

Meyer, C., Bilanzierung nach Handels- und Steuerrecht unter Einschluss der Konzernrechnungslegung und der internationalen Rechnungslegung, 30. Auflage, Herne 2019

Müller/Mühlbauer, Ausschüttungssperre für phasengleiche Gewinnvereinnahmung nach BilRUG. Rücklagenbildung nach § 272 Abs. 5 HGB, in: StuB 2015, S. 691 - 697

Mujkanovic, R., Die Bilanzierung des derivativen Geschäfts- oder Firmenwerts, in: StuB 2010, S. 167 - 173

Mujkanovic/Muggenthaler, Leasingbilanzierung nach HGB, in: StuB 2011, S. 523 - 528

Oser/Orth/Wirtz, Das Bilanzrichtlinie-Umsetzungsgesetz (BilRUG) – Wesentliche Änderungen und Hinweise zur praktischen Umsetzung, in: DB 2015, S. 1729 - 1741

Petersen, K., Anwendungsfragen der Steuerabgrenzung im Jahresabschluss, in: WPg 2011, S. 255 - 263

Petersen/Zwirner/Boecker, Nutzungsdauer eines Geschäfts- oder Firmenwerts, in: StuB 2001, S. 399 - 405

Petersen/Zwirner/Froschhammer, Die Bilanzierung von Bewertungseinheiten nach § 254 HGB, in: StuB 2009, S. 449 - 456

Pollanz, M., Praxisempfehlungen zur Ausgestaltung eines Rückstellungsspiegels nach dem BilMoG, in: DStR 2009, S. 1824 - 1826

Rade, K., „Angemessene" Herstellungskosten nach BilMoG – Keine Irrelevanz der Abgrenzung von Einzel- und Gemeinkosten, in: DStR 2011, S. 1334 - 1338

Rimmelspacher/Fey, Handelsrechtliche Bilanzierung antizipativer Bewertungseinheiten, in: WPg 2011, S. 805 - 819

Rinker, C., Bilanzen, 15. Auflage, Herne 2016

Röhrig/Doege, Das Kapital der Personengesellschaften im Handels- und Ertragsteuerrecht. Begriff, Bedeutung, Gestaltungen, in: DStR 2006, S. 489 - 501

Roß, N., Bilanzierung des Postens „Aktiver Unterschiedsbetrag aus der Vermögensverrechnung", in: BB 2011, S. 1835 - 1838

Roß, N., Zur Währungsumrechnung im Jahresabschluss gemäß § 256a HGB, in: WPg 2012, S. 18 - 26

Russ/Janßen/Götze, BilRUG – Auswirkungen auf das deutsche Bilanzrecht. Kommentar zum Bilanzrichtline-Umsetzungsgesetz, Düsseldorf 2015

Schaber/Amann, Der Erfüllungsbetrag und der Unterschiedsbetrag zwischen Ausgabebetrag und Erfüllungsbetrag bei Verbindlichkeiten im HGB, in: WPg 2014, S. 938 - 943

Schiffers, J., BilRUG: Änderungen im Jahresabschluss der GmbH, in: GmbHR 2015, S. 1018 - 1030

Schmidt, C., Grundfragen zur abstrakten Aktivierungsfähigkeit selbst geschaffener immaterieller Vermögensgegenstände des Anlagevermögens, in: DB 2014, S. 1273 - 1276

Schmidt, M., Bewertungseinheiten nach dem BilMoG, in: BB 2009, S. 882 - 886

Schülke, T., Zur Aktivierbarkeit selbstgeschaffener immaterieller Vermögensgegenstände, in: DStR 2010, S. 992 - 998

Schwabauer/Mujkanovic, Die Beendigung von Bewertungseinheiten in der handelsrechtlichen Bilanzierung. Auswirkungen typischer Fälle, in: StuB 2015, S. 163 - 171

Seidel/Grieger/Muske, Bilanzierung von Entwicklungskosten nach dem BilMoG, in: BB 2009, S. 1286 - 1290

Stapf/Elgg, Abzinsung von Rückstellungen nach dem BilMoG: Ermittlung und Bekanntgabe der Zinssätze durch die Deutsche Bundesbank, in: BB 2009, S. 2134 - 2138

Stummer/Nolte, Direkte und indirekte Funktionen des Eigenkapitals, in: WiSt 2002, S. 648 - 650

Thaut, M., Pensionsverpflichtungen und Rückdeckungsversicherungen im handelsrechtlichen Abschluss – Ausgewählte Fragen zur Bilanzierung und Bewertung in der Praxis –, in: DB 2011, S. 1645 - 1650

Theile, C., Bilanzrechtsmodernisierungsgesetz, 3. Auflage, Herne 2011

Theile/Stahnke/Nagafi, Abzinsung sonstiger Rückstellungen im Jahresabschluss nach BilMoG, in: StuB 2011, S. 323 - 330

Thierer, A., Handelsrechtliche Bilanzierung von Rückdeckungsversicherungen beim Arbeitgeber, in: DB 2011, S. 189 - 195

Völkner/Feldgen, Latente Steuerabgrenzung bei Personengesellschaften – Diskussion der neuen IDW RS HFA 7 sowie IDW RS HFA 18, in: BB 2012, S. 1333 - 1337

Warth/Plenk, Eigentum im Zivil- und Steuerrecht, in: SteuerStud 2009, S. 61 - 65

Weigl/Weber/Costa, Bilanzierung von Rückstellungen nach dem BilMoG, in: BB 2009, S. 1062 - 1066

Wilhelm, J., Bilanz, Vermögen, Kapital, Gewinn bei Einzelkaufmann, Personengesellschaften und Kapitalgesellschaften, in: ZHR 1995, S. 454 - 478

Winnefeld, R., Bilanz-Handbuch. Handels- und Steuerbilanz, rechtsformspezifisches Bilanzrecht, bilanzielle Sonderfragen, Sonderbilanzen, IAS/IFRS-Rechnungslegung, 5. Auflage, München 2015

Zwirner/Künkele, Anteile an Personengesellschaften in der Handelsbilanz, in: StuB 2012, 691 - 697

Zwirner/Künkele/Mugler, Die Zuschreibungspflicht nach BilMoG in Handels- und Steuerrecht, in: DStR 2012, S. 532 - 537

Zwirner/Künkele, Währungsumrechnung nach HGB: Erstmalige Kodifikation durch das BilMoG. Anwendung der Neuregelungen ab dem Jahr 2010, in: StuB 2009, S. 517 - 524

Zwirner, C., Das Bilanzrichtlinie-Umsetzungsgesetz (BilRUG) ist da. Analyse der wesentlichen Änderungen für die Praxis, in: StuB 2015, Beilage zu Heft 21

C. Gewinn- und Verlustrechnung

Adler/Düring/Schmaltz, Rechnungslegung und Prüfung der Unternehmen. Kommentar zum HGB, AktG, GmbHG, PublG nach den Vorschriften des Bilanzrichtlinien-Gesetzes, 4. Auflage, Stuttgart 1995

Baetge/Kirsch/Thiele, Bilanzen, 14. Auflage, Düsseldorf 2017

Beck'scher Bilanz-Kommentar, Handels- und Steuerbilanz – §§ 238 - 339, 342 - 342e HGB mit IFRS-Abweichungen –, hrsg. von Grottel, B. u. a., 11. Auflage, München 2018

Bitz u. a., Der Jahresabschluss. Nationale und internationale Rechtsvorschriften, Analyse und Politik, 6. Auflage, München 2014

Bundesregierung, Entwurf eines Gesetzes zur Modernisierung des Bilanzrechts (Bilanzrechtsmodernisierungsgesetz – BilMoG), Bundestags-Drucksache 16/10067 (Gesetzesbegründung)

Coenenberg/Haller/Schultze, Jahresabschluss und Jahresabschlussanalyse. Betriebswirtschaftliche, handelsrechtliche, steuerrechtliche und internationale Grundlagen – HGB, IAS/IFRS, US-GAAP, DRS, 25. Auflage, Stuttgart 2018

Fink/Heyd, Änderung von Umsatzdefinition und GuV-Struktur mit dem BilRUG. Umsetzung und Implikationen der europarechtlichen Vorgaben, in: StuB 2015, S. 611 - 618

Gräfer/Schneider, Rechnungslegung. Bilanzierung und Bewertung nach HGB/IFRS, 4. Auflage, Herne 2009

Grefe, C., Ertragsteuern im Jahresabschluss von Kapitalgesellschaften. Ansatz – Ermittlung – Ausweis, in: SteuerStud 2009, S. 162 - 169

IDW (Hrsg.), WP Handbuch 2012. Wirtschaftsprüfung, Rechnungslegung, Beratung, Band I, 14. Auflage, Düsseldorf 2012

Kirsch, H., Voraussichtliche Auswirkungen des BilRUG auf die GuV-Rechnung und die GuV-Rechnung betreffenden Angaben, in: DStR 2015, S. 664 - 670

Kolb/Roß, Änderungen der Gewinn- und Verlustrechnung durch das BilRUG – Neudefinition der Umsatzerlöse und Eliminierung außerordentlicher Posten, in: WPg 2015, S. 869 - 876

Leffson/Rückle/Großfeld, Handwörterbuch unbestimmter Rechtsbegriffe im Bilanzrecht des HGB, Köln 1986

Lüdenbach/Freiberg, Konzept und ABC der Umsatzerlöse nach BilRUG. Folgen der Anpassung der Definition der Umsatzerlöse, in: StuB 2016, S. 43 - 54

Richter, F., Anpassung der Umsatzerlösdefinition durch das BilRUG – Diskussion der Änderungen unter Berücksichtigung möglicher Folgewirkungen, in: DB 2015, S. 385 - 389

Rinker, C., Bilanzen, 15. Auflage, Herne 2016

Russ/Janßen/Götze, BilRUG – Auswirkungen auf das deutsche Bilanzrecht. Kommentar zum Bilanzrichtline-Umsetzungsgesetz, Düsseldorf 2015

Winnefeld, R., Bilanz-Handbuch. Handels- und Steuerbilanz, rechtsformspezifisches Bilanzrecht, bilanzielle Sonderfragen, Sonderbilanzen, IAS/IFRS-Rechnungslegung, 5. Auflage, München 2015

Zwirner, C., Das Bilanzrichtlinie-Umsetzungsgesetz (BilRUG) ist da. Analyse der wesentlichen Änderungen für die Praxis, in: StuB 2015, Beilage zu Heft 21

D. Anhang

Adler/Düring/Schmaltz, Rechnungslegung und Prüfung der Unternehmen. Kommentar zum HGB, AktG, GmbHG, PublG nach den Vorschriften des Bilanzrichtlinien-Gesetzes, 4. Auflage, Stuttgart 1995

Baetge/Kirsch/Thiele, Bilanzen, 14. Auflage, Düsseldorf 2017

Beck'scher Bilanz-Kommentar, Handels- und Steuerbilanz – §§ 238 - 339, 342 - 342e HGB mit IFRS-Abweichungen –, hrsg. von Grottel, B. u. a., 11. Auflage, München 2018

Bieg/Hossfeld, Der Cash-flow nach DVFA/SG, in: DB 1996, S. 1429 - 1434

Bischof/Hettich, Anhangangaben zu Finanzinstrumenten (§ 285 Nr. 18 und Nr. 19 HGB bzw. § 314 Abs. 1 Nr. 10 und Nr. 11 HGB i d. F. des BilMoG), in: WPg 2012, S. 689 - 700

Coenenberg/Haller/Schultze, Jahresabschluss und Jahresabschlussanalyse. Betriebswirtschaftliche, handelsrechtliche, steuerrechtliche und internationale Grundlagen – HGB, IAS/IFRS, US-GAAP, DRS, 25. Auflage, Stuttgart 2018

Gräfer/Schneider, Rechnungslegung. Bilanzierung und Bewertung nach HGB/IFRS, 4. Auflage, Herne 2009

Hucke/Ammann, Der Deutsche Corporate Governance Kodex. Ein Praktiker-Leitfaden für Unternehmer und Berater, Herne/Berlin 2003

IDW (Hrsg.), WP Handbuch 2012. Wirtschaftsprüfung, Rechnungslegung, Beratung, Band I, 14. Auflage, Düsseldorf 2012

IDW RH HFA 1.005 (Stand: 24.11.2010), Anhangangaben nach § 285 Satz 1 Nr. 18 und 19 HGB sowie Lageberichterstattung nach § 289 Abs. 2 Nr. 2 HGB in der Fassung des Bilanzrechtsreformgesetzes, in: WPg Supplement 4/2010, S. 86 - 90

IDW RS HFA 32 (Stand: 9.9.2010), Anhangangaben nach §§ 285 Nr. 3, 314 Abs. 1 Nr. 2 HGB zu nicht in der Bilanz enthaltenen Geschäften, in: WPg Supplement 4/2010, S. 68 - 71

IDW RS HFA 33 (Stand: 9.9.2010), Anhangangaben nach §§ 285 Nr. 21, 314 Abs. 1 Nr. 13 HGB zu Geschäften mit nahe stehenden Unternehmen und Personen, in: WPg Supplement 4/2010, S. 72 - 79

IDW RS HFA 36 (Stand: 11.3.2010), Anhangangaben nach §§ 285 Nr. 17, 314 Abs. 1 Nr. 9 HGB über das Abschlussprüferhonorar, in: WPg Supplement 2/2010, S. 59 - 61

Kling, A., Anhangangaben zur Honorierung des Abschlussprüfers nach dem BilMoG, in: WPg 2011, S. 209 - 218

Leffson/Rückle/Großfeld, Handwörterbuch unbestimmter Rechtsbegriffe im Bilanzrecht des HGB, Köln 1986

Lühn, M., Kapitalflussrechnung nach DRS 21. Ein kritischer Vergleich zu E-DRS 28, in: StuB 2014, S. 395 - 401

Nordmann, H., Die Segmentberichterstattung – Anforderungen nach DRS 3 im internationalen Vergleich, Herne/Berlin 2002

Ordelheide/Leuz, Die Kapitalflußrechnung. Grundlagen, International Accounting Standard No. 7 und Informationsgehalt, in: WiSt 1998, S. 176 - 183

Oser/Orth/Wirtz, Das Bilanzrichtlinie-Umsetzungsgesetz (BilRUG) – Wesentliche Änderungen und Hinweise zur praktischen Umsetzung, in: DB 2015, S. 1729 - 1741

Petersen/Zwirner/Busch, Berichterstattungspflichten im Zusammenhang mit natürlichen Personen: nahestehende Personen und Abhängigkeitsbericht, in: BB 2009, S. 1854 - 1858

Philipps, H., Der Anhang im Jahresabschluss der GmbH & Co. KG. Inhalte, Kommentierung, Gestaltung und Offenlegung, 5. Auflage, Herne 2018

Philipps, H., Konkretisierung der Anhangangaben zu außerbilanziellen Geschäften, in: DB 2011, S. 125 - 130

Rimmelspacher/Reitmeier, DRS 21: Neue Grundsätze für die handelsrechtliche Kapitalflussrechnung, in: WPg 2014, S. 789 - 795

Rinker, C., Bilanzen, 15. Auflage, Herne 2016

Russ/Janßen/Götze, BilRUG – Auswirkungen auf das deutsche Bilanzrecht. Kommentar zum Bilanzrichtline-Umsetzungsgesetz, Düsseldorf 2015

Theile, C., Anlagespiegel nach BilRUG, DB 2015, S. 2835 - 2836

Winnefeld, R., Bilanz-Handbuch. Handels- und Steuerbilanz, rechtsformspezifisches Bilanzrecht, bilanzielle Sonderfragen, Sonderbilanzen, IAS/IFRS-Rechnungslegung, 5. Auflage, München 2015

Zimmermann, P., Zur Anwendung der Schutzklausel im Rahmen der Segmentberichterstattung im Einzel- und Konzernabschluß, in: DStR 1998, S. 1974 - 1976

Zwirner, C., Das Bilanzrichtlinie-Umsetzungsgesetz (BilRUG) ist da. Analyse der wesentlichen Änderungen für die Praxis, in: StuB 2015, Beilage zu Heft 21

Zwirner/Künkele/Froschhammer, Angaben zur Währungsumrechnung nach BilMoG, in: BB 2011, S. 1323 - 1325

E. Lagebericht

Adler/Düring/Schmaltz, Rechnungslegung und Prüfung der Unternehmen. Kommentar zum HGB, AktG, GmbHG, PublG nach den Vorschriften des Bilanzrichtlinien-Gesetzes, 4. Auflage, Stuttgart 1995

Baetge/Kirsch/Thiele, Bilanzen, 14. Auflage, Düsseldorf 2017

Beck'scher Bilanz-Kommentar, Handels- und Steuerbilanz – §§ 238 - 339, 342 - 342e HGB mit IFRS-Abweichungen –, hrsg. von Grottel, B. H. u. a., 11. Auflage, München 2018

Buchheim/Knorr, Der Lagebericht nach DRS 15 und internationale Entwicklungen, in: WPg 2006, S. 413 - 425

Bundesregierung, Entwurf eines Gesetzes zur Modernisierung des Bilanzrechts (Bilanzrechtsmodernisierungsgesetz – BilMoG), Bundestags-Drucksache 16/10067 (BilRUG)

Coenenberg/Haller/Schultze, Jahresabschluss und Jahresabschlussanalyse. Betriebswirtschaftliche, handelsrechtliche, steuerrechtliche und internationale Grundlagen – HGB, IAS/IFRS, US-GAAP, DRS, 25. Auflage, Stuttgart 2018

Gemeinsame Arbeitsgruppe der DVFA und der Schmalenbach-Gesellschaft, Fortentwicklung des Ergebnisses nach DVFA/SG, in: DB 1998, S. 2537 - 2542

IDW (Hrsg.), WP Handbuch 2012. Wirtschaftsprüfung, Rechnungslegung, Beratung, Band I, 14. Auflage, Düsseldorf 2012

IDW RH HFA 1.005 (Stand: 18.3.2005), Anhangangaben nach § 285 Satz 1 Nr. 18 und 19 HGB sowie Lageberichterstattung nach § 289 Abs. 2 Nr. 2 HGB in der Fassung des Bilanzrechtsreformgesetzes, in: WPg 2005, S. 531 - 534

IDW RH HFA 1.007 (Stand: 18.10.2005), Lageberichterstattung nach § 289 Abs. 1 und 3 HGB bzw. § 315 Abs. 1 HGB in der Fassung des Bilanzrechtsreformgesetzes, in: WPg 2005, S. 1234 - 1235

Kolb/Neubeck, Berichtspflichtige Leistungsindikatoren im Lagebericht. Abgrenzung und Auswahl, in: StuB 2016, S. 55 - 61

Lanfermann/Röhricht, Pflichten des Prüfungsausschusses nach dem BilMoG, in: BB 2009, S. 887 - 891

Leffson/Rückle/Großfeld, Handwörterbuch unbestimmter Rechtsbegriffe im Bilanzrecht des HGB, Köln 1986

Rimmelspacher/Kaspar, Vergütungsbericht: Neue Anforderungen nach dem Deutschen Corporate Governance Kodex, in: DB 2013, S. 2785 - 2792

Rinker, C., Bilanzen, 15. Auflage, Herne 2016

Russ/Janßen/Götze, BilRUG – Auswirkungen auf das deutsche Bilanzrecht. Kommentar zum Bilanzrichtline-Umsetzungsgesetz, Düsseldorf 2015

Schmittmann, J. M., Änderungen des Deutschen Corporate Governance Kodex. Wesentliche Neuerungen der Novelle 2013, in: StuB 2013, S. 503 - 505

Schumm, H., Deutscher Corporate Governance Codex. Inkrafttreten der Änderungen vom 5. 5. 2015, in: StuB 2015, S. 545 - 548

Spindler, G., § 76 AktG, in Münchener Kommentar zum Aktiengesetz, 5. Auflage, München 2019

Weber/Velte, Grundsätze ordnungsmäßigen Corporate Governance Reportings, in: DB 2012, S. 1824 - 1829

Winnefeld, R., Bilanz-Handbuch. Handels- und Steuerbilanz, rechtsformspezifisches Bilanzrecht, bilanzielle Sonderfragen, Sonderbilanzen, IAS/IFRS-Rechnungslegung, 5. Auflage, München 2015

Wolf, K., Zur Anforderung eines internen Kontroll- und Risikomanagementsystems im Hinblick auf den (Konzern-)Rechnungslegungsprozess gemäß BilMoG, in: DStR 2009, S. 920 - 925

Zülch/Höltken, Die „neue" (Konzern-)Lageberichterstattung nach DRS 20 – ein Anwendungsleitfaden, in: DB 2013, S. 2457 - 2465

A

B

C

D

E

O

P

R

S

Z